U0179391

王振复 著

建筑中国

半片砖瓦到十里楼台

中华书局

图书在版编目(CIP)数据

建筑中国:半片砖瓦到十里楼台/王振复著. —北京:中华书局,2021.7
ISBN 978-7-101-15189-3

Ⅰ.建… Ⅱ.王… Ⅲ.建筑艺术-中国 Ⅳ.TU-862

中国版本图书馆 CIP 数据核字(2021)第 087896 号

书　　　名	建筑中国:半片砖瓦到十里楼台
著　　　者	王振复
责任编辑	黄飞立
装帧设计	王铭基
出版发行	中华书局
	(北京市丰台区太平桥西里 38 号　100073)
	http://www.zhbc.com.cn
	E-mail:zhbc@zhbc.com.cn
印　　　刷	北京市白帆印务有限公司
版　　　次	2021 年 7 月北京第 1 版
	2021 年 7 月北京第 1 次印刷
规　　　格	开本/710×1000 毫米　1/16
	印张 22　插页 2　字数 280 千字
印　　　数	1-6000 册
国际书号	ISBN 978-7-101-15189-3
定　　　价	59.00 元

王振复

复旦大学中文系教授，博士生导师。长期从事中国建筑文化、易文化美学、佛教美学和中国美学史等领域的教学与研究工作。

迄今在海内外出版专著 40 余种，代表著作有：《中国建筑的文化历程》（2000，2006）、《中国建筑文化大观》（与罗哲文合编，2001）、《缪斯书系：华夏宫室》（2001）、《中国建筑艺术论》（2001）、《中国美学的文脉历程》（2002）、《中国美学范畴史》（主编兼第一卷第一作者，2006）、《周易精读》（2008，2016）、《中国美学史新著》（2009）、《〈周易〉文化百问》（2011，2012）、《汉魏两晋南北朝佛教美学史》（2018）、《中国巫文化人类学》（2020）。其中《中国建筑艺术论》获第十三届中国图书奖；《中国美学的文脉历程》获第六届国家图书奖提名奖；《中国美学范畴史》入选 2019 年国家社科基金中华学术外译项目名录。

写在前面

本书包括两个部分：亭台楼阁，指中国建筑的基本门类；雕梁画栋，指建筑个体的基本构成。就像书名所象喻的，从极细微的构件，到一座城的营构，有关中国建筑的一切，就说得八九不离十了。

有一副对子说得好："琼楼玉宇，皆得天地灵气；雕梁画栋，都为鬼斧神工。"

伟哉美哉，中国建筑！

建筑物·建筑·建筑意象

说到建筑，似乎老生常谈了，谁还不知道一些呢？建筑嘛，就是供人居住的房子啊！房子是人人要住的，属于衣食住行的一个重要方面，我们再熟悉不过了。

可是，德国哲学家黑格尔有一句名言，倒是提醒过我们，叫作"熟知非真知"。

人们所熟知的东西，之所以不一定是真知，就因为它是熟知的。

太令人熟知的，反而一时让人说不清楚，是不是？

巍峨雄伟的万里长城，恢弘万象的北京紫禁城，清丽宁和的江南民居，崇高神圣、英姿临风的千年古塔，还有现代城市的钢筋丛林，等等，构成极富魅力的"大地文化"和时空意象，历史与现实的交响，化作东方地平线上的光辉侧影，具有震撼人心的精神力量。

无论在晨曦朝晖之中、黄昏夕照之际，还是丽日中天、朗月东升之时，中国建筑及其饱含人文意蕴的美，都令人心驰神往。

《黄帝宅经》云："宅者，人之本。人因宅而立，宅因人得存。人宅相扶，感通天地。"

建筑，人的"第二形象"，人的生存历史和现实生存状态的时空标志。

人的本性、品格、智慧、情感、意志与理想，都凝淀在建筑的时空营构和意象之中。

人仰望高楼巨厦，其实就是在仰视自己伟岸的身躯；人徜徉在微构小筑之前，其实就是精神的徘徊，得以领悟人生。

人一旦踏进青泥盘盘的窄巷小弄，抚摸被无情岁月摧折的断垣残壁，或者凝视沉睡千年的秦砖汉瓦，一颗心便会顷刻从喧闹之中沉潜下来。

唐代诗人贾岛《题李凝幽居》唱道："闲居少邻并，草径入荒园。鸟宿池边树，僧敲月下门。"此时正在叩响的，不就是人自身的命运之门吗？静寂暗夜的这一叩问，可谓惊心动魄。建筑，与人的命运息息相关。

把建筑等同于房子，当然是不够妥当的。

我们首先要明白的，是建筑物、建筑与建筑意象三者的联系与区别。

所谓建筑物，究竟是什么？

一幢大楼，按照一定的技术、艺术和美学规律，把地坪、墙体、立柱、门窗、屋顶等组合、建造起来，便是建筑实体。人可以看见它、触摸它、走进去、住在里面。它占有一定的空间，这便是建筑物。

建筑这一概念，是和建筑物的概念联系在一起的。要是没有建筑物的存在，就无所谓建筑了。不同的是，建筑物指的是建筑实体，而建筑是包括建筑实体、空间以及二者关系在内的。在西文里，建筑叫作architecture，本义指"巨大的工艺"。建筑物呢，比方说大楼，只能称building了。

建筑，是空间和实体的结合。

建筑空间，包括外部空间、内部空间及二者的联系。

所有建筑，首先是建筑物，总是占有一定空间的，都有其外部空间。有人说，不对吧，你看陕北窑洞，不就是只有内部空间而没有外部空间吗？其实，窑洞口外的那个区域，就是窑洞的外部空间。

建筑的外部空间，指建筑物影响所及的那个环境。

一般的建筑物，都有内部空间。老子说，"当其无，有室之用"。住宅、坟墓、宫殿和寺庙之类，或者住人，生儿育女，储藏东西，饲养动物，或者埋葬死者，举行政治活动，供香客烧香跪拜，等等，无数的生命活动，都在建筑及其环境之中进行，这便是建筑内外部空间的实用性功能。

有些建筑物是没有内部空间的。你去看看北京天安门前的华表，就只有外部空间而没有内部空间。有些佛塔是"实心"的。还有美国那个方尖碑，大概也是这样的吧？长城绵延万里，基本没有内部空间，只在某几段有，用以储藏兵器、粮食、水和柴火等。至于山海关、嘉峪关，则是内外部空间兼而有之的。

处在内外部空间之间的，还有一个"灰空间"。大酒店大门入口，往往设计、建造有立柱、顶盖、三面无墙体的一个所在，它既不是酒店的内部空间，也非外部空间，按照日本建筑师黑川纪章《日本的灰调子文化》一文的说法，作为建筑内外部空间的这个空间，是不"黑"不"白"、又"黑"又"白"的"灰空间"，也可以称为"模糊空间""弗晰空间""过渡性空间"，这在中国建筑环境中是随处可见的。

再说建筑意象，即建筑时空意象。它是一种集建筑物、建筑与环境为一体的概念。其中尤为重要的是活动于建筑内外部空间与环境中的人的形象，它使得建筑的内外部空间充满生气。

一座旧时宫殿，一处野寺，以前有人居住而现在荒废了，给人的形象感受，与以前自然大不一样。"寥落古行宫，宫花寂寞红。白头宫女在，闲坐说玄宗。"你读了唐人元稹的这首《古行宫》，体悟到的建筑时空意象究竟是怎样的呢？

一座建筑物的内外部空间及其环境，首先是物质性的，人们对它的感受，大致是差不多的，也许这可以称为建筑意象的"共同美"，这种感受，因不同材质、不同造型、不同光影而大不一样。

上海浦东陆家嘴地区的超高层建筑群，由金茂大厦、环球金融中心和上海中心等组成，高耸入云，挺拔危峻，给人一种昂扬奋发的审美感受。

站在景山向南眺望，北京故宫的宫殿建筑群，何等壮丽磅礴。

江南传统民居，白墙灰瓦，杨柳小溪，春风细雨，钓叟莲舟，又是何等宁静。

建筑的时空意象，是人的"第二精神面貌"，是人展现于大地的"表情"和"心境"。

可居·可观·可悟

建筑的审美评价，可以分为三大层次：可居、可观、可悟。

一幢建筑物落成，相当长时间内不倒塌，在空间大小、通风保温、采光湿度等方面宜人，可以满足人的生理需求，称为可居。

要是抗震系数低下，则难以抵御自然灾害，甚或是"豆腐渣工程"，则不可居。

在满足可居需求的前提下，那些悦目的，给人以愉悦感受的，称为可观。

一座形象丑陋的建筑，让人感受不到愉悦、幸福，就是令人讨厌的。

有的后现代主义建筑，故意弄得怪模怪样、丑陋不堪，是对于优美、崇高之象的"嘲讽"，可以称为另一种"可观"。

大量中国古代优秀建筑或者园林，可以同时达到可居、可观的境界。

比如古亭，可供暂憩、避雨，可供凭眺大好河山；或者屹立在山坡之上，或者依水而建，或者静立于古道旁。造型通透，有空灵的美感，往往立柱三四，细劲而苗条，反宇飞檐，有灵动的情趣。

王羲之笔下的兰亭："此地有崇山峻岭，茂林修竹。又有清流急湍，映带左右，引以为流觞曲水。"

欧阳修《醉翁亭记》云："峰回路转，有亭翼然，临于泉上者，醉翁亭也。"

亭的美妙之处，正在于"一上危亭眼界宽"。或喜悦或悲慨，或沉潜或激越，或一洗尘劳，或踌躇满志，或儿女情长，或英雄拭泪。

与其他园林建筑一样，这里可以是"内心独白"的场所。清代诗人厉鹗《冷泉亭》一诗云："众壑孤亭合，泉声出翠微。静闻兼远梵，独立悟清晖。木落残僧定，山寒归鸟稀。迟迟松外月，为我照田衣。"

所谓可悟，是在可居、可观的前提下所能达到的一种境界，它是建筑时空意象引人悟入的心魂哲理之境。

如果一个审美对象能够让人感到心灵的震撼或者沉潜，就有可能达致化境、悟境。

有一次，笔者观游苏州园林，来到一座影壁前。影壁高大，呈长方形，立面灰白色，底部斑驳，长满青苔，上面所形成的水渍，极富于深沉的历史感，顿时勾起一种渺茫而静穆的感觉。

此时秋高气爽，白云舒卷，阳光不时照在影壁之上，忽暗忽明，乍晴乍阴，其光影之变幻，妙不可言。影壁单纯，因为单纯，反而丰富而深有意蕴；它是朴素的，因为朴素，而显出真正的美丽；它也实在平易，而其意象使人在沉寂之中感到惊心动魄。

这一意境，恰如莱特·凡德鲁所说：Less is more。

杰出的建筑时空意象，蕴含着令人惊羡的大地文化、大地哲学与大地美学。

目　录

写在前面 / 001

亭台楼阁：中国建筑门类

古城悠悠 / 003

中轴线是中国古代城市一条无形而巨大的"文化之脊"，它是整座城市令人注目的中心，渗蕴着温馨而严厉的伦理气息，有一种颇为冷峻而富于理趣的美。

巨人与侏儒 / 003　　　　以方为常式 / 004　　　　巨型的"庭院" / 007
从"里仁为美"说起 / 009　　城市"风水" / 012　　　"则紫宫，象帝居" / 014
"寥落古行宫" / 018　　　　扼吴楚，据咽喉 / 022　　六朝古都 / 024
江南园林之城 / 027　　　　"壮哉帝居" / 029

城堞巍然 / 035

中国人修筑长城，只是出于一个平常而又平凡的念头，即修一堵城堞来保护自己。长城以内是我的家园，家园之内，非请莫入。

风气之先 / 035　　　　　万里雄居 / 037　　　　默默无闻 / 040
空前绝后 / 041　　　　　天下第一关 / 043　　　烽火连三月 / 044

民居烟火 / 046

民居是最基本、最重要的建筑门类。建筑最基本的功能，是满足人的居住需求，建筑，就是从满足人的居住需求起步的。

生存之旅 / 046　　　　亲地的窑居 / 053　　　　四合之居 / 054
清和之气 / 055　　　　质朴性格 / 057　　　　亲水与雅静 / 057
天井的魅力 / 058　　　　圆楼的意味 / 059　　　　紧凑"一颗印" / 061

宫殿崔嵬 / 063

如果说西方古代建筑的历史，是以大量宗教建筑"组织"起来的，那么中国建筑文化，无疑是围绕帝王宫殿而"写就"的。宫殿建筑的文化形制与品格，一个很显著的特点，就是家国合一。

首屈一指 / 063　　　　　　　家国合一 / 064
从拜神到娱人的崇高 / 065　　　　"各抱地势，钩心斗角" / 068
巍峨沉雄的"纪念碑" / 069　　　　"谁谓一室小，宽如天地间" / 071
巨大的"句号" / 072

坛庙崇高 / 077

一座文化意味浓厚的坛庙建筑，必然是那种在空间安排、造型与色彩等方面能够激起崇拜感的。占地要尽可能地广，尺度须尽可能地大，空间序列重重叠叠，都为了激起这种宗教般的皈依感。

祭天敬祖为哪般 / 077　　　　礼的文化意蕴 / 079　　　　崇天之歌 / 082
社稷坛的感激 / 084　　　　崇祖的太庙 / 084　　　　文运·教化·敬礼 / 086

陵寝肃穆 / 087

随着礼文化盛行，筑墓要起坟丘，后来又发展到在坟前树碑、种树，直至在墓区建造陵寝建筑与设神道、石像生等，踵事增华。

从"墓而不坟"到封土为坟 / 087　　　　事死如事生 / 089
"典型"十三陵 / 090　　　　话说清东陵 / 092
再谈黄帝陵 / 095

寺院森森 / 098

梁思成以建筑学家的独特眼光，对南禅寺、佛光寺大殿进行了实地调查，从大殿斗栱、梁柱等构件入手，对其鲜明的唐代风格进行了入木三分的分析，认为可用"豪劲"二字概括。

法脉繁盛 / 098 　　　　基本形制 / 100 　　　　少林疏影 / 105
五台悠茫 / 106 　　　　峨眉梵音 / 109 　　　　九华幻境 / 110
独乐"意外" / 111 　　　　普宁气象 / 113

佛塔挺立 / 115

中国佛塔文化，是印度窣堵坡的中国化、本土化。在塔刹、塔身、塔基与装饰艺术以及平面、立面和体量等方面，二者大异其趣。中国佛塔的宗教崇拜兼审美的文脉联系，已经大大注入了中华民族的文化方式、内容和精神。

中国化 / 115 　　　　佛塔的构成 / 117
佛塔的类型 / 119 　　　　塔的演替 / 122
拔地而起　凌空而立 / 123 　　　　塔势如涌　孤高耸天 / 124
木构杰作　峻极神工 / 125 　　　　"几疑身在碧虚中" / 127
硕大浑雄之趣 / 128 　　　　莲花之饰　佛性空幻 / 129

石窟渺远 / 131

正是原始的绝对执着的狂热和虔诚，使得中华民族在那样艰苦卓绝的条件下，做出上千年的努力，几乎不间断地开凿石窟，把一颗"心"寄托在神性与佛性相兼的石窟上。

历史履痕 / 131 　　　　基本形制 / 132 　　　　古远克孜尔 / 133
云冈遗构 / 134 　　　　龙门疏影 / 135 　　　　敦煌宝藏 / 136
恢弘麦积山 / 137 　　　　空寂响堂山 / 139

道观清幽 / 141

所谓洞天福地，是道观的誉称。道观是僻静、炼神养气之所，远离尘俗，环境清虚。或者位于人口稠密的闹市，却辟一方"静虚之域"，潜心修道炼丹，以图"羽化登仙"。

历史寻踪 / 141 　　　　美学特征 / 142 　　　　第一丛林 / 145

厅堂宏敞 / 149

在一个中国建筑组群中，必有一座主体建筑。在官殿、陵寝建筑群体之中的，被称为殿；在官邸、民居以及园林建筑群体中的，便是厅、堂。

堂堂正正 / 150　　　　　主题景观 / 151　　　　　草堂印象 / 152
壮丽第一 / 153

楼阁高显 / 156

高出于地面的人工营构，一旦高在二层或二层之上，就被称为楼。阁是中国传统楼居的一种，四周一般设栏杆回廊或槅扇。楼与阁的关系很密切，后人常以楼、阁连称。

千古名楼 / 156　　　　　"此地空余黄鹤楼" / 159　晴川阁的"诗意" / 160
波撼岳阳楼 / 160　　　　"滕王高阁临江渚" / 161　稳健而飘逸的观音阁 / 162
有点特别的佛香阁 / 163　"知音"天一阁 / 164

长廊侵雨 / 165

中国园林文化，以空间划分的大小、高低、虚实、明暗、开合、敧正、深浅、续断、曲直等构成对比呼应，是富于节奏意蕴的有机空间体系。其中的廊，往往是重要的组织手段。正因为有了廊，全园才浑然一体，生气勃勃，意蕴流溢。

"廊深阁回此徘徊" / 165　百态千姿说回廊 / 167　　　天下独步 / 171

有亭翼然 / 173

历代文人墨客为天下名亭留下了许多诗文，亭因文而增色，文因亭而传颂。造亭、修亭，记亭、述亭，从而抒寄胸襟，成为士大夫的一大雅事与雅趣。

亭的原型 / 173　　　　　文化功能 / 174　　　　　"一上危亭眼界宽" / 176
英姿临风之美 / 178　　　涵虚的意境 / 180

阙表危峻 / 183

阙与表的造型差别很大，但是具有文化意义的内在联系。它们都是纪念性、象征性意蕴颇为丰富的建筑，往往建于城门、官殿、庙宇与陵墓之前。

莫衷一是话阙表 / 183　汉阙种种 / 185　　　　　华表拔地标立 / 188

牌坊典雅 / 189

　　牌坊的文化之魂，是儒家诸如建功立业、荣宗耀祖、封妻荫子与宣扬君权、夫权与神权的那一套。但这不等于说，中国牌坊没有美，相反，牌坊的各种造型、质感与色彩等，在形式上，往往其美可羡，邀人青眼。

　　源头安在 / 189　　　　　　　　魂系何处 / 191

高台凌云 / 195

　　台高而得天地之灵气，这一关于灵台的建筑文化观念，渗融着古人对于生命的认识与领悟，其间有着强烈的天帝、天神崇拜意识。

　　"念天地之悠悠" / 196　　　　"候日观云倚碧空" / 197　　　"此凌虚之所为筑" / 198
　　"铜雀春深锁二乔" / 199

名桥卧波 / 201

　　曲桥之曲，意在柔美、优渐也。这种桥以在园林中为多见，基本功能在于实用，但由于造型重在曲，便强调了它的审美功能，即人在桥上，并不急于直达对岸，而有悠闲、留连与徘徊的心情。

　　天下名桥数"赵州" / 203　　　卢沟晓月 / 205　　　　　　飞梁遥跨 / 207

雕梁画栋：中国建筑构件

屋顶制度 / 211

　　建筑文化形象之尤为感人的，当推中华大屋顶的反宇飞檐。《诗经》所谓"如跂斯翼""如翚斯飞"，形容大屋顶的轻逸俏丽、"飞"意"流"韵，不由得令人怦然心动。

　　成因的讨论 / 211　　　　　　文脉轨迹 / 215　　　　　　美妙的"旋律" / 218

屋架营构 / 222

　　以木构为主要结构"文法"的中国建筑，屋架是其承重构件。构成中国建筑木构群组形象的角色，主要有梁、檩、枋、椽、驼峰与雀替等，而使这些角色各得其所，则又有赖于举折之法。屋架，是中国土木建筑的特有"语汇"。

特有的"语汇" / 222　　　　举折形象 / 226

木柱耸峙 / 228

有人说，在中国建筑的所有构件中，由于立柱扮演着独特的荷重角色，因而"腾不出手"来修饰、"打扮"自己，所以立柱往往是平易而朴素的，千百年来的形制也难以有许多变化。但实际上，中国的立柱也是一个绚丽多彩的世界。

立柱千姿 / 228　　　　演替的史影 / 232　　　　柱的符号与文饰 / 235

斗栱错综 / 238

说起斗栱，人们并不陌生，它是中国建筑所特有的支承构件，在现存一些大型而重要的古代建筑物上，随处可见斗栱的身影。但斗栱的结构错综复杂，直接关系到中国建筑的模数制度，对此，人们又可能不是很熟悉了。

灿烂的形制 / 238　　　　文化意义的诉求 / 239　　　　斗栱文化缘起 / 240
潇洒的步履 / 241

墙壁高筑 / 246

墙壁是人类身心的自我保护，是人类占有、梳理自然空间的手段。中国历来有"墙倒屋不坍"的说法，这正反映了木构建筑的结构特点。木构是承重构架，墙壁一般只起围护作用，因而墙壁在组织空间时是相当自由的。

"墙倒屋不坍" / 246　　　　围墙、影壁及其他 / 248　　　　墙壁的"解放" / 251

千门万户 / 254

中国文化深受儒家思想影响，是很讲究"面子"的。门，是中国建筑物的"脸面"。正因如此，多种立面造型的门，表现出一张张不同的面孔。

古籍中谈到的门 / 254　　　　门的世界 / 256　　　　门面的讲究 / 264
风水禁忌 / 266

窗的魅力 / 267

窗实在是一个"气口"，不仅是生理上供空气、阳光通过的气口，也是心理上使室内之人与外界实现情感交流的一个通道。窗的精神意义，便是关于人的精神意义。所以中国建筑的窗，是一种非常具有人情味的东西。

窗文化缘起 / 267　　　　　窗的姿态 / 268　　　　　窗的诗性品格 / 271

砖艺经营 / 273

中国人在漫长的营造活动中，总执着于将美文化及其观念带到建筑的每一部分、每一角落。当诸如砖雕、画像砖之类隐现于中国建筑文化之中时，砖艺的独异情趣与文化意义无疑令人倾倒。

泥土的塑造 / 273　　　　　砖的形象欣赏 / 274　　　　　画像砖神韵 / 277
砖画别裁 / 279

瓦片陶范 / 281

华夏宫室，自古多为土木所建，数千年风风雨雨，由于木易朽，故早期建筑遗存无多，现在倘想寻觅完整的先秦甚至汉魏的地面建筑物已不可能，只能从考古发现中领略残砖片瓦之遗风余韵。其中所谓瓦当，遗存颇众，弥足珍贵。

缘起与品类 / 281　　　　　美丽的瓦阵 / 282
瓦当：瓦艺翘楚 / 285　　　　琉璃的辉煌 / 290

栏杆诗情 / 292

栏杆往往建造在楼阁与一些佛塔的凌空处，这些凌空的建筑一般都可供登临与眺望。人在登临、远眺之时，便可能有某种情感的抒寄，于是在古代一些骚人墨客的登临之作里，便不免写到栏杆，这就使得诗文中的栏杆空间意象成为情感的某种"符号"。

话说栏杆 / 292　　　　　古诗中的栏杆 / 295

台基永固 / 296

中国建筑在观念上愿其"立于万世"。实际上由于以土木为材，并不能长存，但要求建筑物"永存不朽"的观念与愿望必须得到满足。于是"一拍即合"，须弥座登上中国建筑舞台，正好满足了中国人通过营造以"立万世之基业"的文化心理。

台与台基 / 296　　　　　　　打好基础 / 297
须弥座：台的"革命" / 299　　台基形制 / 301

铺地修饰 / 303

对于一座建筑物及其环境而言，铺地的设置，人工地完善了空间的第六个面。无论在室内、室外，作为人们生活活动于其上的建筑与园林平面，铺地都具有独特的文化魅力。

最后一个"句号" / 303　　　　类型与品格 / 304

室的"美容" / 308

中国建筑的装修是在满足建筑基本实用功能的前提下开始的。建筑内外部空间的装修，具有梳理、分割、安排合适的空间区域的意义。围护、隔断、连续……装修使建筑的内外空间真正"醒"过来、"活"过来，成为真正属人的空间。

营构你自己的家园 / 308　　　琳琅满目 / 309

附录　中西建筑比较 / 315

以土木为材与以石为材 / 315　　结构美与雕塑美 / 319
庭院与广场 / 326　　　　　　　人的营构与神的营构 / 329

主要参考文献 / 333

后记 / 337

亭台楼阁：中国建筑门类

古城悠悠

何谓城？许慎《说文解字》云："城，以盛民也。"城是一个四周以土制城墙、上以天宇为覆顶的"容器"，里面住着许多老百姓，还有城的统治者。城在古代称为国。国这个汉字，繁体写作國，从囗从或。囗指四周围合的土墙，即墉，许慎《说文》称它为"城垣"。或，域的本字。所以，国原指四周用土墙围合的一个区域，这里有统治者统治着百姓千家。国的本义指都城。

巨人与侏儒

只要是城，哪怕是最古的城，就不可能没有任何一点商品交换活动。"市井"一词，是人们所熟知的。《管子·小匡》说："处商必就市井。"市源于井。这里的井指远古井田，不是水井，即《孟子》说的"井九百亩"的井。一块井田凡九百亩，称为"九夫为井"，一夫等于一百亩。《说文》说"八家一井"，指八家（八夫）"同养公田"，公田居于井田中心，面积也是一百亩。"八家"各司私田，所耕种的农产品有了剩余，便拿到公田那里去交换，后来公田被取消，便成了最原始的"市"的所在地，所谓市井，即此谓也。

但是，中国古代都城主要是作为军事、政治"机器"而运行的。作为军事据点，守国以拒险，否则筑四周城墙有何用？《易传》解释坎卦时说："王公设险，以守其国。险之时用大矣哉。"遇险（包括自然之险与人力之险，后者主要指外敌侵扰）而以城墙拒之，便是国的基本功用。中国都城一开始就具有强烈的东方政治与军事色彩。

中国城市起源颇早。石峁遗址、陶寺遗址与良渚遗址等，都有古城址出土。河南淮阳平阳台和登封王城岗龙山文化遗址，前者距今约4 300年，后者距今约4 000年。河南郑州商代古城遗址，距今约3 500年，面积近25平方千米，设城墙，周围长7千米，是政治、军事中心。《吴越春秋》说："鲧筑城以卫君，造郭以居人，此城郭之始也。"这一记载与考古发现是大致相合的。

　　这种政治、军事堡垒是强有力的，它有效地管辖着全城和郊野，是乡野的宗主；同时由于城市主要不是一个生产的"容器"而是消费的"容器"，它在经济上又不得不极大地依赖于乡村郊野，还没有走出农村型自给自足经济的限制。政治、军事上的巨人与经济上的侏儒，是中国古代一般城市的典型特点。广大乡野一方面承受着长期的经济压榨，为城市的生存、发展提供食物、衣物与劳动力等，另一方面又严重地"包围"城市，阻碍着城市的发展。城市建筑文化，便在城乡关系之间求生存、求发展。

　　中国古代都城不是国家经济中心，而是军事、政治"机器"，所以自古中国都城建筑中最辉煌的是宫殿与城墙。宫殿，必须用地广阔、"风水"好，力求居位中正，非崔嵬壮丽，无以威加于海内。它是政治威权最理想的物化象征。无论秦阿房宫，汉未央宫、建章宫，唐大明宫、太极宫，还是明清紫禁城等，概莫能外。由于优先考虑城墙及宫殿的建造，所以对市场、店铺以及手工作坊等的建设一般不予重视。但看唐代长安，平面呈棋盘式，壮丽的宫殿峥嵘灿烂，占了很大面积，而所谓东市、西市，却在整个长安城建筑中显得微不足道。《周礼·考工记》有"面朝后市"的规制。在空间布局上，将"朝"（宫殿外朝）设计在城市前部，"市"则放在不显眼的城市后部，这种强烈反差，正是中国古城的又一典型特点。

以方为常式

　　城市，以其建筑物、道路、水系、桥梁以及园林景观等，与其他一切自然与人文因素结合成一体，呈现给人们动态的平面与立体空间意象。

　　从建筑考古看，杨鸿勋《建筑考古学论文集》说，1949年后建筑遗址的发掘，以黄河中下游地区为多，主要属于仰韶文化与龙山文化期。有西安半坡、临潼姜寨、宝鸡北首岭、华县泉护村、邠县下孟村、长安客省庄、陕县庙底沟、洛阳孙旗屯、王湾等近二十处。其中具备一定聚落规模的有西安半坡、临潼姜寨、宝鸡北首

新石器时代原始聚落平面简示

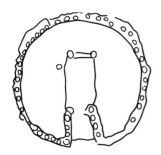

西安半坡遗址平面简示——不规则的圆形平面

岭、洛阳王湾、汤阴白营几处。

最早的城市平面形态，以方形、圆形居多。中国科学院考古研究所《新中国的考古收获》一书曾经指出，半坡遗址居住区大体上呈一个不规则的圆形，里面密集地排列着许多房子。居住区的周围是一条宽、深各5～6米的防御沟，沟的北边有公共墓地，东边是烧制陶器的窑场。中华初民的原始建筑平面意识中，尚无成熟意义上的哲学、美学与科学的圆形或方形意识。由于当时生产力十分低下，建房造屋只要能够造起来不倒塌可以居住就行，究竟要求具有怎样的平面，这在初民心目中尚不是很清晰规范的事情。

平面方形或圆形空间观念的真正形成，是半坡之后的事。在中国建筑史上，具有方形平面的城市比比皆是，它们规矩整齐，追求的是对称的平面布局，如唐代长安。虽然有的不很严格，但在规划、建造一座古代城市时，决不放弃求其方形的任何努力。

这种城市方形平面的采用，首先是建筑材料与技术条件所决定的。由于木材的自然长势是趋于直线形的，并且出于梁柱承重的考虑，也要求它是直线形的；以陶土为原材料的砖瓦，在当时也以直线方形的造型在技术上较易把握：这些促使并决定中国的原始城市平面趋于方形。正如《华夏意匠》一书引《郑州商代城址试掘简报》所云，中国古代城市规划之所以取法于"方正"，实在和古代城市必须构筑城墙有关，从几何图形来说，除了圆形之外，最短的周边能包围最大面积的就是方形，其他几何图形，或者不规则的图案，都会增加周边的长度，换句话说就是要多筑城墙。因此，方形或者矩形的城市平面，从建城的工程技术观点来看是经济的。

在文化理念上，还与风水术有关。八卦九宫的方位意识，是其人文原型。《三礼图》的"王城图解"，是《周礼·考工记》所说的"方九里，旁三门，国中九经九纬，经涂九轨"的古城模式。

中国城市方形平面的执着追求，首先取决于材料性能、功能要求、技术条件与经济考虑，在儒家伦理观念登上历史舞台后，更有愈演愈烈之势。无论汉代长安、北魏洛阳、东晋及南朝之建康、北宋东京，还是元大都、明清北京之平面布局，都力求方形规整。有

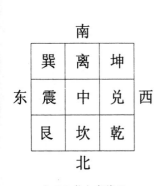

文王八卦九宫简示

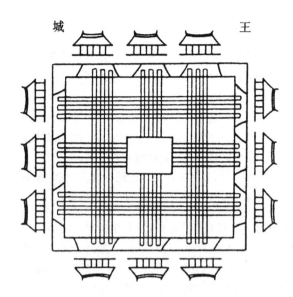

《三礼图》王城平面图解。体现的是《周礼·考工记》"方九里，旁三门，国中九经九纬，经涂九轨"的古城平面模式，其人文底蕴是井田制的"井"。

的城市平面布局不那么严格，那是地理环境所限，不得不如此。方形平面的中国城市所追求的理想模式，要求体现天圆地方中的"地方"观念，以及以王权为至尊的伦理等级。

这种方城典型、理想的模式是棋盘式，其人文原型是《周易》八卦方位。其道路以南北纵横交叉构成网络，直线形的道路富于理性，这是一种偏于冷峻的大地文化；由道路所构成的网络，好比一个组织紧密的政治与伦理模式，人在其间生活，是这棋盘上的一个个棋子。

这种棋盘形平面模式很适宜于中轴线的安置与强调。在中国城市布局中，几乎很少有不体现中轴线观念的。这观念通过建筑序列得以体现，或者通过道路的设置，如明清北京紫禁城那样。在哲学上，中轴线的产生，与"折半"思想有关。我们倘将一个正方形或圆形纸片对折，留下的折痕就是该纸片的中轴。

城市平面的中轴线，体现了中国人顽强的宇宙平衡意识，是关于天地均衡的静意识。在政治伦理上，城市的中轴线，又是等级制度与人伦关系的象征。居天下之中者，帝也，故以城市布局象之。从文化意义上分析，城市中轴线是中国城市的一条无形而巨大的"文化之脊"，它是整座城市令人注目的中心，其美感渗蕴着伦理温馨而严厉的气息，有一种颇为冷峻而富于理趣的美。

巨型的"庭院"

中国古代城市的基本功能,是作为政治、军事中心而不是经济中心表现出来的。这当然不是说,城市中没有经济与其他文化活动,而是说后者服从、隶属于前者。从这一基本功能出发,一般古代城市的平面与空间组织,可分彼此相关的几个层次:其一,内城;其二,外郭;其三,郊;其四,野;其五,僻。

在周代甚至商代,中国的城市便形成了内城、外郭的"重城制"文化功能模式,这便是《管子》所谓"内之为城,外之为郭"的城郭之制。内城为统治者所居之地,是皇权或最高权力的象征。首都的内城,主要部分自然是皇城与宫城。皇城是所有皇家行政机构的所在地及帝王眷属住处;宫城则为皇家禁地,如明清北京紫禁城。两者所占全城面积比例较高,这是统治阶级享乐与王权象征所必需的。当然,有时由于城市人口与手工业经济的逐步繁荣,外郭区域得以扩充,从而在全城面积中的比例提高。最理想的模式,是皇城与宫城的位置居全城之中。在军事意义上,居中者最安全,最不易受到攻击。但诸多皇城与宫城,实际上往往居整座城市的中部偏北,这是因为城市的空间功能安排受中国庭院文化影响之故。在中国人看来,城市(首都)虽大,亦不过是帝王的一个巨型住宅,使皇城、宫城偏北而建,留出前面大片区域,犹如帝王一家之大型庭院。当然,历史上有些皇城与宫城有个别的建于全城之西南(如战国的齐都临淄)或东南(如燕下都)。这有两个原因,一是当时尚"中"观念与庭院观念并不十分强烈,如这里所举战国的两例;二则是受地形所限,不得已而为之。

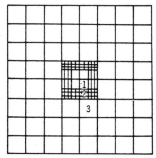

《周礼·考工记》营国制度(1. 宫城; 2. 内城; 3. 外郭)"九经九纬"格局简示

明代中叶之后,中国城市的手工业、商业经济及市民文化等都有了一定的发展,手工业作坊与进行商贸活动的"市",在军事、政治性功能的阴影中得到了发育成长,但无论如何,其地位未能超过内城。《周礼·考工记》云:"匠人营国,方九里,旁三门,国中九经九纬,经涂九轨,左祖右社,面朝后市。"这不仅道出了先秦所规定的城市平面形制、规模,城的设置,道路数量、宽度、朝向与分布,祖庙和社稷坛的地位,而且规定了朝与市的位置关系,

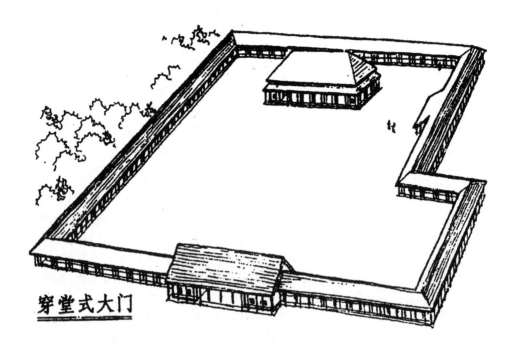

穿堂式大门

是朝在前，市在后。朝属于内城，居于都城的主要位置，市则不被看重。当然，在具体的城市规划中，未必市一定建在朝之后，比如唐代长安的东市、西市，就建在内城前方的左右两侧。但中国城市文化史上，内城为主、外郭（包括市）为从的关系，则从未颠倒过。

　　在外郭区域，最典型的建筑是所谓里坊。统治阶级将大量城市居民及其经济生产活动组织在里坊之中，从春秋到隋唐都是如此。一些江南城市如扬州、苏州等，由于商业与手工业较为发达，一定程度上冲破了里坊制度的束缚。这种里坊制到了北宋才渐渐废除，代之以街巷形式。

　　郊是城墙之外的四周区域；野则纯粹是广大农村地区；所谓僻，多为蛮荒而人迹罕至之处。城市与郊的关系比野自然要紧密些。在功能上，都城的政令、号召在政治、军事上的影响远播于郊、野；而在经济上，则大致是郊、野养活了都城。

河南偃师二里头建筑鸟瞰（杨鸿勋复原）。北为宫殿，前为庭院空间。而城市在空间观念上，不过是带有庭院的帝王大型住宅。

从"里仁为美"说起

《论语》说:"里仁为美。"

有人把"里"理解为"裹"字的简体字"里",解释为里外的里,从而将《论语》的这一句名言,理解成先秦儒家所推崇的以仁义道德为精神内涵的"心灵美"。其实大错而特错了。

"里仁为美"的里,与里外的里(裹)显然是两个字。《说文解字》段玉裁注云:"里者,居也。"里是居住、居所的意思。

因而,所谓"里仁为美",大约指讲究居住的道德伦理秩序即美善之意。先秦儒家思想,以道德伦理为旨归,他们处处、时时讲礼,衣、食、住、行无不遵礼,这便是《论语》所谓"非礼勿视,非礼勿听,非礼勿言,非礼勿动"。因此,在人的居住环境中讲究、遵守仁(礼)规范,并以此为美,是不奇怪的。

里是居住、居所的意思,这一点,可以从上海地区自1843年开埠以来出现的里弄这种建筑名称得到证明。里,指居住、居所;弄是英文lane的音译,是偏僻小路的意思。里弄是一个中西合璧的复合词,既有中国传统建筑的文化因子,也带有一点儿西洋味。上海近现代的里弄,原指城市偏僻小路两旁的民居。

由上海里弄的里,笔者想到了中国古代的城市里坊制度。

根据史料,中国古代城市的管理是很严格的。从春秋到隋唐大约一千五百年间,统治城市的帝王与官吏,为了加强对城市居民的控制,实行里坊制度。《中国建筑史》指出:"从春秋到隋唐实行里坊制度,把城内居住区划成许多里坊,里坊内有街巷,四周用高墙围起来,设里正、里卒看管把守,早启晚闭,傍晚街鼓一停,居民就不得再在街上通行,汉时只有列侯封邑满万户的府第不受此限,可向大街开门,唐时三品以上大臣和寺庙可向大街开门。宋以前连边远的州县也实行这种制度,只有江南某些商业繁荣的城市如唐代的扬州、苏州等,由于商业发达,不禁夜市,所以实际上不受里坊制度的约束。"这一段论述,文字并不很多,已经把中国古代城市的里坊制度扼要地说清楚了。

城市里坊,既是市民的居住单位,也是行政单位,是管束居民的一种方式。

唐代长安的里坊制度颇为完备。从考古实测与有关记载看,唐都长安有一百零八个里坊,规整地分布在这座天下第一帝都的次要区域,而中心区域或繁华地区设皇城、宫城,是宫殿区,构成棋盘格式的城市平面,所谓"百千家似围棋局",此之谓也。

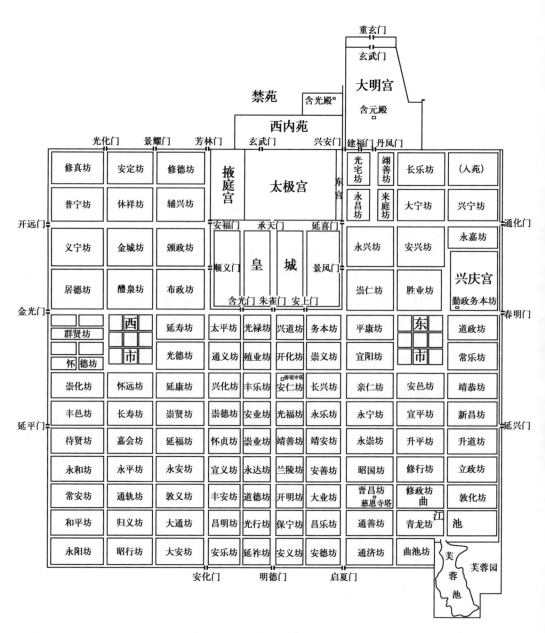

					重玄门		

			禁苑	含光殿		大明宫	

玄武门

西内苑

含元殿

光化门	景耀门	芳林门	玄武门	兴安门	建福门	丹凤门

修真坊	安定坊	修德坊	掖庭宫	太极宫	光宅坊	翊善坊	长乐坊	(入苑)
普宁坊	休祥坊	辅兴坊			永昌坊	来庭坊	大宁坊	兴宁坊

开远门 ··· 通化门

义宁坊	金城坊	颁政坊	安福门	承天门	延喜门	永兴坊	安兴坊	永嘉坊
居德坊	醴泉坊	布政坊	顺义门	皇 城	景风门	崇仁坊	胜业坊	兴庆宫 勤政务本坊

金光门

含光门 朱雀门 安上门

群贤坊	西市	延寿坊	太平坊	光禄坊	兴道坊	务本坊	平康坊	东市	道政坊
怀德坊		光德坊	通义坊	殖业坊	开化坊	崇义坊	宣阳坊		常乐坊
崇化坊	怀远坊	延康坊	兴化坊	丰乐坊	安仁坊 善福寺塔	长兴坊	亲仁坊	安邑坊	靖恭坊
丰邑坊	长寿坊	崇贤坊	崇德坊	安业坊	光福坊	永乐坊	永宁坊	宣平坊	新昌坊
待贤坊	嘉会坊	延福坊	怀贞坊	崇业坊	靖善坊	靖安坊	永崇坊	升平坊	升道坊
永和坊	永平坊	永安坊	宣义坊	永达坊	兰陵坊	安善坊	昭国坊	修行坊	立政坊
常安坊	通轨坊	敦义坊	丰安坊	道德坊	开明坊	大业坊	晋昌坊 慈恩寺塔	修政坊	敦化坊
和平坊	归义坊	大通坊	昌明坊	光行坊	保宁坊	昌乐坊	通善坊	青龙坊	
永阳坊	昭行坊	大安坊	安乐坊	延祚坊	安义坊	安德坊	通济坊	曲池坊	

延平门 ··· 延兴门

春明门

曲江池

芙蓉池

芙蓉园

安化门 明德门 启夏门

唐长安城方形平面布局,呈棋盘格形制,设一百零八个里坊。

在里坊中，主要居住的是细民百姓，环境封闭，人们的生活起居都大受限制，在这里生老病死，多少人间悲喜剧不断重演。唐传奇《李娃传》描述的生活故事，也主要发生在里坊中。书生荥阳生迷恋名妓李娃，留住里坊，彻底忘了功名，直至身无分文，沦为替人哭丧的"挽郎"。尔后李娃良心发现，终于"收留"了这倒霉的挽郎，助其发愤攻读而一登仕途。这种带一点感伤情调又不脱团圆格局的老故事，其平民性与里坊文化很合拍，或者可以说，像《李娃传》这样的传奇，只有在里坊中才能得以发生并创作出来。

随着城市商贸经济的发展与市民阶层的发育，到北宋之时，延续了十五个世纪的中国里坊制度终于瓦解。唐诗中扬州"十里长街市井连""夜市千灯照碧云"这样的街景街市，在北宋的汴梁也出现了。街巷制度代替了里坊制度，城市的统治者以所谓厢坊或保甲等行政方式来管理城市百姓。

唐代长安的市场，主要集中在东市、西市，也有零散的商贸活动在一些里坊进行。但是，唐以前州、县以上的城市商业贸易活动，依然有严格的时间限定。在一个舆论一律的国度里，商贸活动也讲求一律。当时长安的东市、西市，也像里坊一样，按市令开启与关闭。正午一到，击鼓几百下开集；黄昏来临，又击鼓几百下散集，很有些刻板。鼓声咚咚，使得开市与闭市，倒有点像上阵打仗、布军迎敌与偃旗而退似的。当然，唐时在城郊也有一些所谓草市，不过那些在唐人看来，是不合规矩的。自北宋开始，中国一些主要城市如汴梁等，已经基本废除了"击鼓而集"的制度。大量的旧里坊被拆除，代之以街市的兴起，临街设店铺、作坊、酒肆、勾栏、瓦舍与府第等，成为城市的新景观，城市解放了。这一点，读者去看看张择端的《清明上河图》即可理会，那是汴河边车水马龙、三教九流各色人等活动的街景，那连绵不断的房舍屋宇，已见不到封闭式里坊的影子了。

里坊制被打破，人的"心情"也从里坊的封闭之中被解放出来，这是中国城市的新气象。

不过，北宋虽然打破了城市里坊制度，也别以为那时的城市街景与现在差不多了。比方说有一条东西向的横街，在近现代的街上可临街设店铺或作坊、酒楼之类，呈面南、面北相对的态势与格局，这是因为近现代人打破了风水观念，不以为店铺等的大门朝北开启是不吉利的。但是，北宋之时东西向横街的店铺之类格局，就往往并非如此。人们以为，在街道一边如果房舍朝北开门，是不吉利甚至是凶险的。这并不等于说，当时街道的这一边不设店铺与住宅之类，而是让临街建筑物的大门仍然向南开。建筑物面街的那边，一般不设门，只以建筑物的后墙面对着街道，可在后墙辟窗户，但窗户一般是不能随便开启的。因此，居民如果要到这家店铺去买东西，他可以通过这家店铺与邻家店铺之间的小路（或者说是小弄堂吧），拐弯、绕道从南向的大门进入。

城市"风水"

对于城市的规划与建造来说，选址是第一重要的。历代国君，往往亲派大臣要员兼携"阴阳先生"，去勘察地形与水文情状，这在古代称为"相土尝水"。汉高祖定都长安，经过反复勘察风水地理，加上古代意义的"论证"，由丞相萧何亲自主持建造。

在风水术中，自然不无迷信，所以历代都有一些高明之士不相信这一套，但风水中也包含一些朴素而合理的文化因素，它实际上是中国古代带有迷信文化色彩的建筑环境学、城市生态学。无论哪座城市，自古至今，都力求建于河畔、江边，这在风水地理中称为得其"水脉"，为吉利之地望。水为生命、生活之源，建造城市倘不解决水源问题，谈何建造？江河之水也有利于交通，这是古代建城的必备条件。如水源不足，经过人工改造使之获得，汉长安开掘郑渠（西自上林苑昆明湖，东至黄河），隋唐修运渠，与元代疏掘通惠河等，有风水上的讲究，也是解决城市交通、努力扩大漕运的实际努力。

据文王八卦方位理念，离南坎北，震东兑西，东南巽西北乾，东北艮西南坤。离为火坎为水，震为雷兑为泽，巽为风（为人）乾为天（父、祖），艮为山坤为地（母）。明清北京是以文王八卦方位为基准的，古人相信是"好风水"。

南宋朱熹谈到今北京属北方冀州地域，称："冀州好一风水。云中诸山，来龙也；岱岳，青龙也；华山，白虎也；嵩山，案也；淮南诸山，案外山也。"这是说，北京的"风水"之所以吉利，是因为它的西北天山山脉应在文王八卦方位的乾位上，乾为父为龙，故北京的龙脉起于西北之乾。西北山脉山势向东延伸，为燕山。燕山在北京之北，为北京的主山，也即靠山。北京东南有泰山，西南为华山，应在"左青龙，右白虎"的吉位上。北京之南为华北大平原，是北京的明堂，其靠近北京的，是位于其南的嵩山，这在风水学上称为"案山"；而淮南诸山，又是"案外山"，即案山之南的山峦，风水学称"朝

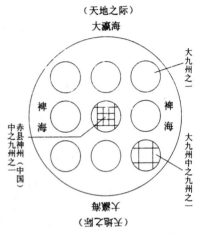

邹衍大九州图解

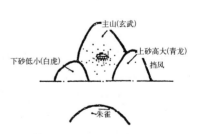

风水地理南朱雀、北玄武、东青龙、西白虎简示

山"。至于天津临海及其海河,可以看作北京的水口,应于文王八卦方位的巽位(巽为风为人),也是吉利的。

何晓昕《风水探源》一书谈到中国城市选址与建造的风水学原则,曾引用清代清江子《宅谱问答指要》之言:"欲知都会之形势……必先考大舆之脉络。""两山之中必有一水,两水之中必有一山,水分左右,脉由中行,都邑市镇之水旁拱侧出似反跳,省会京都之水横来直去如曲尺。""山水依附,犹骨与血,山属阴,水属阳","故都会形势,必半阴半阳,大者统体一太极,则其小者亦必各具一太极也"。又说:"凡京都府县,其基阔大。其基既阔,宜以河水辨之,河水之弯曲乃龙气之聚会也,若隐隐与河水之明堂朝水秀峰相对者,大吉之宅也。"

总体上,中国是一个多山之国,尤其中部、西北部、西南部以及东南部某些地区,崇山峻岭,丘坡连绵,故古人创风水之说时,都以山水为基本的文化"语汇",以山水相依、山北水南为吉。*历史上,郭璞曾为温州城的选址而采风水之论,使该城成依山傍水而建的态势。南京为六朝古都,所谓"钟阜龙盘,石城虎踞",山川形势极佳,"风水先生"对这里交口称赞。建都于此是因其地"风水好",迁都也因风水之故。明代朱元璋始都于南京,而朱棣迁都北京,这种抛弃原

* 为什么以山北水南为吉?是因为在文王八卦方位中,北为坎而南为离,坎为水而离为火。风水追求阴阳调和。如果一座民居或坟墓,一个村落或城市的北边是水系,而南边仅有山而无水系,就会被认为坎水、离火过甚而凶险。故北为山(山属土,取"土克水")、南为水(如本无水系,须人工挖掘水系,取"水克火")是吉利的。

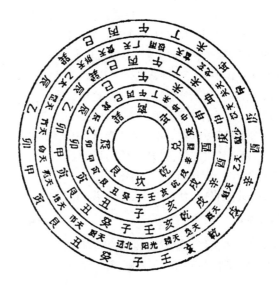

罗盘表面简示。罗盘一般以天盘、地盘构成,有正针、缝针、中针之分。罗盘种类繁多,层数不一(自五层至五十二层)。此为七层罗盘:1.天池(太极);2.后天八卦方位;3.正针;4.十二地支;5.杨公缝针;6.天星;7.赖公中针。

都的行为，固然因为朱棣是夺取朱元璋之孙的皇位而登上"龙位"的，他不在南京登基是出于心理上的回避，也碍于在他看来南京风水不佳。南京钟阜龙盘，从小范围看是吉利的；而从整个大环境来看，原先南京之北是长江这一水系，没有"靠山"，故不吉利。正如《金陵琐事》一书所云，金陵山形散而不聚，江流去而不留，非帝王之都也。可见，历代帝王迷信风水，多么严重地影响了城市及其建筑的营构。

"则紫宫，象帝居"

中国城市文化史上的长安，曾经有辉煌的过去，这里主要是西汉、隋与唐等王朝的首都。长安是中国古代城市的代表之一。

早在先秦时期，西周都城就设立于此。公元前350年，即秦孝公十二年，秦国君主看中了这块"风水宝地"，由栎阳迁都于此。此后从秦统一天下，直到西汉，这里一直是秦与西汉的都城，历时近一个半世纪。尤其在公元前221年秦始皇统一中国之后，大兴土木，盛况空前，当时称为咸阳。

秦建都咸阳，在文化理念上有一个特点，即建京都以象征宇宙天地及一代雄主的权威，这种哲学、伦理观的"觉醒"，对中国此后都城的建设影响很大。《三辅黄图》称："始皇穷极奢侈，筑咸阳宫，因北陵营殿，端门四达，以则紫宫，象帝居。"地上所建都城宫室，以天宫（紫宫）为则，这是自地下到天上、天人合一文化观念的象征。又云，咸阳"渭水贯都，以象天汉；横桥南渡，以法牵牛"。渭水流贯王都，犹如银河灌注天宫；在渭河上架桥，好比牵牛织女鹊桥相会。在豪迈的城市建设中，渗融着一段脉脉温情与悲欢愁悦。

秦在渭水两岸大事营建，除渭北原有的咸阳宫外，于北岸仿造六国宫殿，南岸建上

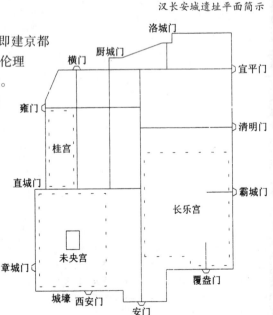

汉长安城遗址平面简示

林苑，又建造了兴乐宫、信宫、阿房宫与宗庙等一大批城市建筑，可惜后来项羽"西屠咸阳"时，化为一片废墟。

汉代长安，是在秦朝咸阳的城址上建造起来的，位于今西安西北隅，始建于西汉初年，城建成后，其规模约为35平方千米（内城），这在世界古城建筑史上是很突出的。

长安作为西汉的首都，有两个文化特征。第一，由于它是在原有城址的基础上发展起来的，整座古城缺乏严谨的城市布局，其平面不规则，并非《周礼·考工记》所说的方形平面。然而，古代匠师克服地形、技术的局限，仍旧力求城内街衢按方格网络建制，基本绳直。它的主要表现，是在复杂的地形中辟出纵横道路（当然，这些道路并非做到南北、东西贯通于全城）。但是在城门的设置上，采用四边凡十二门制，使东西南北四边各具三门，合于《考工记》所说的古制。其中南部城墙中间一门为安门，取祈祝平安的意思。自安门纵直北进，是长安城主要干道，几乎通贯全城，作为古城平面中轴所在。正因开辟了这一条全城最长的南北大道，才使得全城略显散乱的宫殿群有了一个趋于均衡构图的城市主轴。

第二，在长安城东南部与北部郊外，建造了七座类似卫星城的"陵邑"，包括长陵、安陵、霸陵、阳陵、茂陵、平陵、杜陵七邑。这种古城文化现象是比较罕见的。汉朝初立，汉高祖刘邦为了集权于中央，采取削藩的措施，使威权集于一身。这种集权行为在高祖之后仍有继续。汉初的这些陵邑，都是从各地强制迁移富户集于一地而形成的。朝廷这样做，是为了削弱地方豪强势力；但是在建筑文化上，对中央集权的政治象征——汉长安起到了有力的烘托作用。

长安自东汉迁都于洛阳、成为陪都以后，在许多个世纪中，处于沉寂状态。直到隋代，才重新开始成为全国统一朝代的首都。隋代历史短暂，但隋代对原长安的古城建设，为唐都长安雄视天下奠定了基础。隋文帝杨坚建都于此，由于这里屡遭战乱，破坏严重，加上旧城供水质量不佳，水含盐碱不能饮用，便于开皇二年（582），在旧城东南龙首山之南择址建造新都。这里"川原秀丽，卉物滋阜"，"风水"很好。由于隋文帝杨坚在后周时曾封为"大兴公"，为了突出王权在握，天子威严，便赐此城名为"大兴城"。

大兴城的设计、建造，是有城市总体规划的，这主要体现在城市功能分区的条理化上，更强调政治功能。我们知道，无论在西汉还是晋、宋、齐、梁、陈，都存在皇城、官署与民居、里坊杂处的情况。自大兴城开始，便将官、民与市商建筑分开，使得整座城市平面形制更为规整、严格。据考古，大兴城东西长为9 721米，南北长为8 651米，其中将皇城、宫城布置在北部中央，道路力求绳直，纵横交叉，里坊布置于皇城左右及南部广大区域，有"都会市"与"利人市"，分别对称地坐落于东西里坊群中，整座城市平面具有明确的中轴线。同时，隋代帝王佞佛，所以大兴城里建造了许多寺塔，如大兴善寺、庄严寺以及庄严寺塔等，也有玄都观等道观。

唐都长安，是在隋代大兴城的基础上建造起来的，城市的基本格局袭用隋代，但亦有不少发展。

其城称"长安"，在文化心理上，说明重视风水。长安者，长治久安也。祈帝都之长存，象征国运久远。

唐都长安的面积约为84平方千米，其规模早在隋代就已经奠定了基础。从唐都长安平面复原图看，大明宫的建造，打破了原隋朝大兴城颇为谨严、规整的棋盘格局，在整座长安城中显得很突出，其原因，可能有以下几点：其一，隋大兴城的平面布局已经形成，有一种对称之美，显然，唐代统治者对这种城市平面布局是接受而且欣赏的，但是，每一个新朝的统治者，总愿将自己的意志、德政观之类在都城的建设上留下痕迹，显出成就，又不能打破原有的都城格局，于是就择地另筑。其二，选择在东北龙首原建造大明宫，一是这里地势高爽，二则从风水分析，虽然倘以后天八卦方位论，这里为艮位，所谓风水不见得有多少吉利，但是如果从先天八卦方位论，这里是震位，震为雷，有兴盛、勃旺之象，又可以居高而俯瞰全城，在古人看来是很吉利的。

唐长安，沿袭隋大兴城棋盘格遗制，使宫城、皇城处在全城中部偏北，皇城、宫城左右，与前部一百零八个里坊及东、西二市，在规制上一循其旧，但是，随着东北隅大明宫的建造，城的东北部便成为大臣、贵戚争居之地，因为这里靠近大明宫，上朝为政路近，这是实际上的好处。在心理上，又以为最近于"天子脚下"，可受浩荡龙恩；其次，东北为震位，是居震之地，这是风水观念在起作用。正因如此，整个唐都长安的政治、文化甚至经济、军事向东北一隅倾斜，东城集中了大量富户，而西城多为贫民，东城繁荣而西城萧条。城南因远离宫城，不免相对冷落。比如城南里坊，唐代近三百年间住户稀少，虽为城区，却烟火不接，耕垦种植，阡陌相连，倒颇有点"城市乡野"的韵味；还有，虽然长安东、西二市也是隋代早已有了的，唐代仅换了名称而已，但商贸文化的内容已是大为改观。长安是当时著名的国际都会，是国际贸易与文化的一个热点，大有胡商云集、外贸兴旺之势。里坊制度起源颇早，以隋唐长安为贯彻最力，这样大的城市（居民约100万）仅设东、西二市，对商贸与居民生活很不方便，这种制度终于在宋代被冲破，而唐代其实已经开始在里坊之间开展零星小型的商业活动了。

据考古，唐都长安街衢宽直，皇城与宫城之间的一条横街宽约200米（一说约220米），自明德门向北直进的全城纵道宽为150米（一说155米），穿越皇城正门朱雀门、宫城正门承天门及重重宫殿群，为当时世界最长的都城中轴线。这些城市道路绝大多数为泥路,只有个别路段铺撒沙子,故每逢雨天,道路泥泞难行。隋之大兴城就是这样,唐代未作改进。然而,长安的建筑自隋至唐却有改观,隋时如宇文恺旧宅,很为简陋,唐初一些贵族所居之所,也甚低矮。而太宗之后,随着国力日隆与皇族日渐贪图享乐,首都建筑面貌向奢华方向发展,以唐玄宗时为盛。同时还建造园林,长安之东南隅有曲江名胜游览区,盛极一时。

传承于先秦营国制度的唐都长安平面简示。其东北方位建大明宫,所谓艮岳之所在。从风水理念看,正应在文王后天八卦方位的震位上。

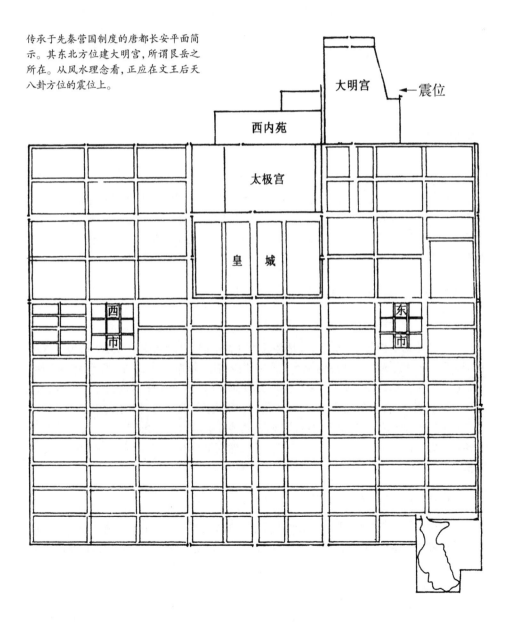

从来的中国都城都是政治、军事重地，长安也未能例外。但是，唐代又是趋向于融儒、道、释三家文化于一炉的时代，这在长安城市布局中也有反映。在精神意义上，宫殿建筑群一般是属于儒家政治文化范畴的，它仍是长安城市建筑的主体，但是，在这宫殿的"海洋"中，又巧妙地穿插了寺塔、道观。早在隋大兴城时代，隋文帝便曾在朝堂之上陈列寺庙匾额凡一百二十块，任人取走以作寺额，鼓励官民造寺。在唐代，长安里坊区建造寺观百余座，终日香火缭绕，钟鼓齐鸣，诵经之声此起彼伏。在朱雀门纵轴大街两侧，东有大兴善寺，据《长安志》所载，当时有"寺殿崇广为京城之最"的美誉；还有荐福寺塔凌然屹立。西有法界尼寺及其佛塔，属于道教的玄都观也加入了这一文化合唱。比较起来，慈恩寺塔是后建的，位于大明宫正门垂直向南的轴线之上，一座政治类建筑的正南建有佛塔，似乎有点不伦不类，实则说明唐代文化有容乃大的胸襟与气度。

"寥落古行宫"

洛阳作为古都，地处黄河中游，这里是中国文化的重要发源地，古时称为"中州""中土""中原"。公元前11世纪，周公在此营造洛邑，成为西周国都镐京的陪都，中国都城史上的两京制与陪都制由此开始。洛阳因周平王东迁而第一次成为东周国都，此后东汉、西晋与北魏等王朝在此建都。洛阳在中国古代的政治、军事、经济、文化史上都具有重要地位。

洛阳建筑最值得注意的是其特有的文化品格。

首先，在古人心目中，洛阳"风水好"。

洛阳位于邙山南麓，洛水之北，地势较为开阔平坦，自北向南地势逐渐降低。这种地形地貌，是古人选中的理想的风水格局：北倚高山，南临流水，"龙脉"葱郁而雄伟，"水气"流贯，洛阳建于"龙穴"之上。所以自西周起，洛阳往往不是国都，就是陪都，地位显要。当然，自北魏之后，在中国古代的建都史上，就见不到洛阳的大名了。但这不是古人风水文化观念改变了的缘故，而是其他社会原因，比如政治、军事、经济的重心转移，以及某些帝王个人意志与好恶使然。然而即使在唐代，洛阳仍是地位重要的陪都。

其次，陪都与首都身份的交替。

西周时，洛阳首次成为陪都，是西周王朝统治东方的政治、军事重镇。周王往往在此接受东方诸侯朝拜，有重兵驻扎于此，以治理"殷顽民"。据张剑《从建国以来出土的青铜器看西周时期的洛阳居民》一文,1964年以来,考古学家在洛阳邙山南坡等处,陆续发掘西周古墓三百七十余座,随之出土大批青铜器;又在洛阳东郊发掘商末周初墓葬五十余座。从诸多铭文分析发现:其一,洛阳是商族遗民的居住地;其二,洛阳是西周接受各国贡品与战利品的集散地;其三,当时洛阳居住着西周王朝一些重要的上层政治人物、军事将领,如太保、康伯、毛伯、师趛等,进一步证实了武王灭商、周公东征和周、召二公营建洛邑,以及迁"殷顽民"于成周的历史事实。

东汉时,洛阳再度成为首都,光武帝刘秀定都于洛阳。其文化心理原因,大约与周平王东迁相似。东汉洛阳平面为长方形,古人称其"东西七里,南北十余里",具纵深之气。城市分布于洛水两岸,南宫在南岸,北宫在北岸,是一座跨河型城市。洛阳诸殿,最著名者为北宫正殿德阳殿,其东西三十七丈四尺,南北七丈,但从洛阳城邑的规模气势来看,均远逊于西汉长安。东汉洛阳毁于公元190年,即初平元年的"董卓乱京"。董卓焚洛阳宫庙、居室,《后汉书》说,"火三日不绝,京都为丘墟矣"。

汉末曹操居邺城,故魏文帝受汉禅(220年)营造洛阳,以邺城为楷模。曹魏时,始筑内城西北角高坡上向北突出的小城,称金镛城。内城中筑宫城,位于中部偏北,是在北宫故址上筑成的,面积为内城总面积的十分之一。据《三国志》及注引,魏文帝又建"昭阳、太极殿,筑总章观","高十余丈,建翔风于其上。又于芳林园中起陂池……通引谷水,过九龙殿前,为玉井绮栏,蟾蜍含受,神龙吐出"。此时,洛阳城建筑中,关于易文化、龙文化以及太极观、月宫神话传说等的文化母题已颇突出。

西晋仍以洛阳为京都,宫殿少有损益。《晋书》说,晋武帝建太庙,倍极辉煌,"致荆山之木,采华山之石,铸铜柱十二,涂以黄金,镂以百物,缀以明珠"。太庙是祭祖之庙,祖先在中国人的心中一直是很崇高、神圣的,武帝建太庙如此铺陈其事,是可以理解的。

洛阳曾是北魏首都,位于现洛阳市东部,建成于公元495年,即太和十九年,这是历史上洛阳最后一次作为京都。

北魏洛阳为三重城制。据考古,其内城南北长约4000米,东西约2500米,面积约10平方千米;其外郭建成于501年,东西约10千米,南北约7千米,面积约70平方千米(一说73平方千米)。除唐都长安外,它是中国城市建筑史上规模最大的城市平面。

北魏曾定都于平城(今山西大同)。孝文帝推行汉化政策,其政治、军事与文化向中国东南渗透,于太和十九年迁都洛阳。从宫苑到里坊的全面建成,历时七年。城中宫殿、官署、太庙、社稷坛、灵台、明堂、太学以及寺观等一应俱全。据传,此时洛阳已建里坊三百二十三个(一说三百二十个,另一说二百二十个)。洛阳城最核心的区域是皇城,

北魏洛阳平面简示

居住者多为贵族，有所谓王子坊，即寿丘坊，位于西郭墙边。从洛阳平面想象图看，城市略近方形，而道路分布并非方格网式，有中轴线，但并未贯彻到底，不过主要的殿堂楼阁都建于自南向北的中轴及其两旁，形成空间序列。此时的洛阳有佛寺一千三百余座，宝塔林立，以九层之永宁寺塔为最著名，俨然"佛国"，也是中国古都中的一大奇观。

在唐代，洛阳作为东都曾经一度繁荣。它曾是隋朝的陪都，由杨素、宇文恺主持规划、营造。唐初由于政治上的原因，曾将它废为一般城市，不久恢复为陪都，在隋之城建基础上大兴土木。作为东都，规模、范围比长安要小些，由于隋之洛阳是易地而建（在汉与北魏洛阳之西约8千米处），这里地势尚平广，城市平面显得舒展而有条理。

此时洛阳的城市布局力求处处体现出陪都的身份。其一，因为是"都"，这里亦建有宫城、皇城。宫城之轴线向南延伸，正对龙门伊阙，有重重宫殿，辉煌灿烂，显示皇家气象、天子威严。其二，因为是陪都，很注意政治伦理上的尺度与分寸。洛阳城是设纵轴线的，位置在南城门定鼎门向北延伸的一条通衢大道上，该大路直抵皇城、宫城。从城市建筑群布局看，这纵轴与皇宫建筑偏于西部，然而在此西侧，又有上阳宫以及大片宫苑区域，整座城市东、西两部分并未达到对称。这是区别于长安城的布局特点。洛阳设立了一百零三个里坊，形制略小于长安，一里见方，坊内设十字街，有四门。洛阳无论宫殿、街道等，都如里坊那样，相对缩小了尺度，这是传统礼制对洛阳总体规划的影响。其三，虽然如此，仍不失皇家

唐洛阳平面想象图

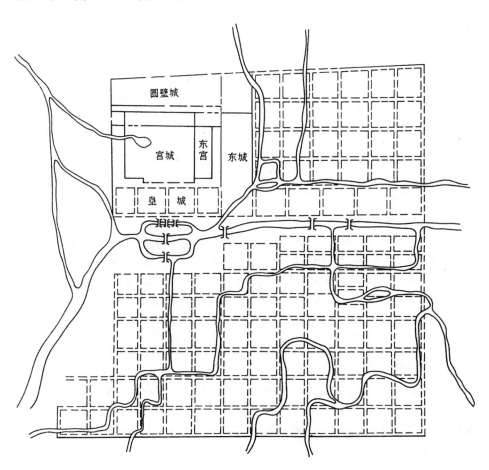

风度。皇城、宫城的位置，选择得就很巧妙。它作为"都"，从东设一般建筑群、西为宫苑的总体构想看，基本处于全城之"中"，这"中"又不同于长安。它偏于西北，似有谦让之意，但是从《周易》后天八卦方位分析，皇城、宫城位于西北一隅，又应在乾的吉位上，乾为阳，为帝王之象征。

唐代元稹有诗说到洛阳："寥落古行宫，宫花寂寞红。白头宫女在，闲坐说玄宗。"从这首名诗可以看出，唐代洛阳是颇繁华的，时有帝王亲幸此地，尤其是唐玄宗。这里也是当时东部中国的政治、军事与经济文化重镇，唐代的重要粮仓建于此。而在安史之乱以后，唐帝国的国力一落千丈，东都洛阳自然也无往日之气象了，因此诗中说，那些当年的宫女现今老了，闲了，只能枯坐在那里，回忆与诉说这陪都曾经辉煌的老故事。

扼吴楚，据咽喉

开封是另一个古城，在中国城市发展史上很有名。

开封，在秦时仅为普通县城，南北朝东魏天平初年，稍有发展，称为梁州。唐五代后梁开平元年（907）由东京开封府升格为都城。后梁、后晋、后汉、后周都在此建都，紧接着又成为北宋的京都，称东京。

早在唐代，开封就被称作汴梁，城市经济开始繁荣，手工业、商业日盛。但直到后周时代，汴梁范围还是很小，市内房舍芜杂，道路短窄而人口众多。北宋建立之后，开封作为首都，步入建城新时代，城区不断扩大。宋神宗年间重建外城，加建瓮城与敌楼，都是出于军事上的考虑。宋徽宗年间又扩大外城范围，多建军营、官署，此时，城市布局已非严格的棋盘式，街道多呈斜向走势。重要的是北宋中期以后，束缚中国古代城市发展的里坊制终于被冲破，城市商业经济破墙而出，店肆、民居开始临街而设，这进一步促进了当时东京的繁荣。北宋中后期开封达于极盛，城周五十里，居民百万。亭台楼阁、店铺作坊林立，商旅云集，车水马龙，《宋史》说"比汉唐京邑，民庶十倍"。

值得注意的是，北宋的东京在建筑文化上出现了一些新的因素。第一，城市总体布局从力求严谨向颇为自由的模式转换。正如前述，东京城内交通道路多呈斜交走势，固然因地形条件所限，但它的文化意义不可低估，在一定程度上体现了新时代的市民意识，象征着要求"自由"的文化意愿。第二，整座东京城平面虽因袭古制而呈颇为规整的长方形，但严格的里坊制被打破，无疑是对城市手工业与商业经济的一种"解放"。从宋代画家张择端《清明上河图》可知，这里店肆连属，屋宇栉比，街衢宽阔，交

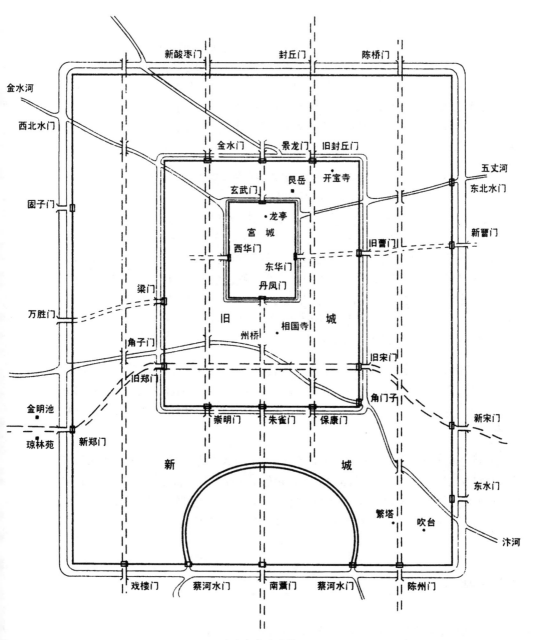

北宋东京平面简示

通繁忙。《东京梦华录》也记载了当时开封的许多与建筑有关的文化史实。如相国寺一带，每月有五次定期集市，这里房舍俨然，万商云集，交易活跃。另有州桥夜市，几乎通宵。第三，东京与前代都城最大的不同，是宫城并非偏于北部，而是接近中心，城市面貌商业化，这是宫城沿用旧有州衙与商品经济发达的结果，形成了繁华的世俗城市生活面貌。东京首次在宫城正门和内城正门之间设置了丁字形的纵向宫前广场。这种广场文化因素，在西方古代城市建筑文化中，一向显得很重要，在中国则是很少见的。在中国，这种城市空间形制直到明清北京才真正发展起来，而其起始，大约就在北宋的东京。

北宋东京的繁盛原因，赵宝俊《试论开封之盛衰》一文认为有这样几点。一是地理位置重要。开封地处中原，具有重要的军事战略意义。它位于华北大平原的西部边缘与水道的中心。北据燕赵，南通江淮，西峙嵩岳，东接青齐。开封又有辽阔的腹地，人物繁阜，具有丰富的物资和充足的兵源。而且地势平坦，利于驰骋，东向可以镇压齐鲁，沿淮可以控引江淮，制服东南。二是交通方便。开封紧临南北大运河，其地又处在大运河之咽喉，为当时水运中心。三是开封长期为多个王朝建都之地，自然得到了优先建设。四是北宋是中国帝制社会进入后期的转折期，此时土地兼并的趋势加剧，土地走向高度集中，使得一批乡野地主、官僚走向城市生活追求享乐，而大批失去土地的农民也涌向城市以求谋生，这使开封的人口数量陡增。

开封盛荣时间不长，到12世纪后，便急剧衰落，这在中国古城中是不多见的。考其原因，大约有这样几方面：统一帝国分裂，宋、金南北对峙，全国政治中心转移；黄河河道在12世纪以后经常泛滥，河水向南涌泄；遭到契丹、女真与蒙古等少数民族的不断"南侵"。

开封建城迄今已有二千六百多年的历史。学界有人以为，今天的开封是由东周郑庄公奠定基础的，这虽颇可怀疑，但郑庄公的确做了一件大事，当时开封之北为卫国，东临宋国而南有滑、圉、戴等小国，郑庄公在这里修筑城池，确有开拓疆土、筑城以守的眼光和事功。无怪乎有人说，开封"扼吴楚之津梁，据咽喉之要地"。

六朝古都

今天的南京是六朝古都。这六个朝代，指三国吴、东晋与南朝宋、齐、梁、陈。

在历史演替中，南京这个城市的称名很多，除了为人熟知的金陵、建业、建康、石头城与白下等,还有秣陵、丹阳、江乘、临江、江宁、湖熟、怀德、元城、广川、阳都、安业、上元等二十多个名称。

这也许多少能够说明,南京这个城市在政治、军事、经济与文化方面演变的剧烈。这座古城的文化积淀很深厚。

在中国城市史上,"南京"一名出现过多次。唐代有南京,指今四川成都;宋代的南京,指今河南商丘;辽代称南京者,即今北京;金代把今河南开封称为南京;而我们这里所说的南京,大约有六百年的称名历史。曾经被称为"金陵"等的这座城市,大致从明初开始改称为南京(与当时的北京相对应)。学界至今还有人据《马可·波罗行记》所提到的"南京",称宋元之际建康的织造业何等发达云云,其实,这是将当时称为南京的河南商丘误会成现在长江下游的江苏南京了。

"钟阜龙盘,石城虎踞",这是历史地理学家对南京地理形势的描述。南京地处长江下游沿江南岸之地。这里地势险要,气候温湿,物产丰饶,被历史上诸多朝代选定为首都,不是偶然的。

据司马迁《史记》,楚威王时楚灭越,时间在楚威王七年(前333),于是便有所谓金陵邑的建立,地址在今南京城西清凉山。

公元229年,三国吴定都于此,改名建业,意谓"建立霸业之地"。西晋末年,南京称为建康。东吴孙氏识得这块"风水宝地",慧眼独具,大约有如下原因:最主要是出于军事上的考虑。三国鼎立,先图立足之地,再谋进取,统一天下。孙吴祖籍吴地富春,东汉末孙坚、孙策曾转战于吴越之地,雄视江东,势力日长。孙策遇刺而亡后,孙权泽承父兄遗业,曾以吴(今苏州)为中心,统领吴郡(富春)、会稽、丹阳、豫章、庐江与庐陵六郡地区。但是,面对曹魏来犯,吴不易坚守。于是先是看中京口(今镇江,位于长江南岸),以为这里"因山为垒,缘江为境",万无一失。然而,正如郭黎安《试论六朝时期的建业与武昌》一文所说,当时"京口以上到秣陵(今南京)的一段江面特别宽,风浪很大,在这里建都对于联系上游和江北都相当困难。再说,京口的腹地较狭,没有发展和回旋的余地"。而秣陵即今之南京,居长江南岸,地形北高南低,其背后有大江为天堑,沿江自西南到东北有山岭为屏障,其中石头山尤为险要,颇合古人所认可的风水原则。特别是坐落于东北方的钟山,"高岗逼岸,宛如长城,未易登犯",所以以此为帝都,是很适宜的。

另外,南京地处江南,其广阔富饶的太湖平原(当时还没有现嘉定外岗以东的上海地区)和浙水流域,是东吴的"粮仓",可坐收渔盐谷帛之利。正如《读史方舆纪要》所说:"舟车便利,则无艰阻之虞;田野沃饶,则有转输之借。"

　　南京是一个典型的山水城市。在文化上，它得山之精神与水之灵气，山、水二者之优越兼而有之。在地理位置上，临江、依山、枕湖，且有秦淮河贯于城南。秦淮河之美景，读朱自清、俞平伯两篇同名的散文名篇《桨声灯影里的秦淮河》可体会一二。虽然这是文学描写，而且是现代作家写现时代的秦淮河，也能由此领略更古典、更纯朴的秦淮之美吧。

　　作为六朝古都，南京城的平面布局自然力求方正，但是，城区所处的位置大致是丘陵地区，没有大片平野可以从容地修筑城池。城内有鸡笼山、覆丹山、广龙山、小仓山、清凉山等。宫城修在鸡笼山南麓，皇家宫苑如华林园、乐游苑与博望园等，大都设在玄武湖南岸，位置在宫城的北、东两边及青溪一带。南朝之时，在宫城之南两侧，有东州府与西州府，是宰相与王公的居住地。

　　由于自然地形难以改变，尽管自古南京也有"里"这一行政与民居方式，但并不十分规整，所以，除了皇城与宫城比较方正、皇城前的一条朱雀大街（御道）呈纵直走势外，其余区域与道路的开辟、布置都比较自由。这也是南方城市的特色。里坊是有的，如著名的长干里，分大长干、小长干与东长干等，是一般官吏与老百姓杂处的里坊。而长干里北面有乌衣巷，东晋时成为望族豪门如王、谢二氏的世居之地。在青溪之东，还辟有权臣的甲第区域，钟山之南另辟诸多别馆。市场设在秦淮河两岸，南朝刘宋时，秦淮河设有十一市，主要有大市、盐市、南市、北市与东市等，还有专业性很强的市集，如谷市、纱市与牛马市等，相信那时已有赶集的风俗。这种市与北方如汉唐之长安、洛阳的市是不同的。唐长安主要设东市、西市，也有一些商贸活动在里坊进行，所以比较"规矩"，也可以说比较死板。南京的市，相当分散而自由。这说明在中国古代，南方的城市如南京以及苏州等，城市商贸的发展空间较北方为大。

　　东晋与南朝之时，南京是中国佛教中心之一。东晋时，庐山东林寺是佛教中心，而建康道场寺也香火很旺，著名佛徒如跋陀罗、法显、慧观与慧严等，都曾在道场寺弘传佛法。由于东晋元帝（317—322在位）、明帝（323—325在位）崇佛，建康城内造了不少佛寺佛塔，成为城市的一大景观。据《辨正论》卷三所记，元帝"造瓦官、龙宫二寺，度丹阳、建业千僧"；明帝"造皇兴、道场二寺，集义学，度百僧"。同时，许多画家与雕塑家在佛寺大显身手，他们绘制、雕塑大量佛画与佛塑，使佛寺、佛塔的艺术氛围与神秘之气更为浓烈。顾恺之在瓦官寺作维摩诘壁画，唐张彦远《历代名画记》说："画讫，光彩耀目数日"，"所画维摩诘一躯，工毕，将欲点眸子，乃谓寺僧曰：'第一日观者请施十万，第二日可五万，第三日可任例责施。'及开户，光照一寺"。先睹为快而花钱必多，顾氏很有些"市场意识"。佛教及信徒的活动，丰富了南京这一古都的城市生活。

江南园林之城

"上有天堂,下有苏杭。"从这一民间俗语,不难想象中国古代名城苏州的繁华。

早在春秋时期,苏州就是吴国都城,是中国最古老的城市之一;又因地处江南水乡,具有诸多文化特色。从春秋至隋唐,由于苏州地偏东南,未作历朝首都,虽经济文化有其自身特色,却不为史家所重,以至于几乎湮没无闻。实际上,随着唐、宋整个国家政治、经济重心自西向东、自北向南的转移,苏州的城市手工业与商业急剧发展起来。北宋时,苏州名平江,南宋因战乱而几被夷为平地。但是,苏州地处鱼米之乡,这里是全国物产最富饶的地区之一,所以不久,城市元气得到了恢复,重建为一座新城。现有绍定二年(1229)平江府图碑存世,展现了平江当时的规模与形制。

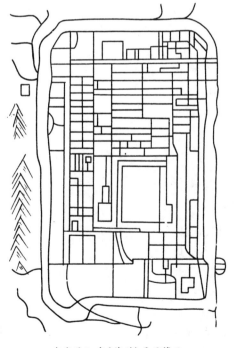

南宋平江府(苏州)平面简示

历史上的平江地理条件与气候条件均十分优越,处于南达临安、北去汴梁的运河水运要冲,有利于城市物资、民众与各种文化信息的交流,城市富于活力。而温暖多雨的气候,孕育了一种别具情调的湿润软绵的文化,可以"嗲""糯""甜"三字形容。平江城平面呈长方形,南北长而东西狭,有纵深感。街路纵横平直,但不是唐长安那般的棋盘式,在规整中具有相当的自由度,这反映出传统社会手工业与商贸经济文化的典型特色。平江的平面布局,与一般古代都城颇有差异。

平江府治所在的子城,是整座城市的主体部分,却不在通常的城之中部偏北,而位于城的东南,这不甚遵守《考工记》营国制度的基本法则,并非居"中"与追求对称,可能由地理条件所决定。

苏州是一座典型的中国水城,现当代旅行者常将其与意大利威尼斯相媲美。但威尼斯是一座似乎浸在水里的城市,苏州则几乎到处小桥流水,枕河而居。平江周长16千米,设五座城门,为了将水引入城内,

苏州网师园濯缨水阁

每门都另设水门。道路两旁都设店铺与作坊，店门相对，近五分之四的街衢有水道与之平行，形成前街后河的奇特城市景观。因河道密布，这座水城又同时是桥城，据统计，这里曾有各种各样的桥三百余座。水面船多，在城市交通上，为陆地、水面并举。当然，这些河都不很宽长。彩楼粉墙、小桥流水、窄巷深弄，配以巍巍塔影与黄色寺院，以及依依杨柳、蒙蒙细雨，使这座古城具有平静、优雅的柔美气质。

自明代始，苏州便是中国江南文人园林的荟萃之地。诸多名园，如拙政园、留园、狮子林、沧浪亭、网师园、西园等，遍布全城，形成了"城市园林"的文化景观。苏州是一座园林化的城市。

这座江南园林名城崇尚格局的小巧。无论道路、民居、店铺、官署、寺院、桥梁还是园林建筑，一般都不追求巨大的尺度，而是以小巧、幽深与清丽见长。所以，整个苏州城的建筑一般比较平缓，但城市景观富于节奏。高耸的塔影，丰富了城市天际线。有些建筑相对高巨，它们面临大街，或作为大街尽头的对景，具有突出而强烈的观赏效果。报恩寺塔耸立于一条南北向大街的北端，成为这条大路及两旁建筑的终结与高潮所在，其他如虎丘塔、罗汉院双塔、妙湛寺塔以及齐云楼、天庆观等，都丰富了城市景观。

自然，现今的苏州早已不是旧日模样，现代化的城市建设，一定程度上打破了往昔的宁静。但走进一座座苏州文人园林，那宁和、文雅、清丽与幽深的意境，可以立刻使得游观者的心境静寂下来。苏州，依然是中国富于特色的一座城市。她在现代城市文化氛围中，依然蕴含优雅、软糯与清逸的文人书卷之气，这在很大程度上得益于目前保存良好的古典文人园林。

没有哪一座中国现代城市像苏州这样拥有如此众多的园林。拙政园、网师园、留园，还有狮子林与沧浪亭等，它们把城市的喧闹与烟火味阻隔在园墙之外，是现代人求得休憩与宁静的好去处。这里云墙逶迤、楼台静伫、回廊徘徊、花树葱郁、曲径通幽，充满了诗情画意；春宜观柳，夏则赏荷，秋对老圃黄花，冬应劲枝衰草，可以在此一洗尘累，怡情悦性。

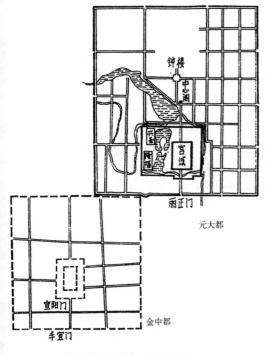

元大都

元大都与金中都的位置关系

"壮哉帝居"

今天的北京，曾经是多个朝代的皇都，有大约八百年漫长的建都史。

北京属上古九州之一的幽州，或称燕州，地处燕山之南。周武王扫灭商纣后，以燕州封召公，燕州之地初筑都城。战国七雄纷争于天下，北方的燕国建都于此，称燕都。后来，曾为辽的"南京"与金的"中都"。

成吉思汗挥戈南下，于公元1215年攻下今日的北京地区，设置燕京路大兴府；元世祖忽必烈又于至元元年（1264）改设中都路大兴府。至元九年，忽必烈建立元朝，定大都为首都，改称大都路，这便是历史上有名的元大都。继而，北京（北平）又成为明、清两朝首都，历时约五百五十年之久。

北京能成为国之首都，并非偶然。首先是地理条件优越，古人以其为王者之域："古幽蓟之地。左环沧海，右拥太行，北枕居庸，南襟河济，形胜甲于天下，诚所谓天府之国也。"（《大明一统志》）

从自然地理看，北京背靠燕山山脉的居庸，南望华北大平原，前有黄河，东临沧海，以天津为"近卫"，西以华山、太行为屏，确为"壮哉帝居"（顾炎武《历代宅京记》语）。

北京的风水地理，颇为符合《周易》文王后天八卦方位的理念。北京北部为文王八卦方位的坎卦所在，坎为水为陷，本是不吉利的。然而，北京北部却是燕山山脉，山属土，土克水，正好作为靠山而"大吉大利"。北京之南，应在文王八卦方位的离卦上，离为火，自当吉利；而离火过旺，又是不吉利的。正好北京之南有黄河、济水、淮河等江河横贯，从西到东而直奔大海，此取水克火之利。至于北京的东西两侧，皆以山护卫，符合"左青龙、右白虎"之风水古制，这便是朱熹所说，东之"岱岳，青龙也"，西之"华山，白虎也"。

文王八卦方位有"龙脉"一说。龙脉在哪里？在西北方，这里应在乾卦，为龙脉起始。按《易》理，乾为男、为祖、为帝、为龙。恰好，中国国土的西北为高原，昆仑山脉、华山、太行向东延伸而至北京北边的燕山，这便是朱熹所说的"云中诸山，来龙也"的意思。从古人所迷信的风水地理看，八卦方位西北的乾，是所谓风水理念中北京作为皇都的"根"。大多数古人包括帝王，就是信这一套。

文王八卦方位还有"水口"一说。水口，应在巽卦，位于东南，巽为入，且这里又有水系：一是上引古人所说的"沧海"，二指小范围地域的天津。天津古称天津卫，实为北京之"卫"，是风水学上地处北京东南的"水口"所在。并非说，天津没有其独立的城市地位和历史、人文性格，但天津因北京而建，大约是可以肯定的。

中国古代社会制度的核心是"家天下"，偌大中华，"莫非王土"。北京建都于燕山之南，好比人面南而坐在自家的厅堂上，前面是一个大庭院，且有东西厢房在左右。这大大的"庭院"，便是华北大平原，帝王可以"目接"千里而"俯视"天下。应当说，北京建城于此，是中国人家园意识与王权意识相结合的土木营构。

元明清北京的平面规划、建造与功能设计，显然深受风水说的影响。

元大都的城市总体规划，出自刘秉忠和阿拉伯人也黑迭儿之手，郭守敬也参与了设计，他们基本秉承汉制、遵循汉法，而又有所改变。

比如《周礼·考工记》规定门制凡十二门，但元大都只有十一门。这是因为其一，此城平面虽为方形，但城中大道基本呈经纬纵横态势，整座城池并没有居中而直贯南北的一个中轴；其二，中国古代皇宫一般位于全城北部而居中，元大都的皇宫，却建在全城

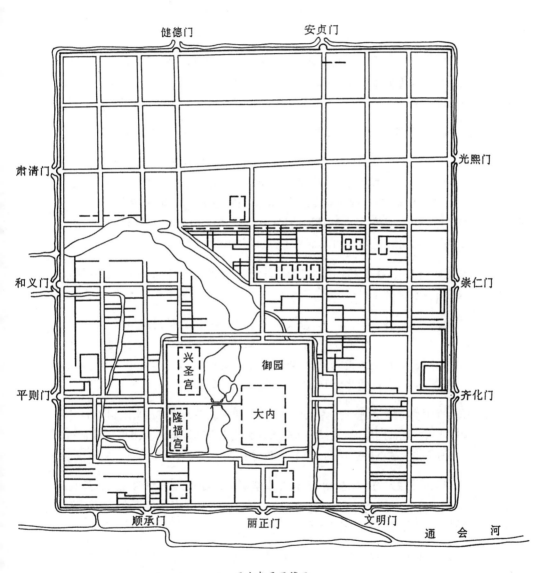

元大都平面简示

的南部；其三，元大都的北部居中位置，倒是建有一个面积尚大的北宫，这便使得设于北城墙的城门只能是两个，与之相通的纵道从北宫左右通过。

这一平面布局，看来还受到自然地理的影响：城址的南部偏西，有太液池等自然水系。

元大都的城市建筑，呈现出蒙元文化的一些特色。在宫廷区域，居然有蒙古包出现；有的寺院采用汉式传统寺院所没有的方柱，并且包上蒙式毡毯——这是割舍不了的对于文化故乡的眷恋。

明清北京城，是中国建筑史上城市规划与营造的一座高峰，一个伟大的文化宝库。

明初定都于建康（南京）之前，朱元璋曾在其家乡安徽凤阳筑城，名曰"中都"。凤阳城池承继北宋东京形制。城址基于山南部的一脉平川，东为马鞍山，西为独山，有左拱右卫的态势。城池平面方形，设中轴线，左右基本对称；有传统门制，诸多城门中，有承天门、北安门、东安门、西安门、东华门、西华门与午门等名称。可以看出，此城虽然"昙花一现"，但后来的北平，有些地方是继承了凤阳"祖城"的。

朱元璋建立明朝不久，在今南京修造紫禁城。经历明太祖与建文帝两朝，成为明朝首都北京的又一个文化"序幕"。

明成祖朱棣是明太祖朱元璋第四子，建文帝朱允炆的叔叔，曾被封赐为燕王，藩守于北平。1399年，朱允炆对其叔采取"削藩"之举，朱棣于是发动政变，于1402年夺得帝位，史称"靖难之役"。历史的走向，有时候似乎出于偶然。如果朱棣并未当上皇帝，大概不会有作为明清两朝帝都的北京了。然而，历史没有"如果"。

登上帝位的明成祖改元永乐，于永乐元年（1403）改称北平为北京。永乐四年下诏迁都，开始营造北京。迁都的原因，大概是永乐帝以为北京为其封藩、起兵的"发祥"之地，"风水好"。南京作为故都的这一页"旧书"，翻过去了。

永乐七年（1409），在大兴土木规划、营构北京紫禁城的同时，在北京西北昌平天寿山南麓，明成祖下诏营建自己的陵寝，即后来成为明十三陵主陵的长陵。天寿山原名黄土山，因其南麓成为帝陵之域而改名"天寿"。

营构首都的同时修筑皇陵，似乎有些为后人所不解。其实不然。北京西北山峦自昆仑绵延数千里，经华山、太行而直抵西山，天寿山是与西山相连的，这里是古人虔信的"龙脉"之所在。建造皇陵，被看作并非帝王一人的身后事，而是"天下社稷永固""奠万世之基业"的壮举。

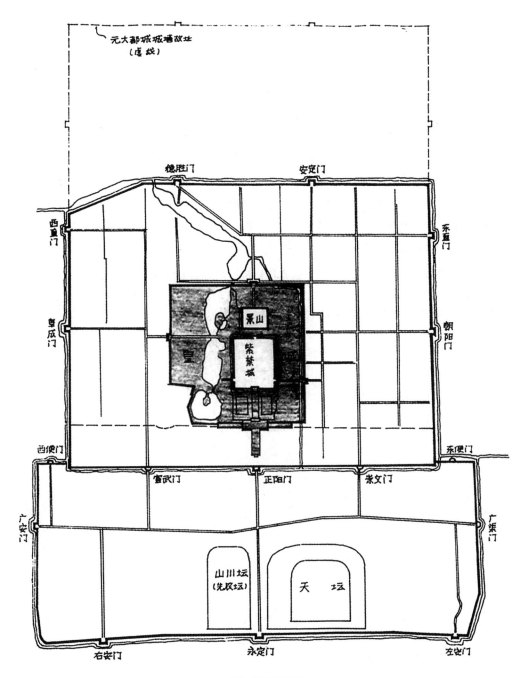

明北京城城址图

　　元末，大火将元大都北城烧成一片焦土，故明朝营建北京时，城址南退五里。明清北京城分内城与外城，而外城并非位于内城四周。内城居北，外城居南，内外城相连，其平面略呈凸字形。外城建于明嘉靖三十二年（1553），晚于内城。北京城地域广阔，内城东西6 650米，南北5 350米；外城东西7 950米，南北3 100米。

　　内城城门：南有正阳门、崇文门、宣武门，东有朝阳门、东直门，西有阜成门、西直门，北有德胜门、安定门；外城城门：南为永定门、左安门、右安门，东为广渠门、东便门，西为广安门、西便门。外城的北城墙，中间一段与内城的南城墙、门制重合。内外城都设有瓮城与角楼。

　　整个北京城有城市中轴，长7.5千米；主体建筑群是紫禁城，是严格的中轴对称。紫禁城为现存历史最悠久、地域最广阔、宫殿最完整的古代皇宫建筑群（详见"宫殿嵬嵬"部分）。紫禁城以及太庙、社稷坛、万岁山与太液池等，建成于永乐十八年（1420）。

　　北京紫禁城的建筑成就，达到了中国古代建筑技艺与文化的巅峰。宫、殿、楼、馆、堂、阁、轩、台、斋、亭、廊、门、桥、华表、须弥座与园林（御花园）等，还有诸多皇家生活的辅助用房，应有尽有，都极精雅，堪称中国古典建筑的"博览会"。

城堞巍然

城堞,中国古代都邑四周用作军事防范的墙垣。一般规模较大,《诗·小雅》有"城彼朔方"之说。城堞主要是防御性的建筑工程。西方古代的城堡亦属于这一类,法国奥德省境内的加尔加索尼城堡,即是中世纪的著名城堡。世界上最负盛名的,则是中国的长城。

长城,中国古代极为雄伟的军事防御性建筑工程。在空间观念上,长城是古代都邑四周墙垣的极度扩大,它绵延起伏于祖国北方辽阔的大地之上。好似一条巨龙,盘旋、飞腾于巍巍群山、茫茫草原、浩瀚"沙海",奔入森森大海,其尺度之巨大、工程之艰巨、历史之悠久、气势之雄浑,世所罕匹。

风气之先

中国人历代修筑长城的热情,在人类世界自古至今是独特的。没有哪一个民族,有如此惊世骇俗的灵感与如此巨大的魄力,会在广袤的大地上修筑长城,唯有东方的"龙族"即华夏子孙、"龙的传人"想到要这样做。

其实,中国人的修筑长城,只是出于一个平常而又平凡的念头,即修一堵城堞来保护自己。长城以内是我的家园,在家园之内,非请莫入。中国人是将整个中华大地看作自己的家园的。当然,这也是中原意识的表现。

在中国古代,长城是防御工程。在漫长历史的陶冶中,长城成了中华民族伟大的精神脊梁。

瑞典学者斯文·赫定在考察中国西部之后所撰的《丝绸之路》一书中这样写道:

> 在这段旅途中,我们看到了长城。它像一条找不到头尾的黄色长蛇,伸展在大

漠之中，它已经完成了保卫中原帝国抵御北方蛮夷入侵的历史使命。我们看到路边矗起的无数烽火台，它们是已逝去的辉煌时代的默然无声却又是雄辩有力的见证。烽火台一座接一座，似心跳一般有规律地隐现在道路的尘土和冬天的寒雾之中，似乎铁了心要和事物消亡的法则抗拒下去，尽管经历了多少世纪的沧桑，却依然挺立在那里。

长城总给人以震撼心灵的历史感与沧桑感。尤其在黄昏夕照之际，秋风萧瑟之中，在茫茫戈壁荒漠，长城令我们回想起这个伟大民族以往艰苦的岁月，却给现实与未来注入了不竭的精神力量。

长城，总在向人倾诉它昨天的故事。

据史载，春秋时期的楚国，是长城的始作俑者（学界有长城始于战国的见解，可作参考）。楚长城被称为"方城"。

《左传》说到，楚成王十六年（前656），齐国发兵攻打楚国，挺进到陉这个地方，得悉楚成王派大将屈完去迎敌。两军在召陵对阵。屈完对齐侯说：你想攻打楚国吗，谈何容易，楚国有汉水可作屏障，有"方城"可以抵御。齐侯见楚之"方城"的确坚不可摧，就罢兵自撤了。方城就是长城的雏形。

这是中国历史上第一次正式提到长城。

又据文献，楚穆王二年（前624），晋国举兵伐楚，结果遇方城而偃旗息鼓；楚康王三年（前557），晋军又犯楚境，为方城所阻而无功自返。

楚长城防御之功莫大焉。

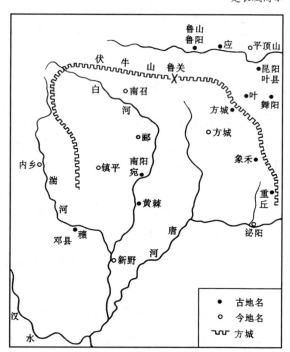

楚长城简示

在那个"冷兵器"时代,长城可以使刀枪无奈,战骑难以跨越。

那么,楚长城是什么样子的呢?罗哲文在《长城》一书中说,楚长城"遗迹尚未彻底查清"。据《汉书·地理志》及注:"南阳郡……楚叶公邑,有长城,号曰方城。"北魏郦道元《水经注》称,叶县西有一道古长城(今鲁山县东南25千米),始于今泌阳县北的古地名重丘,逶迤向北、向西,经伏牛山折而向南,终于今地名镇平与内乡之间,呈不规则马鞍形,全长约为300千米,该长城之南,是唐河、白河与湍河地界。

《水经注》说:"(醴水)径叶县故城北。春秋昭公十五年(前527),许迁于叶者也。楚盛周衰,控霸南土,欲争强中国,多筑列城于北方,以逼华夏,故号此城为万城,或作方字。"

当时建造长城,已经遵循就地取材的原则,有土堆土,有石垒石,或以土石杂以其他材料如草木之类。这正如《括地志》所说:"无土之处,累石为固。"当然,有些长城地段,天堑难通,正好以此天险为"城",也起到了御敌的作用。

万里雄居

楚"方城"独步于天下,其他诸侯霸主便相仿效。《左传》说,齐灵公二十七年(前555),晋攻齐,"齐侯御诸平阴,堑防门而守之"。罗哲文《长城》说:这是齐国在平阴修筑的一道防御工事,防门后来一直是齐长城的一道重要关隘。这时是否已修起了千里长城,文献上没有明确记载;但是已经修了防御工事,则是很清楚的。据《文汇报》2000年6月13日报道,在山东济南长清县发现齐长城遗址,始建于公元前6世纪到前5世纪,有的学者称其为"中国长城之父"。究竟如何,待考。

战国时期,据《竹书纪年》,"梁惠成王二十年(前350),齐闵王筑防以为长城"。《史记》注引则说:"齐宣王乘山岭之上,筑长城,东至海,西至济州,千余里,以备楚。"齐国长城西起今山东平阴县北,向东一直延伸入海,逶迤曲折,有浩荡之势。齐长城在今山东境内的有些地段还有遗存,多为石构或土筑,测得其厚度在四五米之间,残高从一二米到三四米的都有。

战国时期的魏国,也曾热衷于修造长城。

魏地处今河南、陕西境内。其东与宋、齐为邻,南有强大的楚,西北有秦而北接于赵,这些邻居一个个如狼似虎,都不是省油的灯。所以魏在诸强夹峙之中,修长城以保护自己,自然十分必要。

魏长城分河西与河南两段。前者主要用来对付秦国的入侵,后者主要是为了防御楚人。前者位于今陕西境内的绥德、延安、韩城与华阴等地,长度竟有500余千米。后者的地理位置,据《水经注》所说,始于阴沟,经过大河、故渎东南至卷县,又东经蒙城之北,越过北、南济水,由管城向西南直达于密,全长也有300余千米。

燕国之北有燕山山脉,东临大海,照理说这都是自然屏障,可以高枕无忧了。然而,除其东部由于海洋的阻隔而比较安全外,燕山之北有胡人来犯,也让燕统治者伤透了脑筋。至于西有强秦,更是绝对不能小看它的,连赵国也有窥燕的野心,因此,燕国修了易水长城与北长城。

《水经注》说,"易水之东屈关门城西南,即燕之长城门也"。当年荆轲刺秦,有"风萧萧兮易水寒,壮士一去兮不复还"的悲壮之叹,在易水流域建造长城,自然苍凉得可以。这段长城全长大约有250千米,处于今河北易县西南,一路延伸向东南。

北长城的地理位置,大致在今上谷、渔阳、辽西与辽东地域。修造于燕孝王时,约在公元前3世纪中叶,是战国年间最后兴造的一段长城。

还有赵长城,也"兵"分两路。

据《史记·赵世家》,赵武灵王十九年(前307),"以长南藩之地,属阻漳、滏之险,立长城"。此前,已在赵国南部边境修筑长城。公元前306年,赵国北部边境有胡人进犯,打退来敌后,赵武灵王又在云中、雁门与代郡一线修筑长城,其地理位置,在今河北宣化、山西北部的云中、雁门至内蒙古的阴山与高阙之间。

这两路长城共长850千米(南路200千米,北路650千米)。

所有这些长城的修筑,相对于秦长城来说,只能算是一个序幕。

古人说秦国乃"虎狼之国"。秦统一六国后,就派大将蒙恬在北方修筑长城,并布重兵守卫这军事屏障,不得不使匈奴后退350余千米,使其不敢南下放马,士兵不敢来犯,即贾谊《过秦论》所说:"乃使蒙恬北筑长城而守藩篱,却匈奴七百余里,胡人不敢南下而牧马,士不敢弯弓而报怨。"

《史记·蒙恬传》称:"秦已并天下,乃使蒙恬将三十万众,北逐戎狄,收河南,筑长城,因地形,用制险塞,起临洮,至辽东,延袤万余里。"秦始皇统一全国之后,为防止北方匈奴骚扰,保障北部十二郡的开发,拆除原六国的旧长城而规划新长城。据《史记》,秦长城始修于秦始皇三十年,到秦二世胡亥赐蒙恬、扶苏死,花了九年时间得以修成。

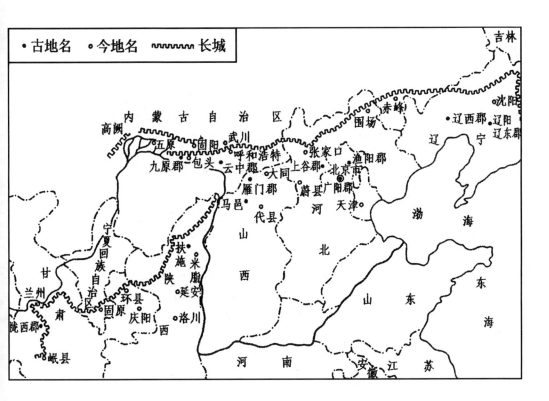

秦统一天下所修长城简示

从考古看,秦长城主要分东、西两段。其中东段自辽东郡辽阳附近,向西经辽西郡之北部今赤峰、围场与张家口北侧,经呼和浩特、包头到固阳与高阙;西段自原雁门郡的马邑附近,向西南经今环县、固原、兰州到原陇西郡的岷县。这两段长城,西起于甘肃而东至于辽东,中间几乎无断绝,连绵1 500余千米。

在建造技术上,秦长城已有许多进步。长城经过黄土高坡、沙漠莽原,跨越无数高山峻岭、河流溪谷,采用黄土版筑或是沙砾、红柳和芦苇层层压叠的施工工艺,经历千年风雨,有的地段,现存残高竟达五六米,令人叹为奇迹。有的地段既无黄土,也没有红柳、芦苇等其他材料,只有漫山遍野的石头,于是垒石为城。其工程的建造,想必十分艰苦而漫长。

默默无闻

在一般人关于长城的历史知识中，最著名的就是秦长城，因为有一个孟姜女"哭倒长城"的故事，在民间流传千年，这使秦长城令人印象深刻。明代长城也很有名，目前我们经常见到的、可作游览的北京八达岭长城段等，就是明代重建的文化名胜。

至于汉代长城，知道与经常提起的人就不多了，可以说，它是默默无闻的。

其实，汉代长城也很了不起。

别的暂且不说，汉代长城修了两万里长，可以说，汉代是历史上修筑长城最长的一个朝代。

汉代尤其是西汉的重大边患，主要来自北方的匈奴。汉时的匈奴势力比较强大，有二十四个部落结盟，游牧于自东北至于今青海的广大区域内。公元前200年，匈奴曾以号称三十万骑兵，把刘邦及其一部军队包围在今山西境内，让汉高祖深感狼狈。公元前119年匈奴与汉军交战，汉军终于获胜，不过损失惨重，十四万骑卒出塞，南归欢呼胜利时却不足三万。公元前99年又打了一仗，结果，汉军死伤达百分之六七十，大部分血洒疆场，倒在荒漠之地。

可以说，匈奴问题，是汉代一个令人头痛的政治、军事与民族问题。当时中国境内匈奴与汉民族之间的关系确实相当紧张，战争进行得很惨烈。好男儿都以"上马击狂胡"而赴死边塞自荣。霍去病"匈奴未灭，何以家为"之类的豪言壮语，确实是真实而出于肺腑的。刘邦登基之初唱《大风歌》，所谓"安得猛士兮守四方"，是确有所指的。

因此，在这种边患严重的情况下，汉代大兴土木、大造长城以冀御敌于"墙"外，就是可以理解的了。我们今天读《史记·匈奴列传》，知武帝元朔二年（前127），"汉遂取河南地，筑朔方，复缮故秦时蒙恬所为塞，因河为固"，这是说在河西走廊修造长城。汉武帝时修筑长城最多。这位帝王在位五十二年（前140—前88），其间修造长城多次。如元鼎六年（前111）破匈奴而修长城，"于是，酒泉列亭障至玉门矣"。此前一年即公元前112年，曾完成张掖、敦煌两郡的建置并修长城。太初四年（前101），又自玉门以西"至盐泽"（今新疆罗布泊地区）修造。短短十年，"自敦煌至辽东万一千五百余里，乘塞列燧"。这里所谓障、塞、燧之类，都指长城。障指城障，塞指要塞，燧指烽燧。

西汉所建长城，尤其是河西长城及其亭障、要塞、烽燧与列城等，丰富了长城的建筑样式，防御功能也丰富起来了，而且改进了长城的地理布局。由于修筑的长城比以往更为坚固、高耸,使骑兵难以跨越,阻止了匈奴的进攻,所以有利于西北的安宁与农牧业生产。汉代已有"丝绸之路"的开辟,瑞典学者斯文·赫定《丝绸之路》说,丝绸之路这条交通干线,是穿越整个旧世界的最长的路,从文化—历史的观点看,这是连接地球上存在过的各民族和各大陆的最重要的纽带。并说,对中国而言,维持和延伸其与亚洲腹地之内领地联系的伟大线路,是至关重要的。而长城的修筑,使屯田、屯兵于长城一线成为现实,有利于保护丝绸之路的畅通、安全与繁荣。

空前绝后

说中国长城是空前绝后的工程,一点也不为过。称其空前,是因为长城在人类建筑文化史上,是独一无二的工程;说它绝后,是因为这伟大建筑发展到明代,实际已经走向巅峰。随着"冷兵器"时代的逐渐结束与"热兵器"时代的到来,长城已经失去了它的军事防卫功能。

明长城简示

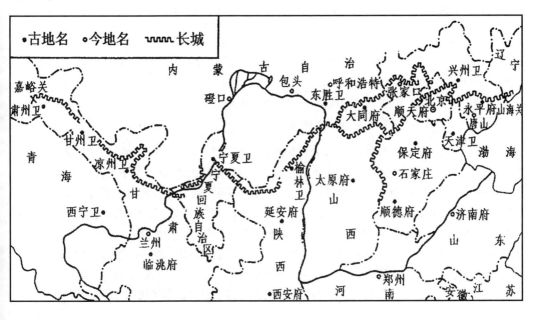

明长城，无疑是中国长城文化史上最为精彩的一笔。

朱元璋即将统一中国之时，就采纳属下关于"高筑墙、广积粮、缓称王"的建议。虽然这位后来的明太祖并未做到所谓缓称王，但"高筑墙"这一修筑长城的主张，却"正合寡人之意"。

明朝时，砖的技艺已发展得十分成熟，有条件建造更为雄伟、坚固与美观的长城。明自立朝始几乎都在建造长城，直到公元1600年前后才告一段落。

明长城，东起鸭绿江，西达嘉峪关，全长8800多千米。有些地段还修了复线，北京北部的居庸关、山海关与雁门关一带的城墙有好几重，有的竟达二十多重。这是为什么呢？为的是保卫北京。这一重又一重的城墙，好比北京的甲胄，也好比挡在北京前面的盾牌，使北京这个自朱棣（明永乐帝）开始的明朝首都，固若金汤，万夫莫开。

明长城作为军事工程，一共设置了九大防守区段，这便是历史上有名的"九边"。九者，《易经》为阳数之最，象征雄健与阳刚。九边的每一边又设镇守。后来，为了加强对北京西北天寿山南麓十三陵的保护，又在嘉靖三十年（1552）增设二边为十一边，相应的，每边设镇为十一镇。这十一镇是：辽东镇、蓟州镇、昌平镇、真保镇、宣府镇、大同镇、太平镇、延绥镇、宁夏镇、固原镇、甘肃镇。十一镇驻扎了不少军兵，据有关资料，长城全线参与驻守的军人有976 600名。这是多么庞大的军事力量！

危峻的长城，在苍茫的山峦沙海之间，独自守护着遥远而深沉的历史。

明长城的形制发展得很充分，它有南、北即内、外两线。南长城，从居庸关向西南逶迤而去，途经河北易县、涞源、阜平而进入山西灵丘、浑源、应县、繁峙、神池和老营。北长城，自居庸关向西北经赤城、崇礼、张家口、万全、怀安而进入山西天镇、阳高、大同，沿内蒙古与山西交界处，抵达偏关与河曲。它雄伟坚固，在山峦、峡谷之际徘徊无尽。像一条巨龙，一会儿跃上山岭，一会儿潜入深谷。

长城的主体，是连绵无尽的高巨的城墙，北京居庸关八达岭长城的城墙，是至今保存最完好、最雄奇的。这里的城墙，一般高七八米。山势陡峭处的城墙，偏于平缓些；而地形平坦的地方，则更为壁立而森严。城墙的断面为梯形，其下部墙基宽度平均约为6.5米，顶部有5.8米。城墙一般没有内部空间，在墙体内侧，设券门（以砖、石块砌成圆形拱门），券门内有砖阶或石阶供人拾级而上，到达城墙顶部。有的顶部墙段较宽，可供五骑并驰。这里铺砌了三四层砖，最上一层铺以方砖，下层用条砖，都是尺度雄大的砖。砖与砖以纯净的白石灰砌缝，工艺精湛，一般不渗水，因而不生野草，可保永固。城墙顶部靠外一侧，有雉堞即垛口，高约2米，每个垛口上部设瞭望口与供射箭用的射眼。城墙上还设有排水沟,有所谓吐水嘴伸出墙外。城墙下部或辟一定的内部空间,可供守军暂憩或储存武器、弹药、粮食、水与燃柴等。

明长城代表了中国长城的最高技艺水平。它已不是简单的军事防御工事,而是以建筑手段创造的一种特殊的大地文化。它的造型主体,除了城墙,还有敌台、烽火台、堡、障、堠与关等一系列配套的建筑设施。

千百年来,长城屹立在中华大地。作为一种特殊的军事工程,它发挥了"盾"的作用,可将敌方"拒绝"在墙外。作为一种大地文化符号,它总是在向世界诉说与它有关的悠长历史,向世界传达中华民族的精神,即在艰苦卓绝处境中百折不回、凛然不可侵犯的气概。它默默无语,体现出这个民族自尊而宏大的文化气度。它具有鲜明而执着的中原"家园"意识,但并不是这个民族排外与封闭的表现。过去有人说,长城是中华民族思想封闭、拒绝蓝色文明(海洋文明)的象征,这是没有道理的。

天下第一关

明长城全线设置了许多关,如嘉峪关、雁门关、居庸关、黄崖关、宁武关、偏关与山海关等,其中山海关有着"天下第一关"的美名。

山海关位于河北北部秦皇岛东北、渤海湾尽头。这里依山临海,形势十分险要,是从华北到东北的交通要冲,历来为兵家必争之地。

据史载,明洪武十四年(1381),这里已开始修筑长城,主持者是大将徐达。

山海关设有巨大的关城,此城平面为四方形。据测量,其周长有八里又一百三十七步四尺,四周有护城河,宽五丈,深二丈五尺,壁垒森严。

关城设四个关门(分东南西北)。长城自关城东门城楼向两侧伸展,向南伸入大海,向北直上燕山。

山海关城楼坐落在一个长方形城台之上。在造型上,城台十分高耸(高12米),使整座建筑有坚如磐石、凛然不可欺之气概。城台之上,是一座三间两层歇山顶的城楼。城楼下宽六丈,上宽五丈,高三丈,由于其屋顶是大屋顶造型,坡度略显平缓,而屋檐出挑较为深远,给人以严峻而疏放的美感。屋顶用灰色筒板瓦仰覆铺盖,脊上安设吻兽之类,有素朴而坚毅的气质。加上该楼的东、南、北三个立面上开有六十八个箭窗,做成箭楼形式,使人联想到金戈铁马、弓弩齐发的战争景象。

山海关确有一关当前，万夫莫开之"勇"。山海关是人力建造的，是人之伟力的象征。

山海关的美，体现在建筑造型与自然、人文环境的谐调。山海关以山、海命名，北望长城在山中盘旋，如蛟龙飞腾于山岫与云烟之际；南观长城，又直奔渤海而去，在连天波涌中，酷似老龙头探向大海。古人云："幽蓟东来第一关，襟连沧海枕青山。""万顷洪波观不尽，千寻绝壁画应难。"这壮阔的美确实是难以形容的。

与山海关关城的雄伟遥相对应的，是位于长城西部终点的嘉峪关，在巍峨中不乏欢愉的情趣，同样令人难忘。

烽火连三月

杜甫有诗云："烽火连三月，家书抵万金。"

这烽火，指战乱。烽火是烽火台点燃的狼烟，是报告战争爆发、敌方来犯的信号。

与烽火相关的，称为烽燧，是古代边关报警的信号。烽与燧有区别。白天放烟叫烽，夜晚举火为燧。烟是暗火，可燃物不充分燃烧，腾烟而起，袅袅而上，为白日报警的信号；夜间举明火为燧，可燃物充分燃烧，黑暗之中火光鲜明而强烈。

烽火，又称狼烟。唐温庭筠《遐水谣》有"狼烟堡上霜漫漫，枯叶号风天地干"之句。狼烟，狼粪晒干可燃之烟。相传古代烽火用狼粪，燃狼粪以为烟，烟直而聚（有"孤烟直"的样子），风吹而不散。所谓狼烟四起，就是指战争爆发了。

无论烽火、烽燧还是狼烟，都与一种古代建筑有关，那便是属于长城建筑系统的烽火台。

烽火台，也称烽堠、烽台、亭燧、烟墩、墩台与狼烟台等，或者干脆称为烽燧。当然，不同时代称名不同，汉代称亭燧，唐宋时称烽台，明代则称为烟墩。

烽火台的形制，通常是一个独立的高台，选址在高峻望远之处，以土夯、石砌或土石合构为多见，其中以土夯者是最为简陋的。结构复杂一点的，上建守望之屋宇，有窗口可供远眺，并设烟火燃放的设备；下部或有供士卒休憩的地方，甚至有用来堆放燃物的仓房之类，不过，其空间都不会太大。

烽火台建在哪里呢？建在长城两侧与附近，或是军事要地，常常与相邻郡县、关口与军事重镇相联系。大约每隔十里建造一座,以燃烟、举火之时肉眼可见为限。

烽火台的分布,往往呈线形。长城之外,一座一座烽火台,像驿站一样,向远处延伸;长城之内,又是一座一座烽火台,像接力者那样,向军事决策和指挥机构(在古代常常是郡县首脑甚至是王朝首都)延伸。一旦遇有敌情,则最靠近敌方、最早获得情报的烽火台点燃烽、燧,顷刻之间一座一座传递过去,这便是所谓狼烟四起,军情紧急了。

因此可以这样说,古代烽火台的功能,有点像现代战场上的军用电话,不过远不止此。烽火台作为长城建筑的组成部分,虽是一定建筑技术的体现,却是富含有关战争的人文意义的。

民居烟火

　　民居是最基本、最重要的建筑门类。建筑最基本的功能，是满足人的居住需求。建筑是从满足人的居住需求起步的。

生存之旅

　　在繁多的建筑类型中，民居是最古老的建筑样式。中国现代一切建筑样式，如生产类建筑、宗教类建筑、政治类建筑、园林类建筑等，都是从最古老的居住类建筑发展而来的。而且，种种不同的

原始穴居发展序列

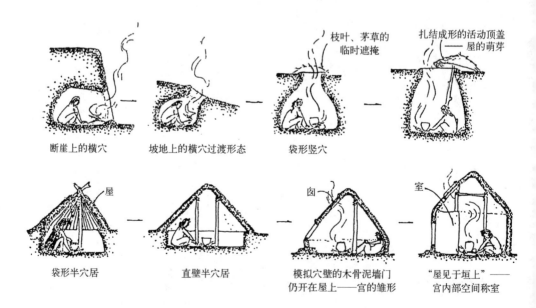

断崖上的横穴　　　坡地上的横穴过渡形态　　　袋形竖穴

枝叶、茅草的临时遮掩

扎结成形的活动顶盖——屋的萌芽

袋形半穴居　　　直壁半穴居　　　模拟穴壁的木骨泥墙门仍开在屋上——宫的雏形　　　"屋见于垣上"——宫内部空间称室

屋　　　　　　囱　　　室

原始巢居发展序列

建筑,往往包含着一定的居住因素。

《易传》云:"上古穴居而野处,后世圣人易之以宫室,上栋下宇,以待风雨。"居住是建筑文化的基本意义。

初民最早的居所,是居穴与居巢这两大类型。中国古代建筑,以土木营构。土,起自原始穴居;木,起自原始巢居。据考古发现,所谓居穴,是起始于自然山洞的一种最原始的居住样式。初民原先以自然山洞为栖身之所,北京周口店山顶洞人就居住在自然山洞中。经过漫长历史的陶冶,初民从自然山洞的庇护性功能中受到启发,用最粗糙、简陋的工具,在山坡、台地上挖掘人工洞穴,渐渐由全穴居走向半穴居,最终完成了发明地面房屋的工程;在多树的南方水网地区,将茂密的树冠进行人工修缮,以作遮风蔽雨之用,进而从这种人工之"巢",进化为干阑式建筑。

所有穴居与巢居的文化方式的演进,都经历了漫长的历史过程。在新石器时代晚期,中华先民已进入了初步的农耕社会,从事农业生产以及与之相对应的定居,是这一文化形态的基本特征。属于仰韶文化期(约6 000年前)的建筑遗迹不断地被发掘出来,在关中、晋南和豫西等地区的近水台地上,发现的民居遗址已达一千多处。这些出土的建筑遗存，不断确证着原始民居文化的基本模式。据《新中国的考古收获》一书，在以农业生产为基础的条件下，仰韶文化的居民已经过着较为稳定的定居生活。当时最流行的房屋样式是一种半地穴式的建筑，平面呈圆角方形或长方形。门道是延伸于屋外的一条狭道，作台阶或斜坡状。室内中间有一个圆形或瓢形的火坑。墙壁和居住面均用草泥土涂敷。四壁各有壁柱，居住面的中间有四根主柱支撑着屋顶。屋顶用木橼架起，上面铺草或涂泥，大致是四角锥式屋顶的房子。储存东西的窖穴常挖在房子附近，有圆袋形、圆角长方形和口大底小的锅底形等几种类型。

这说明，仰韶文化期的穴式民居，已基本具备了后来中国建筑之屋顶、墙体立柱以及台阶这三大要素。从平面看，正在方与圆之间作出抉择。仰韶文化期的半地穴式民居的平面布置，常为方中带圆；比仰韶晚近一些的龙山文化期的民居平面，则以圆形为多见。在陕西客省庄建筑遗址中，发现了双室制的半地穴式民居，其平面，或两室皆方，或内室为圆、外室为方。在此后的湖北屈家岭建筑遗址中，已发现了地面建筑的遗存。而半地穴式居住类建筑，直至商代早期仍在沿用。今天的陕北窑洞，是与原始穴居最具文化亲缘的民居建筑样式。

发展到汉代，地面建筑依然无迹可觅，但我们可以从各种文献资料以及画像石、画像砖、明器陶屋等文物上一睹其样貌。汉代民居形制丰富多彩，其平面为方形或长方形，圆形或其他形的平面十分少见。一般民居正门设于主立面之中或偏于一隅，木构架，夯土筑墙，坡顶，多采用悬山顶或囤顶。无论日字形、曲尺形、三合式还是干阑式民居，在立面上一般都有一个视觉控制中心，给人以屋顶高低错落之感，并一般设有庭院。

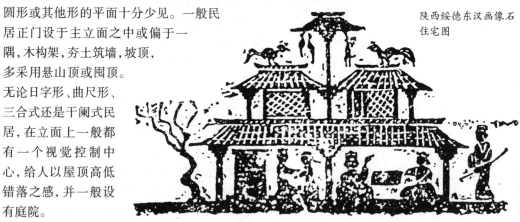

陕西绥德东汉画像石住宅图

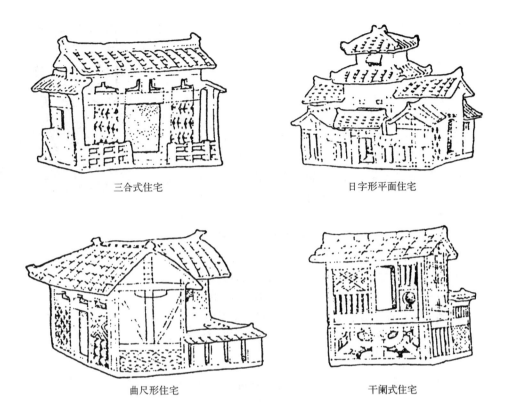

三合式住宅

日字形平面住宅

曲尺形住宅

干阑式住宅

广州汉墓明器所表现的
住宅类型

从四川成都画像砖上的民居形象看,该民居规模较大,平面呈方形,南向。左侧部分设主要建筑,为门与堂;右侧为附属建筑。两部分之间以并非全封闭的围墙、栅栏之类相隔,并辟门,使两部分空间相通,有断续之效。左侧部分设两个庭院,绕以木构回廊。后院即正房之所在,面阔为三间制,屋顶作单檐悬山式,梁架结构为抬梁式,以斗栱承重,有台阶踏步通入庭院,庭院似以凤象为铺地。堂内两人席地对坐作叙谈状。右侧亦有前后两个庭院,亦建回廊。后院平面较大,在东南角上建有一座平面方形的高楼,屋顶为四注式。有一人在洒扫庭院,旁伴一狗,生活情调颇为浓郁。前院面积较小,有水井、炊房等设施。整个民居四周有围墙，大门设于西南隅，这种形制颇为罕见，与一般中国古代民居的门制不合，可能反映了当时四川成都一带的民风。

魏晋南北朝时，中国人对自然美的审美意识大为觉醒。虽然早在汉代，庭院文化中已有较多自然美因素，比如据文献，西汉茂陵富户袁广汉在茂陵北山建造大型民居，居住区内除重阁回廊、厅堂相属，亦构石为山，引水为池，广植草树，但是，这种居住文化要到魏晋南北朝才开始成熟。据《太平御览》记载，北魏末期，贵族住宅后部常常建有园林，叠山理水，种花植树，一时竞为风尚。这是大众号饥啼寒、兵荒马乱的时期，贵族们却沉迷于山水之间。其住宅趋于大型化，常设庑殿式屋顶和鸱尾，重阁、飞檐、池沼、钓台与山石花树相比美。另外，此时佛教大盛，舍宅为寺之风兴起，中国佛寺大受民居文化的直接影响。同时，由于魏晋南北朝是民族文化大融合的时代，这一点也影响到中国人的居住方式，室内家具陈设有了发展。虽然当时中国人席地而坐的传统未改，但置于室内的床、凳、台等家具的高度增加了，中国人的腰渐渐直了起来。

四川成都东汉画像砖民居厅堂图

隋唐时，中国民居的形制更为丰富，各地域、各民族的民居样式自是千姿百态，但是其基本模式仍是四合院式及其变异。从敦煌壁画及其他绘画中的建筑形象看，贵族住宅时作四合院式，这种住宅形制一方面出于安全之需，另一方面又契合中国人的内向性格。由于从魏晋沿袭而来的对自然美的雅好之情趣依然未减，唐代民居，尤其是大型贵族宅第的庭院文化十分发达，生活于自然美的簇拥环境中，是颇符合心理健康与心理审美之需求的。贵族住宅重视大门的设计与建造，因为这关系到贵族宅第的"脸面"。从展子虔所绘《游春图》看，一般乡村民居也是四合院制，四周以外墙围绕而不施设回廊，这是一种比较经济、实惠的建造之法。当然，更经济、实用的民居，自然谈不上用过多的花花草草来点缀，往往是简朴的三合院制，木篱茅舍，别具风味。这一时期的民居内部秩序，是家具的进一步增高，终于使中国人从传统的席地而坐变为垂足而坐，这一居住方式慢慢扩展至全国城乡。我们今天欣赏《韩熙载夜宴图》，可以见到画中有尺度较高的桌、凳、椅及床之类。这种起居方式的改变，首先是它更符合人的生理特点、更舒适，同时也反映了中国民居内部居住文化的成熟。

宋代，随着整个建筑文化的细腻文雅化，民居尤其是居住类建筑，出现小型、雅致化的特点。从贵族宅第看，其总体规模未必小于唐代，但木作精致、斗栱尺度减缩是一个特有的现象。园林山水渗入民居环境，是一个不可阻挡的风尚。而偏于精致的木作、砖艺与草树、山水的着意点缀，尤其是南国垂柳、湖石之类的装饰，使民居显出更为秀丽的风韵。中轴线在住宅平面中是必须强调与暗示的，却由于自然美的烘托，而不使民居建筑显得过于生硬与冷淡。贵族住宅继续注重其豪华的"门面"，时筑门屋。院落多以廊屋代替回廊，这是贵族住宅的一个新变化。总体还是四合院、前堂后寝的基本模式，不过，为加强前堂与后寝的联系，在两者之间设以穿廊，使得整座民居平面呈丁字形、工字形或王字形。

在宋代，营造法式已经成熟，大多数民居的形制比较严谨，僭礼者不为也。但也有例外，说明书面上的规定与实际建造之间尚有一定距离。一般平民的民居自然比较简朴，这从张择端的《清明上河图》中可以见出。坡顶、小青瓦，布局比较密集，普遍不高。农村民居有的为茅顶，有的屋顶以茅、瓦相结合。城区小型住宅平面时作长方形，梁架、栏杆、棂格、悬鱼与惹草等具有简朴、灵巧的特点，屋顶多用悬山或歇山顶，其中渗透着礼制文化观念。

北方民居以北京明清四合院为典型

明清时期人口急剧增长，尤其在晚清，突破4亿大关；到1910年时虽有所回缩，仍达到近3.5亿。这么多的人口都要有房子住，民居的发展势所必然。

这一历史时期的建筑文化发展可谓百川归海，其中民居文化呈现出灿烂的光辉。不同地域、不同民族的民居竞放异彩。

　　汉族民居一如既往，以土木结构系统的院落式为其基本特征。以秦岭、淮扬为界，形成南北不同风格。

　　北方民居以北京四合院为典型，其结构与造型基本定型。在黄河中游少数地区，比如陕北，则保持了非常古老的窑洞居住方式。南方民居，一般也具有封闭、内向的院落形制，具有中轴线观念，但朝向除追求正南外，也可以因地制宜地具有其他朝向。其中大型住宅是多重院落群体。从空间通透性看，北方由于天寒需要保暖，空间更为封闭。内向性的民族文化性格，在北方居民中表现得最为典型，以北京四合院为代表的民居的封闭性是很高的。

　　比较起来，长江流域民居的封闭性，较北方四合院为弱，北京明清四合院四周院墙，一般只在东南一隅开门，外墙往往不设窗。长江下游江南地区的民居，虽以院落为单位，但在院墙上开设漏窗，房屋前后也开窗，以利通风透气。同时，由于南方阳光比较强烈，为减少太阳辐射，院子平面作东西横长方形，且围以高墙以制造阴凉。江南地区民居的形制，常见的是平面为马鞍形的三合院，即四合院"网开一面"，去掉南部的一排房，使院落（天井）向南敞开，加强了通透性。而南国地区比如两广的民居，由于气候常年较为温热潮湿，其通透性更强些，比如加大门窗的尺度，增加门窗的数量等。从结构上看，江南民居一般用穿斗式木构架，或用穿斗式与抬梁式混合结构，外墙体与屋顶结构都比北方民居为薄。

　　江南民居的形制，较北方民居为自由，时从地形、地貌出发，作灵活的布局，具有一定的中轴线文化观念且在形制上体现出来。但中轴线两边的房舍不一定严格对称。筑墙材料多样，常用的有砖、石、夯土、木板甚至竹篱等。一般采用坡屋顶，从风水观念与日照出发，屋顶形制一般用悬山式，前坡短而后坡长（这在风水观念中为吉，反之为凶）。江南民居的色彩比较朴素，多见白色粉墙，灰色或黑色瓦顶。木构部分时以木材本色取胜，或涂油（桐油）以作棕色、褐色，整个民居色调具有素雅自然的特点。岭南民居富于地方特色，一般显得更轻盈通透，当然，客家的土楼可作别论。两广、云贵与海南地区温热潮润，

民居门楼一角图示

为求通风、隔潮,也为了安全起见,盛行干阑式住宅,其布局与结构富于变化。傣族的竹楼掩映于葱茏的植物浓荫与绿色之中,富于浪漫的诗意。干阑式民居以木构居多,平面多为横向的长方形,下部为畜舍等,上部住人,给人以楼居的舒适与美感。

亲地的窑居

中国西北、华北的广大高原地区,是黄土之域。这里水位低,土质干结而疏松,为一种生土建筑——窑洞的开掘准备了自然条件。在陕北、陇东、晋中以及豫西荥阳、渑池一带,人们挖洞为居,世代居住在窑洞之中。窑洞是远古居穴的发展,是中国最古老的民居样式。其优点是施工简便,土尽其用。窑洞空间冬暖夏凉,不占用大量地面,较少破坏地面植被和自然风貌,在审美上有一种特殊的融于自然的情趣。中国北方,估计至今仍有63万平方千米,4 000万人住在窑洞里。窑洞的缺点是通风不畅,采光不足,易潮,墙、顶易剥落,抗震性能较差。

远古居穴自是十分简陋,经过数千年的发展与陶冶,现存中国窑洞的内部空间,已具有相当的建筑水平、居住质量与文化意蕴。从空间布局看,窑居的功能日渐丰富复杂。除居室外,窑洞内还开辟了用以进行生产活动的空间,如粮仓、菜窖、鸡窝、猪圈,甚至磨房与织机房等。在近现代的窑洞内,还办起了医院、图书馆和大学。

中国黄土窑居大致可分三大类型。

靠崖窑。在天然黄土崖壁上向内开掘,挖出横洞,往往数洞勾连,可以上下构成数排,每排由若干窑洞一字横列,成为台阶式的窑居组群。这种窑居形制比较简易,最简素的仅一洞一门而已。或在洞内加砌砖券或是石券,为的是更安全与装修洞内空间。或于洞口外侧砌砖石为护墙,有的则在土窑外续接石窑或砖窑,称为"咬口窑"。甚至在崖外建立院落,称"崖窑院"。

地下天井窑。在无崖地区,或无自然崖面可供掘窑时,人们就地向下挖掘深坑,坑之平面为方形者多,也有丁字形或长条形的。一般面积相当于庭院,其尺度,以人在其间活动感到方便舒适为宜。方形地下院落有八九米见方。丁字形或长条形的,有的可长及50米。而地坑即地下院落的深度,至少有5米,因为窑洞居住空间不能太低,否则难以住人;窑顶土层也不能太薄,否则容易倒塌。地下开敞的院落挖好之后,就意味着挖出了人工崖面,然后在人工之崖上向四边挖掘横向洞穴,其建造观念深受地面四合院形制的影响,正崖上可横向挖出并列的三眼窑洞,为三间制,中间为明间,尺度较大,两侧为稍间或耳房。主室为夫妻、老人、家长居住，子女住于西窑，东窑为厨房、仓房之类。这称为下沉式窑居。

土坯拱窑。亦称锢窑。这种窑制，实际以土坯或砖石砌作拱券窑顶和墙身，上覆厚度约1～1.5米的泥土，夯实，有半埋式与筑于地面者两种。它是地下穴居到地面建筑的一种过渡形制，但其基本建造观念仍固置在生土建筑与地下居住文化的层次上。

中国黄土窑居在文化观念上，表现出一种极端而令人感动的亲地倾向。所谓"上山不见山，入村不见村，院落地下藏，窑洞土中生"。人们以土为生，掘土而居，世代繁衍，是大地养育了生命，生命还原于大地的居住类型。亲地是窑居的鲜明文化底蕴。

四合之居

与黄土窑居相比，北京四合院，应为一种高级文化形态的民居类型，以明清为鼎盛期。

由于中国位于北半球，阳光从东南、南或西南方射来，为求采光充足，一般民居或其他类型的建筑，多南向。典型的北京明清四合院自然不例外。但由于它是四合形制，四周建房，以房之外墙体为围，方形平面，所以不能保证每部分都是南向的。其正房坐北朝南，阳光充足。东西两侧的厢房则有不同，东厢采西南之阳，西厢采东南之阳，情况已有不同。南房由于其南墙体就是整座四合院的南围墙，一般不设门，不开窗，所以它只能向北开门和设窗，成为坐南朝北的逆向态势，故将其称为"倒座"。至于正房之后的北房，虽然坐北朝南，由于它处于整座四合院的最北边，在文化观念上，地位不高。

从古人所相信的风水看，离南坎北，震东兑西，艮东北坤西南，巽东南乾西北，这是后天八卦的方位，是一种封闭、内向、围绕中宫（中位）而有气之流渐的时空模式，中宫之位是四合院正房与庭院所居之佳位。正房在庭院之北，庭院居于中宫南部。这种布局态势，说明了中国人对正房的重视，而且把庭院提到了与正房同样重要的地位。而东厢处于震位，震者长男也，故东厢为家庭的男性儿辈所居之所；西厢处于兑位，兑者少女也，故西厢为家庭女性儿辈所居。南房处于离位，离者，火也，自然是吉位。然而南房坐南朝北，成背阳、背离的格局，所以大凡为男仆所居，或兼放杂物。北房处于坎位，坎者为水、为黑、为冬，坎坷之意也。北房虽南向，处于坎位总也不妙，所以古人将其辟为女仆所居之处，其尺度也较低矮。北京四合院的大门，常设在整个四合院的东南角上，因为这里是巽位，巽为入，在此设门，正应在入字上，是吉利的。而且巽位比邻于东方之震与南方之离，震为雷，离为火，巽位设门"风水好"。古人一贯相信这一点，于是四合院的大门就通常开于东南隅了。东北为艮位，艮为止，这里的风水，是所谓鬼门之所在，因而不吉利。但是古人也能自我"解救"，在此设炊房，为举火之处，原本属于"阴暗"的角落，由明火"照亮"了，也是中国建筑文化中一件有趣的事情。

一般北京四合院的朝向均为南，但有时由于地形、道路的实际限制，会有变化。比如有的四合院位于东西向街道的南侧，可使正房依然南向，在四合院西侧加一甬道，从西侧绕至南侧，到东南入大门。这是比较"规矩"的做法。也有不理睬风水那一套的，使整座四合院北向，这也是一种"倒座"。北向开门，这在科学与美学上，采光不足，自然是一个缺陷。

清和之气

徽州民居的美，在人文品格上，与绿水、秀山、沃土与湿润的气候取得了美的和谐。在质朴、素雅与宁静之中，带有一点古典的忧伤。

据史料记载，元代设有徽州路，统辖今安徽歙县、休宁、祁门、黟县、绩溪与江西婺源等地，史称徽州。徽州并非行政地理概念，而是一个人文地理和文化学范畴。徽州传统建筑给人以强烈印象，民居、祠堂与牌坊，天下闻名。其民居，尤其具有鲜明独特的地域文化特色。

徽州民居的平面布局严谨。其基本特点，是方形内向制，营构了民居特有的人居情调。平面有正方形、长方形两种。有独立一单元式、两进单元前后序列式、两进之旁侧并列单元或跨院式。正房多取三间制，明间面前是天井。开间较小，入口多设在面对明间堂屋天井的中轴线上。或限于地形环境，也有启门于东者，而拒绝在西、北两面设门，以防"漏气"，这是风水观念使然。楼梯多设于明间后壁与后墙之间，一坡直上，较陡，光线不足。天井为自然采光之源，兼交通、排水之用，种植花木以为点缀，院落的几乎所有门窗都面向天井。

徽州民居的形制独特。古代徽州地区作为巢居的所在，气候温润，所以曾经盛行"高床楼居"，即干阑式建筑。北地中原的四合院建造观念也曾经传入徽州，而所谓地床院落式的四合院形制，并未完整地照搬到徽州来。单德启《冲突与转化》一文指出，徽州民居实际上是"地床"＋"高床"＋"天井"的新型厅井楼居式民居。这种新的民居模式，汲取了院落式的特点，院落改造为狭小的天井；汲取了地床式的特点，人在住宅里的主要活动都在一层，原先四合院内正房和东西厢房合并为正厅与两侧卧房；汲取了梯居式的特点，普遍构成二三层，而在一层也架设木地板，以留通气层，并开设通气孔以防潮湿；汲取了干阑式巢居开敞的堂屋和挑台式形制，将正中厅堂扩大并做成半开敞式，与天井空间连成一片。所以说，徽州民居有熔裁旧制、自创新格的特点。

徽州民居具有丰富多彩的外部审美特征。从外形看，徽州民居具有清新隽逸之气，比例和美，尺度宜人。它们几乎都是双向坡顶，青瓦覆盖，也有单坡顶为附属房舍的屋顶，使得一片坡顶错落有致。汪国瑜《徽州民居建筑风格初探》一文指出，徽州民居的山墙处理尤为讲究，多数作硬山封火墙，"墙头部分的造型丰富多彩：有的露出人字双坡屋脊，山尖突出，墙脊一体；有的高出屋脊，作成弓形或云形，舒展自由；更多的是将高出屋面屋脊部分的顶端作成层层跌落的水平阶梯形，南方称之为马头山墙。这些层层跌落的阶梯形封火山墙，随着屋面的坡度任意斟酌短长，少则一、二跌，多则顺序五、六跌，也有兼将人字坡形与阶梯形跌落并用在一面墙上。山墙全部饰以白灰粉刷，墙头一概作成蝴蝶青瓦小山脊，横出粉白墙上，脊端还坐灰起垫，角部微微飞翘，脊头也作成人字小封檐，虽小而格局齐全。这些处理融合在一起，从侧面或正面望去，高低起伏，长短互间，体形轮廓分外鲜明突出"。

徽州民居马头墙，砖筑造型，朴素而富于美的韵律。

徽州民居具有聚族而居的功用，又地处南方丘陵地带，一村一镇的房舍鳞次栉比，"马头"奔涌，屋宇连绵，村镇内深街窄巷，曲折幽静。在色彩上，青山绿水、翠竹泥路，点缀着高低错落的白墙灰瓦，清新素雅质朴得令人感动。

从其内部形象看，徽州民居的木构架一般不做雕饰，不做吊顶，一般不施涂绘，非常素朴淡雅。础石略事雕凿，而将架梁做成弧月形，显得断面粗大。对窗饰颇加注意，一般在窗下设木雕镂刻栏板。围绕天井楼层的栏板栏杆，由檐柱加悬木向外微微排出，栏杆之上安装连排窗扇。砖雕工艺较高，门罩、窗楣等处饰以砖雕，其题材有龙凤、松石、梅竹、人物之类。

质朴性格

义乌位于浙中山区，境内三面环山，中部丘陵起伏。义乌民居是在浙水浙地上培育起来的，具有鲜明的地方特色。

从平面看，方形建造方便。在审美上，方形给人以严正之感；在技术上，方形易被人所把握。一般面阔为三间，进深从一进到四进，甚至五进、六进、七进。单进平面简洁。三进以上，将正房作成厅、堂形制，两侧添立单跨或双跨厢房。义乌倍磊四村有所谓后草院，其平面以明堂为中心，布局合理紧凑，以三进的开间厅堂和两侧厢屋构成主楼，不受北方传统封闭性礼制文化观念的影响，堂院四周不加围墙。从民居的群体组合模式看，义乌民居的组合灵活多变，形成许多系列格局。并不是单调地呈一字形排列，而是随地形、道路、环境作出安排。民居深院大宅檐廊相构，门窗互对，房与房之间以门相通，近在咫尺，空间结构丰富灵活。从屋顶部分看，义乌民居亦为坡顶，采用硬山马头墙制，白粉墙衬以黑灰瓦，对比强烈，石雕与砖艺匠心独具，窗顶、门楣饰以青瓦，做成翘檐雨披。青石门框与门额、房檐、屋脊不做飞檐翘角。

从文化品格上看，最邀人青眼的，是这一民居的精雕细刻之处。主要是木雕，石雕与砌雕也不弱。塘下洋的敦厚堂厅堂梁架、斗栱、天花和槁扇，都有工艺水平颇高的雕刻。所谓黄山八面厅入口门楣顶部的砖雕，宽达17.6米，高3米，人物、花卉与虫鱼形象栩栩如生，在梁架、柱枋、槛窗、牛腿直至檩椽上，都有千刻万镂的传世之作。

义乌民居具有质朴的性格，在泥土的芬芳气息之中，透露出土生土长的书卷气。当然，有时不免带有些匠气。

亲水与雅静

再说说苏州民居。俞绳方《论苏州民居》概括为如下几个特点：一是进与落结合的平面和空间组合，以及依水而建的布局特征；二是融自然、艺术与意境于一体的庭院；三是文化艺术的注入和融合，使苏州民居建筑成为既是居住生活空间，又是精神的庇所。

从第一个特征看，苏州曾称平江，其河道与街巷呈双棋盘式，有"前街后河"的特点。民居多建造于一个垂直于河道与街巷的条状地带，以苏州人所谓进为单元，即每一厅、堂、楼前均有一个天井或庭院，强调天井或庭院的布置，户前宅后有路有河，这也是"落"的特色。

从第二个特征看，苏州历为繁华之地，文人云集，文化积淀深厚，庭院文化很发达。主客读书作画、吟诗赋词、赏曲抚琴、下棋猜谜等，常在花厅、书房进行，而庭院成为它的延伸部分，所以，对庭院的布置十分重视。叠石、理水、植树、种花、设亭、建廊等，将庭院文化组织得颇有文人书卷气。总之，是将自然美因素糅合文人气质，融入苏州民居庭院。庭院成了厅堂的自然延伸，厅堂是富于自然美因素之庭院的人工依托。在苏州民居中，厅与庭做到了水乳交融。

从第三个特征看，苏州民居作为栖身、庇护的生活场所，其实用功能是基本的，然而尤其重视心理性的精神功能。在这一民居环境中，一些高级住宅融入了丰富多彩的文化艺术因素，文学、书画以及工艺美术等元素，都大量进入民居空间，成为组织空间、创造景观的重要手段，形成了浓郁的文化氛围。如一般厅堂都有其"芳名"，以匾额形式设于厅主立面正中梁架之上，如春在堂、乐知堂、万卷堂等。甚至连小型民居也重文化氛围的渲染，这是由民居主人的文化素养与民居文化的地域传统所决定的。苏州民居的脊饰追求简洁效果，内装修以精细见长，各种木、石、砖雕，具秀婉之清韵，用色崇尚质朴、自然。

苏州民居的文化特色，可概括为两个方面。一是它的亲水倾向。近水、用水、审水，以水为文化主题，这是由苏州这一水乡的自然条件所决定的。二则受苏州园林艺术的影响非常深刻。由于古代尤其是明清，苏州私家文人园林文化十分发达，这哺育、培养、陶冶了一代又一代苏州人的审美口味，他们以园林文化的眼光来看民居，并努力使民居园林化，从而使苏州民居达到了独具一格的文化意境，这便是亲水与雅静。

天井的魅力

四川民居，由于往往地处山地丘陵地带，受地形所限，平面布局与朝向都比较活泼多样。常见的当然还是中国传统的方形平面，但这方形不一定非正方形不可，长方形或不规则的方形也可。其平面不一定强调纵深发展，也时作横向铺排。平面以院坝为中心，常以三合院形制出现，正中为堂屋，供奉祖宗牌位并兼作宴宾行礼之所。侧室为家长居住，两厢是晚辈住房，兼设炊厨与仓房等。

成都民居的正中上房规模，有三间、四间、五间制。我们知道，中国建筑文化关于"间"的文化模式，在各类建筑上一般取奇数，有一、三、五、七、九间甚至十一间，取偶数的间制十分罕见。成都民居中出现四间制，是值得注意的一个现象。可能是这里地处西陲，没有完全接受中原地区建筑文化观念的缘故。

民居堂屋平面大致有如下情况：一是设简单的后部敞廊；二是将敞廊延伸加建维护

结构，成为独立的厅；三是突出堂屋正前方，正房前挑檐，走廊宽绰，如欲再加宽，则可再增一排立柱，成为一柱式走廊。同时由于地形多变，四川民居对其朝向已作认真考虑，努力坐北朝南，而对此并不执着，所以择向力争朝南，而东、西朝向的也可，不过朝北者还是极少见的。

由于四川盆地气候湿润温热，从利于人的生理健康原则出发，所建房舍就不能像北京四合院那般封闭，通风、采光充足与祛湿是要旨。以成都为例，最热月份平均相对湿度达84.3%，夏季闷热困扰着住户。所以，四合院民居除以天井通风采光外，常于屋后与围墙间留有1米左右宽度的抽风天井或抽风口；沿街铺面住宅也设有天井，以争取穿堂风。自然条件，严重影响了四川民居所谓天井文化的发展。

据成诚、何干新《四川"天井"民居》一文，在四川，民居规模以天井数量来衡量。小型民居有一个或二三个天井，面积最小的仅1～2平方米。大型民居有二十四个，甚至四十八个天井。许多天井"镶嵌"在整座民居的平面环境中，如串串明珠，成为民居的通风口、"采光器"和审美的中心点。有的天井奇大，面积在200～300平方米之间。它们形状不一，因地制宜，设计手法多变。有的天井，如在川东一带，有所谓亭子天井，即有屋盖的天井。

自然气候与社会文化的影响，使四川民居的审美特征带有其地域文化的独特性。从民居结构看，大多为木穿斗结构，显得轻巧秀丽，没有北方那般的厚墙与重瓦屋顶。屋盖犹如一片帐幕，颇为自由舒展。檩桷裸露，封檐单薄，多设门窗，通透性较好，犹如"呼吸器官"在那里自由吐纳。当然，也有比较笨重的做法，是民居之中的"败笔"。同时，城市中的民居，尤其那些规模较大、具有不少天井的住宅，具有闹中取静的家庭文化氛围。色彩以白、黑为基调，白墙小青瓦与黑梁柱互相辉映，适当勾点金色，有质朴、庄重的美感。

圆楼的意味

福建地处中国东南隅，民居形制丰富，难以一概而论。

福建民居中最负盛名的，是客家圆形土楼。西晋末年（约4世纪初），黄河流域部分汉人由于躲避战乱，南迁而来到南方；唐末（9世纪后期）、南宋末年（13世纪末），又两度南来，定居于赣、闽、粤东与粤北等地，被当地居民称为客家。闽南客家是其中一支，千百年来，他们在这块土地上繁衍生息，创造了灿烂的文化，其中圆形土楼可谓一枝独秀，被学者誉称为"世界上独一无二的，神话般的山区建筑模式"，又将其比喻为天外来的"飞碟"，地下冒出的"蘑菇"。

福建客家圆楼，具有独一无二的别致的空间造型。

土楼多在闽南龙岩、上柱与永定一带，它以夯土为承重墙，可达五层之高，圆形直径可达到70米以上，俨然城堡，又有点罗马斗兽场的意味。但圆楼是土特产，是聚族而居的堡垒式民居。圆楼很坚固，其夯土墙可厚达1米，土里拌掺少量石灰、砂粒、小卵石，以加强拉力，由于含水量恰到好处，所以坚如磐石。圆楼一般可分三层，其层高由外环向中心跌落。底层为烧炊、储藏与圈养家畜之用，不开窗。上两层为住房，向内开窗，以内侧设廊，贯连全楼。中心建平屋，设祠堂，为公共场所与祭祖之处。圆楼具有内向的文化性格，是中国古代"冷兵器"时代为抵御来犯者的防御性能较佳的民居样式。

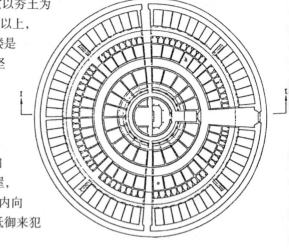

福建永定客家圆楼平面

人们惊叹于土楼的圆形平面，这在中国民居文化中可谓别具一格。这圆楼的建造文化观念究竟源自哪里，是如何发展而来的？笔者颇同意黄汉民《福建圆楼考》一文的观点，并加以补充。

福建民居的土楼形式主要有方楼、五凤楼与圆楼三类。圆楼的起源及其发展，与方楼有关。对于客家民居而言，应是先有方楼，继而变异为圆楼。

所谓五凤楼，仍保持中原四合院式民居的模式，它"三堂两横"，规整、内向，中轴观念强烈。这可能是南迁客家民居的初期形态。由于从平原到山区，四合院式的五凤楼常与山区地形环境发生冲突，人们不得已，只能渐渐放弃这类民居的建造，从而进一步建造方楼。从永定西陂"大夫第"与永定"福裕楼"的比较中，可以看出其发展与变化：后者将后堂两侧加高成四层楼，同时将前堂改成两层与两侧横屋连成一体，显然已经向方楼逐步过渡。进一步的发展，即再把前堂加高，就完全围合成了方楼。从五凤楼到方楼，屋顶与墙体简化而防卫性能增强。

从经济、省料角度看，同样周长所围合的圆形平面面积是方形的1.273倍。所以采用圆形平面可省料，并扩大居住空间，而且圆楼外侧为弧弓形，作为迎敌、拒敌的建筑立面，比直线形的墙体在力学上更坚固。

从风水观念看，所谓煞气是平面方形者所具有的，所谓死角是平面方形民居的"煞气"所在。按八卦方位观念，方楼东北角是"鬼门"之位，不吉利，所以古人常于楼角基石上刻"泰山石敢当"以埋之，用以"制煞"。而圆楼平面无角，令人倒霉的"煞气"据说便无可藏匿作祟了。因而，客家人由于对风水的迷信，建圆楼以趋吉避凶，确是一个文化心理之因。其实，从科学观点看，闽地多风，尤其夏秋之间多暴风，圆楼较方楼对风的阻力要小。从美学观点看，圆楼具有为方楼所无的那种圆融的美感。此外，圆楼的抗震性能比方楼好。

从实地考察得知，永定古竹高北村的方楼五云楼有五六百年历史，而此地圆楼承启楼的历史仅三百年。据学者统计，在南靖县西部山区的梅林、奎洋、船场等地，共有土楼四百零八座，其中方楼二百七十七座，圆楼一百二十八座，43%的方楼建于18、19世纪，95%的圆楼为20世纪所建。其中六十三幢圆楼是20世纪60年代以后建造的。

紧凑"一颗印"

在云南民居中，最著名的称为"一颗印"。不用说，这是指民

云南"一颗印"民居

居平面方正如一颗印章。

云南虽地处南方，属亚热带气候，但因是高原地区，气候并不炎热，不同于两广和海南，而且多风。"一颗印"以方为平面，反映了典型的民族文化意绪。由于气候温和，不仅民居地基方正，而且厚墙重瓦，民居外围常设围墙，一般不开窗，具有一定的封闭性与内向性。

所谓一颗印民居，多见于昆明及大理、普洱、墨江与昭通等地。常见的"一颗印"为三间四耳型，即正房为三间，耳房（厢房）东西各两间。或三间六耳、明三暗五等，即耳房东西各三间，以正房三间为明而加建暗室两间。民居的群体组合，是以"一颗印"为基本单元的两个或以上"一颗印"的"蒙太奇"（空间组接）。一颗印民居的特点，平面方正，结构紧凑，往往建小型天井。其建筑"语汇"逻辑性强，为求采光，其正房屋顶高于耳房。在伦理上，象征两部分的主从关系；在美学上，则高耸的正房屋脊，成为审美注目的中心。整座建筑的结构与造型相当紧凑，并不显得笨拙与呆板。

宫殿崔嵬

说过了民居，接着再谈宫殿，似乎有些不顺。其实在空间观念上，中国的宫殿，是民居的扩大与改造。它淡化了民居作为"家"的那份亲和与温馨，强调的是政治的威权与伦理的严峻，但宫殿依然保留着一些民居的文化基因。大凡宫殿的群体组合，庭院是不可缺少的，这在一般民居与府邸中也是常见的。"前朝后寝"的一般宫殿模式的所谓后寝，即是帝王或贵族居住的地方，具有"家"的意义。

首屈一指

宫殿是中国建筑文化的主角，它是古代都城当之无愧的主体。

中国宫殿建筑的历史，几乎与中国古城的文化史一样悠久。目前已知中国最早的宫殿建筑遗址，大约属于夏晚期。河南偃师二里头，有商代早期的宫殿文化遗存。宫殿的选址，都是最严格而又极重生态环境的，一般选择那些水土环境好、交通方便的地方建造。它总是处于整座都城的重要位置，并且以"风水"为依归。历代都力求将最精良的建筑材料施用于宫殿建筑，总是努力采用各时代最先进的建筑结构、技术与艺术。关于这一点，也许只有某些帝王陵寝、坛庙与宗教建筑尚可相比，而总体水平，还是当以宫殿为最。无论大木作、小木作的技艺水平，还是其余各种建造，都是第一流的——宫殿是中国古代建筑文化的精华部分。

历来关于宫殿建筑的资料丰富而翔实，史官们对宫殿的建造总是给予极大的关注，关于这一点，只要去读一下"二十四史"有关宫室的文字就可明了。统治者建造都城，除了要求在军事功能上固若金汤、坚不可摧之外，更重要的是关注宫殿的建造。秦之阿房宫、汉之未央宫、唐之大明宫以及明清紫禁城的宫殿等，莫不如此。

宫殿，是帝王地位、身份与威权的象征，是国家、民族的政治、伦理在地平线上光辉而巨大的侧影，也是民族文化的灿烂旗帜。关于这一点，唐大明宫麟德殿具有代表性。

如果说西方古代建筑的历史，是以大量宗教建筑"组织"起来的，那么中国建筑文化，无疑是围绕着帝王之宫殿而"写就"的。这是因为中国历来是一个"淡于宗教"、浓于政治伦理的国家。

日本学者伊东忠太《中国建筑史》指出：重视宫殿建筑，"这是中国建筑最大的特色"。李允鉌《华夏意匠》一书也说："自古以来，中国的皇宫都不是一组孤立的建筑群，它是连同整个首都的城市规划而一起考虑的。在建筑设计上，它所能达到的深远和宽广，它组织的复杂和严谨，迄今为止，世界上是没有哪一类建筑物能与之相比的。至于其他同时代同类的建筑物，论气魄和规模，相较之下都大为逊色。"这一观点似乎有待商榷，因为中国一些坛庙或是帝王陵寝以及个别佛寺道观，也有建造得十分精彩的；然而论规模之恢弘、技艺之高超、品位之崇高，在所有中国建筑类型中，宫殿都是首屈一指的。

家国合一

宫殿的建筑文化形制与品格，一个很显著的特点，就是家国合一。

何谓家？家，从宀从豕。宀，大屋顶之象形，是宫室在汉字中的表现。豕，小猪。家，原指小猪的圈养，具有与野相反的意义。初民本无居室，只能野处，后来发明了巢居、穴居，住进了居室，狩猎的野兽多了，多到一时吃不完，就将那些活的野兽比如野猪之类在居所圈养起来，这便成了家。家是初民定居生活、饲养野生动物以使其成为"家生"的一种文化现象和文化模式。家这个汉字意义的另一种解释，是说在祖庙里供奉烧熟的豕肉，表示血族的祖庙在哪里，家就在哪里。这里的家，指血族繁衍的家庭、家族，是居住在一起的具有血缘联系的社会群体。

何谓国？国指大地上四周围合的一个区域，原指都城。国之始，即阶级与政权之起。国，又是属于某个统治者的，后来家、国二词连用，遂成"国家"。

对于帝王来说，他们的国就是他们的家，家、国一体。所谓"普天之下，莫非王土"。《墨子》说，"治天下之国若治一家"。家、国不能分拆。

对于古代帝王而言，家就是其国，国即是其家。天下是属于他一家的。整个中国，就是某姓帝王的家。百姓千家被看作他的子民。在国中，所实行的实际是一种"家"的伦理秩序。国者，巨型之家；家者，微型之国。

当年秦始皇统一全国，大兴土木修筑万里长城，这从军事上来看，是为了防御异族从北方来的骚扰，从家、国同一这一文化模式来看，实是在修筑他家的"围墙"。明代朱棣营造北京城，以全国为其家，则可看作整个北京皇城是他家的主体建筑，而广阔的华北平原直至中华之南陲，倒犹如他家的庭院了。

中国宫殿的基本文化模式，是所谓前朝后寝制，这在《周礼·考工记》中已经作了规定。从周代开始，这种宫殿建筑制度就基本未变。前部为"朝"，为帝王理政之所；后部为"寝"，居住着帝王一家及其侍从人员。许多皇宫之后还设有御苑，这里也是属于他一家的地方，外人自然不得擅自入内。前朝是治国的区域，国的政治文化色彩更为浓郁；后寝则为理家之地，家的生活情调则显丰富。就后寝制度来看，早在周代，已经形成了所谓六宫六寝制度。六宫六寝的"六"这个宫殿之数，源于《周易》。《易经》称阴爻为六，老阴之数。六为易经筮数之偶数，偶数象征阴。阴者，在政治伦理观念中指"女"。六，是礼的象征。

从拜神到娱人的崇高

当河南偃师二里头的建筑考古揭开中国宫殿建筑文化的初始面貌时，人们惊异于它的平面布局与立面造型在后代的宫殿建筑文化中如此一脉相承。这座商汤在西亳的古代都城，是早商的建筑遗存，规模自然不大，却建造在一座台基之上。台基为夯土之筑，其上建前堂后室，这是"家"的模式，也是后代"国"之前朝后寝制的雏形。宫殿平面已具有中轴线，前部是尺度颇巨的院门（宫门），后为殿堂。其立面，可想象为"四阿重屋"，即庑殿重檐，前方是庭院，整个造型，前堂空间开敞而后室相对封闭。这一宫殿遗址，与《周礼·考工记》所言颇为相合："殷人重屋，堂修七寻，堂崇三尺，四阿重屋。"殷人测度以寻，则一寻为八尺（一尺不足现制0.23米）。可见，这一宫殿东西跨度为七寻，即五丈六尺，合现制不足13米。所谓堂崇三尺，并非指堂屋仅高三尺，而是说堂的台基高三尺。至于四阿，《周礼·考工记》注："若今四柱屋。"显然，这四阿重屋是平面为方形的重檐形堂屋。

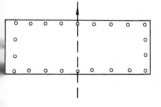

河南偃师二里头早商宫殿遗址中轴线（以虚线表示）。遗存东西九个、南北四个柱洞。

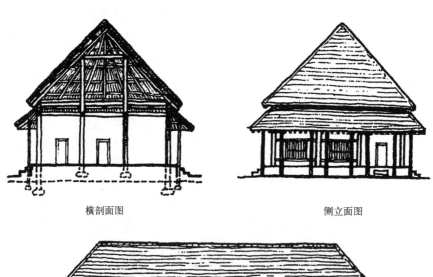

横剖面图   侧立面图

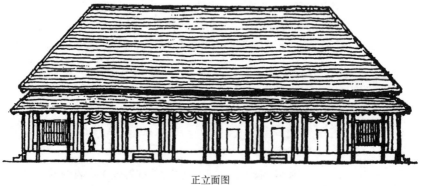

正立面图

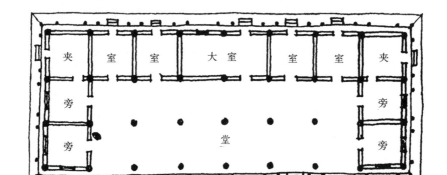

夹室	室	室	大 室	室	室	夹室
旁						旁
旁			堂			旁

平面图

河南偃师二里头遗址殿堂复原想象图

除二里头宫殿遗址外，年代稍后的，是河南郑州、湖北黄陂盘龙城及河南安阳殷墟的商代中晚期宫殿遗址。盘龙城的前朝后寝制，体现在前后相续的两座建筑。安阳殷墟为殷中晚期的都城所在。经发掘，已出土宫殿遗址数十处，位于洹水西岸高地南北约280米、东西约150米的区域内。根据考古资料，在宫殿遗址之上建造了平面与原址同样大小的房屋，长方形平面，东西狭长，茅茨为顶，现为安阳殷墟历史博物馆所在地。该遗址突出的一个文化现象，是在原房基下或附近，有人牲奠基埋葬。据发掘，殷墟中区的基址呈庭院式，三进门构成轴线，轴线终了处为一主体建筑，发现门址下埋有持戈跪葬侍卫五六人的遗骸，推测这是商王朝廷与宗庙的所在。

周代宫殿遗存，可以陕西岐山凤雏村西周遗址为代表。这是一座严谨的四合院式宫殿。二进院落，大致自南向北，由影壁、大门、庭院、前堂、主廊、后室构成纵向中轴序列，两侧为厢房，堂、室之间以廊相连，四周檐廊环通。这里出土了瓦当、排水陶管。南北45.2米，东西32.5米，1 469平方米。左右两相对称，布局规整，朝向偏东南，可能为当时目测欠正之故，亦可能有意为之。西周时《周易》已在流传，《周易》八卦方位（后天）的东南为巽位，巽为入、为风，使大门略为朝向东南，为的是应在巽的吉位上。

春秋战国时期，铁器的运用与砖瓦技艺的发展，尤其整个城市手工业与商业的推进，使宫殿建筑跃上了新的历史台阶。

这一时期的主要特点：一，都城竞相建造。河南洛阳东周故城、陕西凤翔秦雍城、山西侯马晋故都以及江陵楚国郢都，都是春秋战国时的名城。齐之临淄、燕之下都、赵之邯郸与魏之大梁等，都在战国时崛起。在这些都城中，孕育了灿烂的宫殿建筑文化。

二，宫殿建筑的崇高追求，是高台与宫殿形制的综合体现。当时各国诸侯竞修宫殿苑台，秦

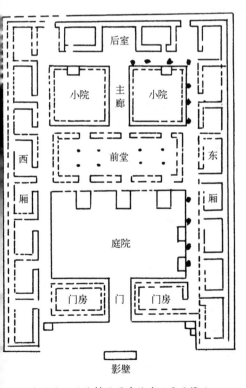

陕西岐山凤雏村西周建筑遗址平面简示

穆公、宋平公、鲁庄公等都筑有"灵台"。王毅《园林与中国文化》一书指出，这种台型建筑，有的高达十几米，其上还有建造殿堂屋宇的。如山西侯马晋都高台宫殿，台南两侧有附属建筑对称分布，"由南向北的道路逐渐升高作为整座建筑群的前导，台前的夯土高地又使建筑的前奏进一步强烈，直至引出主体建筑。台分三层，各层之间比例明确而富于节奏变化，随着高度的增加，整座建筑的重心缓缓后移，在台的顶点，气氛亦达到高潮"。

三，这种对宫殿建筑崇高的追求，是中国古代山岳崇拜与王权崇拜意识的结合。这一崇拜，既是对王权的歌颂，也包含着审美因素。《韩非子》云："（齐）景公与晏子游于少海，登柏寝之台而还望其国曰：'美哉！泱泱乎，堂堂乎，后世将孰有此？'"这种审美，首先是因为建筑高度升高了，提高了居住者的视点。古人一般都生活在地面上，几乎没有多少机会在高空俯视世界，所以古人对高山的审美，一是因其体型巨大，岿然不动，是巨大力量的象征；二是因其高，因高峻而抬高了视点，倘登山而视，便扩大了视野。这在古人的审美活动中，无疑是身心的巨大快乐。所以这种宫殿高度的升高，在文化品格上，是从崇神向娱人的转换。

"各抱地势，钩心斗角"

秦代宫殿集中在咸阳，秦每灭一国，皆写仿其宫室筑于咸阳，使得六国的宫室样式集中于咸阳，遂成大观，以建于渭水之南的阿房宫尤为著名。唐杜牧《阿房宫赋》写道："六王毕，四海一；蜀山兀，阿房出。覆压三百余里，隔离天日。骊山北构而西折，直走咸阳。二川溶溶，流入宫墙。五步一楼，十步一阁；廊腰缦回，檐牙高啄；各抱地势，钩心斗角。盘盘焉，囷囷焉，蜂房水涡，矗不知乎几千万落。长桥卧波，未云何龙？复道行空，不霁何虹？高低冥迷，不知西东。"真可谓把"阿房"之美形容得淋漓尽致。虽是文学描述，未免多有夸张，但也多少传达出秦代宫殿之美的人文精神。秦代虽然短暂，它留给后人的宫殿文化，却是大尺度的。

汉王朝是在灭秦的基础上建立起来的，其建筑文化一定程度上沿袭了秦代制度，自秦代开始的中国第一次宫殿建设的高潮，在汉代得到了继续与发展。西汉未央宫、长乐宫与建章宫等，是分区建造的。这些宫殿规模宏伟，以未央宫为最。它的宫垣周长为8 900米。在宫殿空间功能上，与周制三朝纵列式不同，将主殿称前殿，中央用于大朝，两侧用于常朝，是晋与南北朝东西堂制的先声。汉代宫殿常于外部建阙，以突出宫殿的神圣与隆重感。阙有两种形制，或在台基上以砖石混合结构方式建阙身，阙上有单檐或重檐屋顶；或在阙身左右附筑陪阙。阙有如宫殿建筑群的序曲与仪仗，为的是突出宫殿的崇高品格,其本身也有独立的文化审美意义。春秋战国及秦以来高台建筑文化的传统在汉代延续,同时东汉时佛教已经传入,道教也已产生,所以宫殿的崇高特性,不仅由传统的台,而且由楼阁来体现了。

楼阁之制,为汉代宫殿的一大景观,所谓"仙人好楼居",就是道教风范。汉武帝时,为楼之初兴时期,留有模仿高台的文化遗痕,这从汉墓明器中可以见出。楼阁普遍盛行于东汉之后,从陶屋遗构可见楼阁形制,它改变了西汉武帝时那种井干楼的造型,代之而起的,是讲究梁架式木构的多层楼阁制。如湖北襄阳出土过一座陶楼模型,三层,绿釉,垂脊,檐部出挑深远,檐角反翘。东汉楼阁之兴盛,可能受到了佛、道文化观念的刺激,如佛塔观念的影响,或道教羽化登仙观念的影响。然而,由于中国文化是"实用理性"至上,有宗教却并不热衷,所以,即使汉代盛行天人合一、天人感应的哲学,人们热衷于多层楼阁的建造,也首先是为了人与帝王。正如王毅《园林与中国文化》所说:"即使是汉武帝建楼、台以'招来神仙之属',其趣旨也与前人希望将渺小的自我消融在巨大高台之上很有些不同了:他并不是将自己荐入天国去做属臣,而是要把神仙请下来做朋友。高大的楼、台与其说是象征着神明的崇高,还不如说是象征着汉武帝对炎汉国威的自信。"言之有理。

巍峨沉雄的"纪念碑"

魏晋南北朝是中国历史上离乱尤多的时代。无论朝野,在军事、政治、经济、文化之纷争中,人的身心难以安宁。加之经济凋敝,不是一个大兴土木的时代。当时的宫殿建筑,无论曹魏之邺城,还是南朝建康、北魏洛阳之宫殿,都采用南北纵深的前朝后寝制。

中国宫殿建筑文化的第二次高潮是在唐代,这高潮在隋代就开始了。

隋继北周匆匆而来,匆匆而去。北周以周文化为圭臬,所以在宫殿形制上,采用了所谓三朝五门的周制。唐又继承隋。所谓三朝,即外朝、中朝、内朝;五门,即后来唐代宫殿建筑群中的所谓承天门、太极门、朱明门、两仪门与甘露门。以朝与门制相配,即外朝——承天门,中朝——太极殿,内朝——两仪殿。唐代宫殿的平面布局,有品字形的——南内、东内与西内。南内:兴庆宫,规模相对较小,为离宫;东内:大明宫,位于长安东北部,大部分区域遗址已发掘,朝会部分类于太极宫;西内:太极宫,以承天门为正门宫阙,内设太极殿、两仪殿,都为两重殿庭。这有类于周代三朝即大朝、常朝、日朝制。两仪殿之后为甘露殿院庭。

以唐都长安的大明宫为例。其规模形制之巨大，是中国宫殿建筑文化之巍峨的"纪念碑"。大明宫建于公元634年，位于长安东北龙首原，地形高爽，有俯视全城之气概，其平面不甚规则，为长方形而于东北削去一角，以主要宫殿含元殿、宣政殿、紫宸殿等构成长达数里的中轴线。据傅熹年《唐长安大明宫含元殿原状的探讨》，其中含元殿为主殿，以龙首原为殿基，夯土基残高现存为15.6米（北京明清紫禁城三大殿台基则为2米），殿面阔为十一间制，前部建龙尾道75米长，两侧建翔鸾、栖凤阁，两者相距约150米，是故宫午门两翼阙楼的两倍，整个殿宇气势磅礴。

大明宫的另一重要宫殿是麟德殿。它并不建于大明宫之平面中轴，而是在太液池、蓬莱山之西，长方形平面，东西为十一间，南北为十七间，这在中国宫殿形制中是绝无仅有的。面积达到5 000平方米，是故宫太和殿的三倍。至于太极宫宫城面积，竟达到4平方千米之大，相当于明清紫禁城的六倍。雄伟豪迈，气魄壮健，浑厚沉潜而又情韵飞动，大有"星随平野阔，月涌大江流"式的"伟丈夫"气度。这是唐代宫殿建筑的基本特色。

唐代宫殿建筑还未大规模施用釉色琉璃瓦，只以青瓦为主，不施繁丽之装饰，由于用料尺寸较小，即使最巨伟的麟德殿与含元

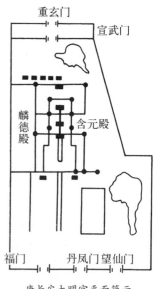

唐长安大明宫平面简示

唐大明宫麟德殿南立面（部分）复原图

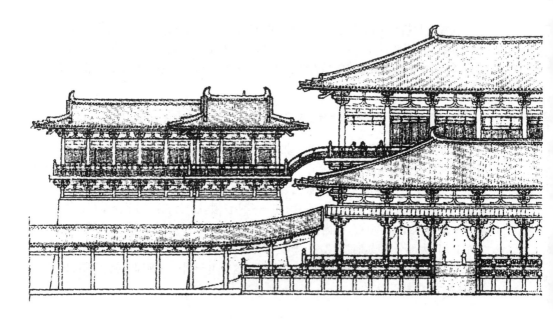

殿，开间也只在5米左右。然而，高超的建筑技术、结构所造就的庞然宫殿，取得了一种人力弥漫于宇宙、笼盖四野的文化效果，相对朴素的色彩处理，体现了唐人沉雄而浑朴的力量，那确是大唐气象。

"谁谓一室小，宽如天地间"

宋代宫殿建筑文化，已经不像盛唐之时那般少年任气，风流倜傥，气吞山河，而是具有中年人般的严谨、沉稳与睿智气质，不慕排场巨大，追求的是文雅、理性与逻辑，这是与理学的兴起相应的文化现象。北宋汴梁（开封）与南宋临安（杭州）的宫殿，多是由旧时州衙改建，论规模气势，已远逊于唐代宫殿。但是在宋代，中国的营造法式已经成熟，并由李诫《营造法式》一书加以理论总结。这是自《周礼·考工记》以来，关于中国营造科学技术及其制度最重要的一次总结。各种制度、尺寸与规范都作了规定，这表现出中国建筑文化思想的日渐规范，但更重要的是智慧严谨的表现。

当然不是说，宋代宫殿建筑文化没有任何发展。比如，在宫殿建筑群中有意识地开辟广场空间（时为丁字形）就是北宋的创造。这种广场在空间意识上，实际是一进一进庭院意识的再现与变形。这影响了此后宫殿建筑群的空间组合与空间序列，可以在建于元大都基础之上的明清北京紫禁城中看得很清楚，此其一。其二，正因为宋人将宫殿建筑群的广场看作庭院，所以才有进一步的御路千步廊制度的运用。后世元、明、清宫殿群体，都设千步廊金水桥，这是深受宋制影响的缘故。其三，也是最重要的，是宋人在宇宙观、文化观与艺术观上那种"以小见大"的思想对宫殿建筑文化的影响。如果说，秦汉和隋唐时中国古人努力将宫殿建造得尽可能巨大，以象征宇宙之伟大与人力之伟大的话，那么，由于深受理学思想的影响，宋人认为除了"以大为大"之外，亦可"以小为大"。在宋人看来，后者是更具有审美文化意味的，以为宫殿不必建造得太过巨硕，只要实用、秀丽即可。当然这也是由于财力与物力所限。由于渗融着道学、佛学思想的理学十分重视人的内心，即今人所谓内宇宙的修习，因此以为宫殿之大小无关紧要，只要内心空阔、深远就行。诚如邵雍《伊川击壤集》说："心安身自安，身安室自宽。心与身俱安，何事能相干？谁谓一身小，其安若泰山。谁谓一室小，宽如天地间。""有屋数间，有田数亩。用盆为池，以瓮为牖。墙高于肩，室大于斗。……气吐胸中，充塞宇宙。"

宋人的宫殿以及一切建筑文化的境界，以象法宇宙为最佳，但"以小见大"，是其基本的文化哲学意蕴。

巨大的"句号"

　　明清之时，宫殿建设的第三次高潮到来了，成为中国宫殿建筑文化的历史终结。它是一个巨大的"句号"，以北京明清紫禁城为典型之作。

　　紫禁城名称的来历，颇有些文化意蕴。天帝所居天宫称紫宫，又称紫微宫，帝王被尊为天子，他是天帝在人间的代表。古人认为，天宇有三垣二十八宿，其中所谓紫微垣位于北斗星的东北方，为传说中玉皇大帝所居之所。故紫禁城一名中用"紫"字，是天人相应、天人合一、天宫与人间同构的文化思想的体现。又用一"禁"字，以表示宫殿为皇家重地，庄严、崇高、神圣，不容平民百姓进入与"亵渎"，所以，"紫禁城"这一名称充分体现了明清帝王强烈的政治、伦理观念。在这座天下闻名的古代宫殿建筑群中，居住过明清二十四个帝王（明代十四个，清代十个）。1644年明末农民军一度打进北京，李自成也曾在宫中称帝。现在是故宫博物院所在，它是现存世界上最伟大辉煌的古代宫殿之一，独具东方文化的神韵与气度。

　　故宫平面呈纵深的长方形，南北长约960米，东西宽约760米，面积约为73万平方米，四周以高大的城墙环绕，城墙内外以砖包砌，四面各辟一门，东为东华门，西为西华门，南称午门，北称神武门。城墙四角耸立着四座平面呈十字型的角楼，形体复杂，结构精巧，形象壮丽，这是以土木堆垒的身躯伟岸的宫城"卫兵"。森严的城墙之外，环绕着一条由人工开掘的宽达数丈的护城河，遵循的是传统前朝后寝制宫殿建筑文化模式。

　　前朝是帝王大朝理政之所，帝王在这里颁发政令，举行朝仪，其空间序列，自午门始，到乾清门止。

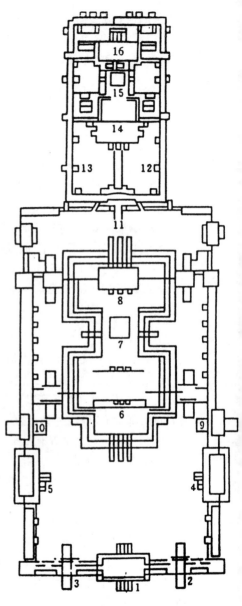

北京故宫中轴主要建筑平面简示：

1. 太和门　　2. 昭德门　　3. 贞度门　　4. 体仁门
5. 弘义阁　　6. 太和殿　　7. 中和殿　　8. 保和殿
9. 左翼门　　10. 右翼门　　11. 乾清门　　12. 景远门
13. 隆宗门　　14. 乾清宫　　15. 交泰殿　　16. 坤宁宫

午门这名字很有点意思。午者,日当正午、丽日中天之谓也。故宫以午门为序幕,象征着统治者祈求永远阳光灿烂的文化心态。

自午门向北进入,为一近于方形的广场。这里视野开阔,广场上有柔曲的金水河,有并列五座汉白玉金水桥凌驾于曲水之上,这在人文美学上,与广场、宫殿的强烈中轴表现,构成对比,取得和谐。广场的北端是太和门。在故宫重重门制中,太和门尺度最巨,面阔九间(清代改为十一间),重檐歇山顶,有左右并列的昭德、贞度两门作为烘托。

进了太和门又见一个广场。东为协和门,通向文华殿;西为熙和门,通向武英殿。太和门是故宫三大殿主体建筑的南门,在这里,故宫宫殿的雄浑乐章开始达到最高潮。三大殿即太和、中和、保和殿,南北约426米,东西约236米。四周以廊庑、殿门、体仁、弘义二阁与角库围成殿庭,殿庭中间,有平面为土字形的巨大三层汉白玉包砌的台基,上筑太和殿(南)、中和殿(中)、保和殿(北)。

太和殿,是中国现存尺度最巨的木构宫殿。自明永乐十八年(1420)建成,到清乾隆三十年(1765)重建大修,约三个半世纪中数度毁建,而基本保持了原始面貌。太和殿初建时面阔九间,进深五间,其文化原型,是《周易》的乾卦九五爻。依《周易》,乾为阳,为龙,是帝王之象征。九五爻为得正之爻,由此称帝王为"九五之尊"。故始建时以面阔九间,进深五间设计,是富于文化意蕴的。太和殿在清康熙八年(1669)改建为面阔十一间,这不是清代帝王不遵《周易》九五旧制,改九为十一,在宣扬帝德、皇威上,显得有过之而无不及,十一是九这一阳数之极的强调。

北京故宫太和殿图示
(面阔十一间)

太和殿的主立面造型与室内空间处理极为讲究。大屋顶作庑殿式,是伦理品位最高级的中国屋顶形制。其十一间制的面阔跨度为60.01米,其纵深宽度为33.33米,殿高35.05米,稳稳安建在面积为2377平方米的须弥座之上,坚如磐石又气宇轩昂。殿身共七十二根立柱,寓崇九之意。前檐设前廊,进深为一间。殿前有大平台,向南突出。

太和殿内部空间的结构之美，紧凑而有条理。

丹陛之上陈列十八座铜鼎，有寓九之意，而且鼎为国家社稷之重器。又设铜龟、铜鹤各一对，象征国运永久而吉祥。置日圭、嘉量各一，是古老神圣、敬天制天、经纬天地之文化意蕴的表现，显得极为庄严。殿南居中有踏步三道，正中一道中间是云龙御路，为汉白玉石雕杰作。

从御路两侧踏步登上大平台，进入前廊，跨进太和殿，只见殿内六根巨柱，顶天立地一般，都是沥粉蟠龙金柱。柱顶上部为八角藻井，也是蟠龙装饰，柱间设宝座。宝座象征皇权的尊威，位于紫禁城以及整个明清北京古城的中轴线上。太和殿内，巨柱高擎屋顶，空间显得从容而阔大，下部槛墙以琉璃镶砌，正与屋顶的黄色琉璃瓦阵相应。殿内彩画装饰也极精美。唯殿内立柱为六，这里需要赘言几句。

太和殿是紫禁城最重要的宫殿，其文化性质崇阳，追求阳刚之美，故这里的建筑构件及整座建筑，都是大尺度的，尤为强调它的力量与雄放性格。其建筑构件的数量，力求九与九之倍数，或力求象征阳性的奇数，这都是宣扬王权文化思想所必需的。但殿内立柱为六，似乎是一个例外。六为偶数，在《易经》中作为阴爻之称谓，象征阴柔，故紫禁城的内廷建筑多出现"六"这个数。太和殿内立柱所以取六而不取九，有两个原因：一是出于结构上的需要。设柱为六比设柱为九在结构上容易把握，而且设六柱可呈对称态势，以示庄严，倘设九柱，结构上不易处理，也不对称，欠庄严，且立柱过密，反使殿内空间拥挤，妨碍空间壮阔审美效果的实现。二是太和殿的文化属性虽然为阳，却不是追求唯阳无阴的境界。中国文化的最高境界是阴中有阳、阳中有阴、阴阳调和，看重的是一个"和"字。该殿之所以称"太和"的原因，就在于此。《周易》有云"保合大和"，"大和"者，太和、原和也，是宇宙、人生与生命的美好境界。殿名太和，就在追求这一境界。

太和殿其后的中和殿，是皇帝进入太和殿理政前的休息之处，是一座方形单檐攒尖顶宫殿。再后的保和殿为重檐歇山顶，作为举行殿试之所，也是皇家重地。殿后设御路，中间有云龙石雕杰作，其石材尺度为紫禁城之最。

内廷是皇室的居住区，位于从乾清门向北到顺贞门之间。乾清门为五间单檐歇山屋顶。中门左右设内门，通东西六宫。内廷也是中轴线对称排列的宫殿群。位于中轴的，有乾清宫、交泰殿、坤宁宫。东西六宫与乾东西五所在两侧。故宫在设计时，以乾清宫和坤宁宫象征天地，以乾清宫左右的日精门、月华门象征日月，以东、西六宫象征十二辰，以乾东西五所象征众星，以仰法天象来表示王权之上应天命。

故宫内廷，一般富于家的气氛。乾清、交泰、坤宁三宫形制与外朝前三殿相类，而尺度缩小。乾清门作为内廷正门，明清两代帝王曾在此设座听政。乾清宫为皇帝日常理政之处，交泰殿用以存放皇帝玺印，而坤宁宫东部两间，是皇帝大婚的居室。它与外

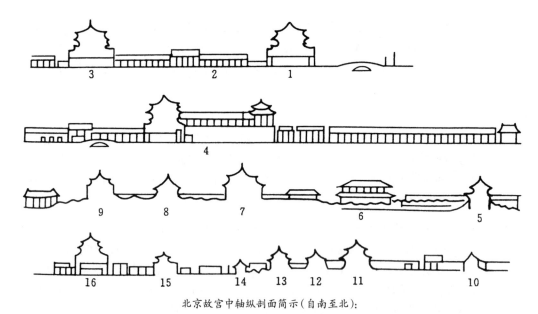

北京故宫中轴纵剖面简示（自南至北）：

1. 天安门　2. 东庑　3. 端门　4. 午门　5. 太和门　6. 体仁门　7. 太和殿　8. 中和殿　9. 保和殿　10. 乾清门
11. 乾清宫　12. 交泰殿　13. 坤宁宫　14. 坤宁门　15. 钦安殿　16. 神武门

东路的宁寿宫，部分保留了满族生活的情调与样式。东西各六宫，各分两行自南向北有序排列，各建围墙以增加私密性，且以长街串连。东六宫之南，设奉先殿以作家庙。奉先者，祭奉祖宗也。祭祀前应斋戒净身，故在此设斋宫。这里还有太子居所毓庆宫。西六宫前有养心殿，为工字基座，以应古制。这里自18世纪之后，成为皇帝日常御批、接见臣下与议政之中心。在建筑风格上，十分华美典雅，如殿门为精雅的琉璃门，入门见抱厦三间、前殿五间，殿的明间设宝座，其上有藻井天花，不过比太和殿亲切、随意得多。明间左右为东西暖阁，室内装修精雅而灿烂，这里为皇帝起居室，是召见亲近大臣以及皇帝机密办公处，有所谓古代木围制以防窗外窃听、窥探。原有的西暖阁，因乾隆帝雅爱王羲之、王献之及王恂书帖，而得名"三希堂"。

整座紫禁城在午门前有狭长前庭，长约520米，宽约125米，其间设端门，端门之南为皇城正门天安门，天安门前有千步廊，往南到大明门，构成了壮观的紫禁城宫殿前奏。紫禁城内廷之后又有御花园，为皇家憩乐之地。向北到神武门（景山），是一个巨大的"句号"。

坛庙崇高

　　坛庙是一种特殊类型的中国建筑。它不是佛寺、佛塔、道观那样的宗教建筑，却具有一定的民族宗教文化的崇拜意义；它不像宫殿那样具有强烈的政治、伦理意味，但又渗融着政治、伦理的丰富内容，以至于有的建筑学家将其称为中国的礼制类建筑。

　　在古代，所谓坛，指平地上以土堆筑的高台。

　　坛庙之坛，首先是用于祭天的。《礼记·祭法》："燔柴于泰坛，祭天也。"这是中华初民因崇天、祭天观念而诞生的一种建筑样式。本来，祭天也可以在平地上进行，为什么非要建台以祭呢？这是因为古人以为天神在上，人登高祭祀可以亲天之故。

　　庙，中国最早用于供祀祖宗的屋宇。中国是热衷于祖先崇拜的国度，这个民族总将巨大的敬意献给生养自己的祖先。于是，在建筑中很早就出现了宗庙这种建筑类型。

　　中国古代极重坛庙的建造与祭祀，历代都有礼官专门从事祭祀活动。据《周礼·春官》，有"典祀"，负责坛庙的郊祭。汉代奉常之属设诸庙令，魏晋六朝有太庙令，唐代改作郊社令，主持坛庙之祭。到了明代，因北京坛庙建筑跃上新的历史台阶，开始专设天坛、地坛、帝王坛与祈年殿等各种奉祀的礼官。清代除设祭署奉祀外，更设尉官，掌管祭坛、祭庙之事，有社稷坛尉与堂子尉等，统称坛庙官。

　　坛庙的美感，在于其文化审美意义的崇高与庄严。

祭天敬祖为哪般

　　中国坛庙之制究竟缘何而起？是源于祭祀天地还是祖宗？这是中国文化史上的一个难题。从考古上看，属于新石器时期的西安半坡遗址有方形"大房子"基址出土，该遗址的南北方位比较准确，说明当时人的方位观念已经成熟，这种对地理方位的尊重，以及柱网呈规整，"大房子"占有巨大空间并且处于遗址的中位，说明这可能是一所上古时期的祭祀性建筑，而且是属于祭天一类的。因为祭天，所以要讲究地理方位。问题是，这"大房子"肯定不是最原始的祭天建筑，似乎不能说明坛庙的文化起因是祭天。

相传黄帝轩辕氏曾多次封土为坛，祭祀天地、鬼神，是谓"封禅"。有的学者认为，这"应是坛的开始"。但是所谓黄帝只是传说中的中华"人文初祖"，具有半人半神的文化属性，并非有史可考的真实历史人物。可以这样认为，所谓黄帝设坛封禅也仅为传说，难以就此考定祭祀性坛庙究竟始于何时。我们只能这样说，坛庙的文化起因，一般可认为是天地崇拜与祖先崇拜，而到底哪种崇拜文化诞生在先，从而成为祭祀性坛庙诞生的始因，目前还是一大文化疑案。

尽管如此，人们还是可以对坛庙建筑加以初步的分类。

坛。亦可称为丘，为祭祀天地神灵一类的建筑物。其拜祭对象有天地、日月、星辰，山川、土地以及农谷、水旱灾变之神等，其文化属性是自然崇拜。明清北京的天坛就是如此，其主题建筑是一露天无屋顶的石砌圜丘，副题建筑是祭祀农谷之神的祈年殿。

祖庙。又称宗庙，是祭拜祖宗神的庙宇。无论天子还是官宦贵族，都有祖庙，但规格、品位不同。严格地说，只有帝王的祖庙能称为太庙，太庙内部秩序分昭穆制度安排，这从周代就已开始。《礼记·王制》规定：天子七庙，诸侯五庙，大夫三庙，士一庙。而庶人无庙，仅可在家中设祭。天子太庙品格最高，依次而下。宗庙之制渗透了强烈的政治、伦理色彩。

明堂辟雍。一般都是祭祀类纪念性建筑，始于商周。明堂，古代天子宣明政教之所，凡朝会、庆赏、祭祀天地、祖宗，都在此举行。辟雍，或称璧雍，一般也是祭祀之所。有汉代辟雍，在长安西北七里。

明堂复原图

关于明堂与辟雍的文化意义,《汉书·河间献王刘德传》应劭注说,三雍者,"辟雍、明堂、灵台也。雍,和也,言天地君臣人民皆和也"。其实,它们兼有祭祀天地、祖宗的双重文化功能。明堂、辟雍高峻。扬雄称:"明堂雍台,壮观也。"1957年,陕西省历史博物馆在西安玉祥门发掘汉代建筑遗址,出土圆形土台,中心建筑又为方形土台,分东西南北四堂,每堂抱厦四间、厅堂三间,外设配房,有圜水沟。《三辅黄图》陈直校证:"疑为西汉辟雍遗址。"

祠庙。 自然神崇拜与人物神崇拜可分为二。属于自然神崇拜者,有关于五岳、五镇、四渎、四海等祭,有城隍、火神祝融、马王、龙王等祭,从而设大小不同的庙。其中著名的是泰山岱庙。属于人物神崇拜的,是诸多著名的被神化了的历史人物。如各地孔庙(文庙)、关帝庙、四川成都武侯祠等,还有古代遍地的民间祠堂与祖屋,也属于这一类。

礼的文化意蕴

坛庙是祭祀类带有礼制性的建筑。它的文化意义,表现为崇拜兼审美的双重性内涵。它所祭祀的对象,无论天地、日月、山川、星辰还是祖宗、著名历史人物,都是人们所仰慕、敬重与崇拜的对象。所以,一座文化意味浓重的坛庙建筑,必然是那种在空间安排、造型与色彩等方面能够激起崇拜感的。占地要尽可能地广,尺度须尽可能地大,空间序列重重叠叠,以及各种建筑符号的使用,都为了加强建筑形象的神圣与庄严,使人们在观瞻之际,激起一种对被祭祀对象的宗教般的皈依感。无论你在天坛圜丘,还是在社稷坛观瞻,内心所涌起的崇高、伟大的壮美感,绝不与观赏一朵小花时的美感同日而语,它是关于宇宙浩茫、天地壮阔、民族伟大的美感,它的神圣感,是与山川、天地、日月在一起的壮伟与豪迈,也不同于走进佛寺、道观那样的感受。由于崇拜的文化因素渗融在审美之中,无疑提升了坛庙的审美意境。

为了突出坛庙建筑形象的神圣、庄严,坛庙的空间造型,无论平面或立面,经常采用中轴对称之法。北京天坛,其平面是纵向对称的,在一条中轴线上,自南至北,排列着圜丘与祈年殿。曲阜孔庙平面,也是中轴对称、布局严谨的,因为只有这样,才能充分显示坛庙的庄严、静穆。

因为坛庙是祭祀性礼制建筑,其精神文化意味尤为丰富、浓郁,它是通过建筑符号"语汇"的象征得以表达的。

天坛圜丘的象征,是通过种种"数"而实现的,以阳数(奇数),最突出的是九与九的倍数来象征崇天的虔诚感情。又，明堂上圆象征天，下方象征地。《广雅》说："圜丘大坛，祭天也；方泽大折，祭地也。"天坛的平面尚圆，地坛尚方，寓天圆地方观念。辟雍的象征性也很精彩。《白虎通》云："天子立辟雍何？辟雍所以行礼乐，宣德化也。辟者，璧也。象璧圆，以法天也。雍者，壅之以水，象教化流行也。"北京社稷坛的五色土，为东青、西白、南朱、北黑、中黄，是五方配五色观念的表现，象征社稷大地。各地文庙，前设水池名泮池，呈半圆形，象征圆形辟雍之半。有的泮池又称汇龙潭，在风水上象征"龙穴"之所在，吉利之佳壤。而京师文庙即太学，设圆形辟雍，象征政治教化、道德文章之圆满。

坛庙既为祭祀性的礼制建筑，自然重礼。这种礼，即通过一系列建筑制度与祭祀仪式所反映出来的政治伦理观念，表现在天人、君臣之间。祭天是最隆重的。每年冬至，皇帝都要到天坛祭告上天，表示帝王牧民，乃"受命于天"。帝王为人间至尊，在天人之间则为天子，故祭天时，行祭天礼是要匍匐在地的，天高高在上，帝王跪伏于地下，在这里，天人之间已有伦理等级。

昊天上帝，是中国文化自然神中的至神，它是一个源于远古自然神崇拜的最高伦理符号，无论汉初所祭之天帝（白帝、青帝、黄帝、赤帝、黑帝），还是汉武帝时所改祭的太一，都是"皇皇帝天"，至高无上的。人间帝王确为至尊，无可争辩；在逻辑上，则天帝为宇宙、人间的绝对主宰。但中国文化中的天帝，不等同于西方的宗教上帝，比较起来，东方所祭之"天"，宗教意味并不十分浓烈，仅是一个"准宗教"的最高自然神的形象。这是表现在天人之间的一种礼。另一层次的坛庙文化之礼，表现于君臣之间。设天坛圜丘，施行祭天之礼，是君王的特权，为臣属所难为。否则便是越礼，为天地所不容。

中国以农立国，无论坛庙制度中的天地分祭还是合祭，都强烈地表现了崇农这一文化主题。祭天祀地，为的是祈求风调雨顺、国泰民安。北京天坛有祈年殿，所祭即为农神。社稷坛所祭为土地。先农坛所祭为神农氏。先农坛建造时的文化母题，在于借名义上的帝王躬耕藉田典礼之处，象征天子躬耕，万民群效。还有象征皇后亲饲蚕桑的先蚕坛（已无存），这些都建于京城郊外。这种建筑文化现象，只有古老的中国才有，是独特的。至于对五岳、四海之类的祭祀及所建坛庙，也与中华自古崇农攸关，表现出中华民族在崇天同时的亲地文化观念。

祈求人之血缘生命的延续发达，与文运、教化的昌盛，是中国坛庙建筑的又一重要主题。宗庙（在帝王称太庙，平民百姓称祠堂）制度一脉相承。按周制，所谓左祖右社，即祖庙（宗庙）设于都城左前方，左为上、为尊。相传古代宗庙，以太祖为唯一庙主，夏为五庙，商为七庙，周亦为七庙，此《礼记》所以说"三昭三穆与大（太）祖之庙而七"。时至汉代，不仅刘姓皇族在长安立庙，而且各郡国也可自立宗庙，遂使太庙几遍天下，据有关史料，竟达一百七十六所。这种情况，不同于汉之后各朝代。一般官宦家族，自然也

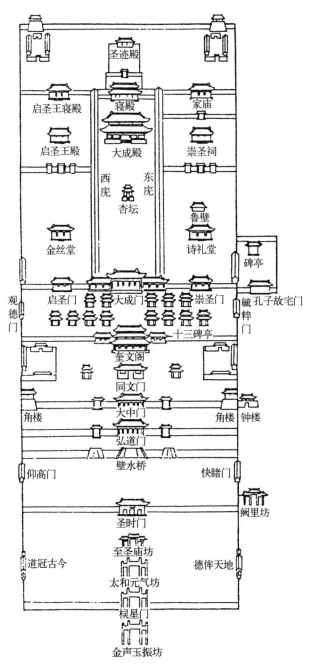

山东曲阜孔庙平面的中轴对称格局和形势

设庙以祭，称"家庙"，建于其住宅之东，取"左庙右寝"之意，其文化观念源于《周易》后天八卦方位模式，东方为震位，认为其风水地望有雷震兴发的吉象，故在此设家庙。一般平民所建祠堂，也取风水吉利之处，以最精良之材料与技术建造，往往形体高大而连绵，装饰华美，成为当地最醒目的建筑。

从帝王太庙到平民祠堂的坛庙建筑及其祭祀，主要不在于祭拜先祖的亡魂，而是祈求国运昌明、子裔繁荣与血缘家族的发达，是一首歌颂生命永恒的"歌"。

孔庙，全国各地多有，是祭祀"至圣先师"孔夫子的庙。孔子及儒学，在中国文化中影响十分深远，作为"万世师表"，在文人学子及全民中树起了一个准宗教性质的偶像，设庙以祭，成为浸透了儒学精神的建筑文化内容。各地都以曲阜孔庙为楷模，竞相建造文庙，虽然规模有差别，而文化模式则一，往往建大成殿、棂星门、魁星阁、文昌阁、舞乐月台以及泮池等，成为标举文运、倡导伦理的象征。

崇天之歌

北京天坛，是中国最著名的坛庙建筑，包括圜丘、祈年殿、皇穹宇、斋宫、神厨、神库、宰牲亭、七十二连房、丹陛桥、回音壁等。原位于北京城南郊，1553年增修北京外城，被包建在外城之内，处于永定门大街东侧，与西侧的先农坛相望。天坛设两重坛墙，外墙东西1 725米，南北1 650米，占地约285万平方米；内墙东西1 046米，南北1 242米，面积近130万平方米。坛墙原为土筑，以合古制，清乾隆年间在墙表包砖，以求实用与美观。天坛始建于明永乐十八年（1420），明清两代多有修缮。

圜丘，天坛建筑群的重要建筑，位于建筑群南北中轴线的南端。明嘉靖九年（1530）始建，清乾隆十七年（1752）重建，尺度为明代圜丘的两倍，即今存圜丘。白石铺砌，三层圆台，测得下层直径54.7米，最上层直径23.5米。二重围墙，外围墙正方形，边宽169米，四边设棂星门。

圜丘最独特之处，是无屋宇覆盖，露天坛面，广博而壮阔，有遥接蓝天的意蕴，实际在观念上，是以天宇为屋顶。有人工之建筑融入宇宙天地空间的磅礴构思，进入了"天垂示于人，人拥入于天"的文化境界。

祈年殿，位于天坛平面中轴线的北端，是天坛建筑群中体量最大的建筑，耸立于砖砌的台基之上。台基为长方形，东西宽165米，南北长191米。殿前设祈年殿门，取单檐庑殿式屋顶，有东西庑各九间，有三层汉白玉石砌圆基，称作祈谷坛。坛正中位置建祈年殿，平面呈圆形，直径24.5米，高38米，三重檐，琉璃瓦覆盖，殿身以内外二圈檐柱与金柱稳稳撑持，每圈十二柱，承托下层与中层腰檐；中部另加四巨柱承载上檐与殿顶，柱高19.2米，通体红地金花缠枝莲彩绘。四根龙井柱间有弧形阑额四，上立瓜柱十二，以负载殿顶构架、天花与藻井。藻井极为灿烂。

祈年殿亦经多次改建。原为长方形大祀殿，明嘉靖十九年（1540），改筑圆形三层。所覆琉璃瓦，上为青色，象征天宇；中为黄色，象征大地；下为绿色，象征五谷。殿作金顶，以示辉煌。清乾隆十六年（1751），屋顶全作蓝色琉璃瓦。光绪十五年（1889）毁于雷火，光绪十六年按原式重建，即为现存佳构。

从总体文化意蕴分析，天坛建筑组群具有如下特点。

占地广阔。相当于北京紫禁城三倍之多，而建筑物甚少，空地很多，视野开敞，气势磅礴。中国建筑一般以封闭、内向为人文审美心理特征，北京明清四合院为其典型。天坛尺度巨大，而圜丘不设屋顶，其原型为远古露天郊祭，设计既传统又质朴简洁，成功地体现出中国人所一向崇尚的天人亲和关系。它的开敞意蕴略似广场，由于坛的建造而显得神圣、伟大。

处处体现崇天这一文化主题。为此，反复强调"圆"这一建筑文化符号。二重围墙模式为南方北圆（即将北墙的两个直角做圆），以象征天圆地方。圜丘平面，祈年殿身平面与三层檐，均为圆形。而皇穹宇这一名称，已经包含了天圆文化观念。其外围墙又作正圆形，直径为63米，运用科学原理，使其成为天下闻名的回音壁，寓"向天询问，即刻回应"之意。圆，是天的象征性符号，重视圆的表现，使崇天这一文化主题深入人心。

无比的崇高与神圣。德国美学家康德曾经指出，崇高关系到数与力的巨大。天坛建筑组群巨大的"数"，首先表现在占地之广。有趣而且值得深思的是，它并不以增加建筑物的幢数与间数来达到，而是恰恰相反，巨大的区域中只建造了少数几幢建筑，这一点与故宫的鳞次栉比恰成对照。无数的宫殿高耸，固然可以表现出崇高，而在广阔区域里只恰当地建造几座壮伟的建筑，虽然其数不多，却是另一种崇高。

归根结底，要看天坛圜丘与祈年殿等在造型、位置、尺度、色彩等方面，能否起到统驭全域"独领风骚"的崇拜兼审美效果。倘若站在圜丘之上或祈年殿前观赏，其独特的造型、巨大的尺度与绚丽、浑朴的色彩，立刻会造成人的惊奇感与肃穆感；倘从高处俯瞰整个天坛，只觉得三两人工建筑点缀其间，其恢弘的尺度，激起人苍茫而辽远的感觉。为了突出主体建筑圜丘与祈年殿的崇高、伟大，其余附属建筑都相应地缩小了尺度，围墙墙体的低矮就是其中一例。这得力于在对比之中突出主体建筑巨大尺度感的做法。

社稷坛的感激

北京社稷坛是古代帝王祭社之所。《孝经纬》有云："社，土地之主也。土地阔不可尽敬，故封土为社，以报功也。稷，五谷之长也，谷众不可遍祭，故立稷神以祭之。"社，从示从土，示有拜祭之意，故社字本身已有崇拜土地的意思。在远古时，社祭有两种方式：一是竖立社木以祭，称为立社，木乃生命之象征，祭的目的，在于希冀它的昌盛；二则筑坛以祭，便是另一种立社，始为封土，后在土台之上建造土坛。

如果说天坛是属于阳性文化的坛庙，那么社稷坛的文化属性就是阴性的。《礼记·郊特牲》云："社祭土而主阴气也，君南乡（向），于北墉下，答阴之义也。日用甲，用日之始也。天子大社，必受霜露风雨，以达天地之气也。"

社稷坛位于天安门至午门的御道西侧，与太庙（宗庙）隔街相应，现为北京中山公园。坛平面方形，周围壝墙亦作方形，二层，高五尺，上层五丈见方，下层每边为五丈三尺，整个区域约23万平方米，始建于明永乐十九年（1421），清乾隆年间曾作改建，基本形制未作改变。社稷坛有享殿、拜殿、神厨等附属建筑，由北面南而祭，与天坛的祭法相反。现存北京社稷坛享殿为明永乐迁都北京时建，所用材料为楠木整材，榫卯结构精密，殿身为露明造，梁架为明代木构作法，是一处杰出的明代建筑。

社稷的文化观念十分古老。社为地神，稷为谷神，社稷是国家及权力的象征，祭祀社稷既是对土地、农植的崇拜，也是对统治权力的崇拜。社稷祭祀始于周代。《周书》云："诸侯受命于周，乃建大社于国中。其壝，东青土，南赤土，西白土，北骊土（黑土），中央衅以黄土。"这是五方五色文化观念在坛筑上的体现。社稷坛具有亲地而恋母的文化意义，体现出对社稷的绵绵亲情。《易经》说，"地势坤，君子以厚德载物"。社稷坛的文化意义，既属于自然崇拜，也属于伦理道德，抒发了人对大地母亲的一片感激之情。

崇祖的太庙

与社稷坛相对的，是北京皇家太庙，它位于天安门与午门之间的御道东侧，始建于明永乐十八年（1420），清代经过重修，大部分保持明代建筑风格。

太庙原是供奉皇族祖先、已故历朝皇帝灵位的地方。为了突出祖先崇拜的文化底蕴，在建筑及其环境的设计上颇为措意。整个太庙区以两重围墙环围，外墙东西240米，南北260米，近似于正方形，有规整、庄严之感。太庙为红墙黄琉璃瓦顶的宫墙形制，封闭性空间，在皇城中自成一格，它位于宫城的左前方，与社稷坛相配，成《周礼·考工记》所谓"左祖右社"的格局。

从其正南三间琉璃砖门进入，正北面为戟门，面阔五间，屋顶作单檐庑殿式，以单层汉白玉砌为台基，门两侧原设七十二棨戟，以示后裔对祖宗护卫、敬重之意。门前设金水河和石桥七座，隐约见出太庙门制的一些用意。这种规格、排场，表示子裔对祖宗的敬爱。戟门造型是典型的明代宫殿样式，殿宇檐角曲线俏丽，出挑深远。不及唐代屋宇之雄浑，但又不像清代屋宇之竦耸。入戟门见纵向排列三大殿，以两个庭院连接。在第一重庭院建前殿、中殿，共处于一座巨大的汉白玉台基之上。前殿始建时作九间制，重檐庑殿顶，清时改十一间制，为帝王祭祖之处；中殿面阔九间，亦作庑殿顶，规格为屋顶形制之最，单檐。该殿后半部隔成九室，放置已故帝王即祖先灵位，这发展了自商代至周代开始的"天子七庙"制（三昭三穆与太祖共为"七庙"）。中殿之后为后殿，专门放置除太祖及最近八帝灵位之外的其余先帝灵位。三大殿还有东西庑、东西配殿等附属建筑，其建筑模式有类于故宫三大殿，可以说是故宫三大殿的微型化，在文化品位尤其建筑文化的伦理意义上，一点也不亚于故宫三大殿，充分体现人王对先祖的崇敬。

陕西岐山凤雏村西周宗庙复原图

中华民族历来崇拜自己的祖先，慎终追远、主孝报恩，是中国人一贯的文化意识。《易经》说，"生生之谓易"，"天地之大德曰生"。对生命与生殖力的认同与崇拜之最顽强的表现，就是崇祖。"祖"字从示从且。据郭沫若与汉学家高本汉的解说，"且"字本义象征阳具及其生殖能力。甲骨文"祖"字表示人对"且"（祖之本字）的崇拜与赞美。

可以说，从一般的祖庙到北京皇家太庙的文化性格，主要不是宗教性的，因为它们不重宣传宗教，而是在张扬和歌颂祖先伟大的生殖创造能力。太庙的文化主题，在于对祖宗生命、生殖的肯定。帝王重视太庙的建造与对祖宗神的膜拜，祈望祖宗神的佑助，以求江山一统，万世基业永固。太庙的建筑格局，以及祭祖时那些繁复、神圣、严格甚至是严厉的规范，充分体现了森严的人伦秩序。

文运·教化·敬礼

还有一种坛庙类礼制性建筑，是国子监。其文化意义，在于祈求天地赐予文运与教化。

国子监，位于北京城东北隅，改建而成于清乾隆四十九年（1784）。太学的文化源头远在西周，称为明堂辟雍。现存北京国子监所继承的是周代遗制，始建于元代武宗至大元年（1308）。北京国子监的主题建筑就是辟雍。该建筑方形平面，面阔三间，四周无墙而设槅扇回廊，为讲学之所。它位于圆形水池之中，圆水方屋，是其造型特点。有石桥四座通向池岸。辟雍为重檐攒尖顶，屋柱之外，四周加立一周擎檐柱，形成立柱密集的柱廊。辟雍面阔22.2米，水池周长201米，辟雍与水池的尺度比例较为适当，是一座实用兼富象征性的建筑。据史料记载，该建筑建成第二年，乾隆帝就来这里讲学，其内设有宝座。它的象征性，首先表现在水的运用上。古人所谓"仁者乐山，智者乐水"，水是智的象征，紧扣了国子监辟雍太学讲学的主题。

那么，国子监既为讲学之所，为何又与礼制相关呢？而且似乎又与祭拜天地观念无涉。其实不然。北京国子监辟雍水池周长603尺（约合201米），象征阳性、阳刚与帝王威权，它是"九"的67倍（$9 \times 67 = 603$），辟雍每边面阔66.6尺（约合22.2米），是"六"的11.1倍（$6 \times 11.1 = 66.6$），在这里包含着九、六之数。在《周易》中，九是阳爻的称名，九五爻，是帝王至尊之爻，得中、得正之数，象喻天运、皇权；六为阴爻之所称，与九为老阳相对应，六是老阴，是与天数相对应的地数。天九地六，象喻天地运旋的时运。古人以为，为学及教化，须应天地与时运，建辟雍为太学，实际是将崇拜天地自然的观念渗融于教化与达智之中。北京国子监的文化底蕴，在于崇祀天地之灵气以求文运之昌明，是古人在教化、习学文化实践中，对于天地自然之神的一种敬礼方式。

陵寝肃穆

中国古代帝王威权冠于天下,帝王陵寝建筑文化的繁荣,是世所罕见的。

从"墓而不坟"到封土为坟

据考古发现,中国新石器时代已有坟墓这种建筑雏形。殷周的墓葬是没有坟丘的。

殷代的武官村大墓和妇好墓(即小屯五号墓)都不见有坟丘。今陕西咸阳以北周原上坟丘很高的所谓周王陵,是出于后人的张冠李戴。这里原是战国时代秦惠文王(前337—前311在位)、秦武王(前310—前307在位)的公陵和永陵。三国时代编辑的类书《皇览》和唐代编辑的地理书《括地志》(佚文)早已指明了这点,清代顾炎武《日知录》也有辨析。

长江以南的东南地区,如安徽省黄山市、江苏省句容县与金坛县等地,曾发现一些西周墓葬,筑有坟丘,这是由特殊的地理环境造成的。这些墓葬有个特点:在平地铺上一层卵石,或加上一层红烧土与木炭,作为墓底,堆成馒头形的坟丘。因为这一带地势低下,向地下挖掘墓坑容易出水,在当时缺乏防潮材料的条件下,采用从平地上堆筑坟丘的办法是比较可取的。

传说中原地区出现坟丘式墓葬,大约始于孔子时代。当孔子把父母合葬在防的时候,曾听说"古也墓而不坟"。他是东西南北奔走的人,为了便于识别,于是"封之,崇四尺"(《礼记·檀弓上》),就是说筑了四尺高的坟丘。当时的尺寸形制,一尺约等于现制0.23米,所以,孔子的父母合葬墓,有坟丘大约高不到1米。

从春秋晚期的孔子时代,事情确实起了变化。到战国时,有坟丘的墓葬成了一种文化风俗。如果人死下葬不起坟丘,就是子女大逆不道,起坟丘,是一种对尊者的"礼貌"。墨翟是主张"节用"的,据《墨子·节葬下》,他对当时墓葬"棺椁必重,葬埋必厚,衣衾必多,文绣必繁,丘陇必巨"这一点很看不惯,这从一个侧面反映了当时的厚葬包括"丘陇必巨"的风气。

　　从"墓而不坟"到封土为坟的转化,说明"礼"的思想观念向墓葬文化的渗透与影响。起土为坟,表示这里是死者葬所,便于祭奠与纪念,寄托了生者对死者感情上的那一份牵挂。同时,起土为坟自有礼的讲究。据《周礼·春官·冢人》,所谓公墓与邦墓在礼的等级上是不同的。这不同的等级观念,表示在人的等第之中,这在《易经》中称为"位",叫作"大宝曰位"。位者,大宝也;大宝者,根本之宝也。位置关系,是等级关系。人生活在社会中,是有等级与位置的,所以人死了,被埋葬的方式也是有等级的,葬仪中的等级,实际是人活着时社会地位的延伸。《荀子·礼论》说:"丧礼者,以生者饰死者也,大象其生以送其死也。"又称:"礼者,谨于治生死者也。"这是把话说到根子上了。

　　由于礼文化逐渐盛行,筑墓以起坟丘,并且后来发展到在坟前树碑、种树,直至在墓区建造陵寝建筑与设神道、石像生等,就是必然的事情了。只要客观条件许可,墓丘就会越筑越高大,随葬品也愈加丰富且花样百出。《汉书》记述刘向所言:"及秦惠文、武、昭、

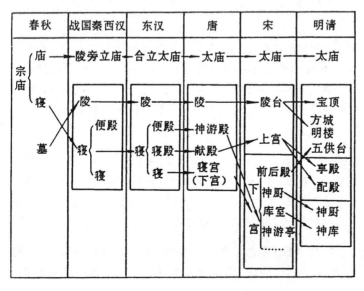

中国陵寝制度起源、演变简表(选自杨宽《中国古代陵寝制度史研究》)

严(庄)襄五王,皆大作丘陇。"战国时,已有人将高大的坟丘称作"陵",以山陵比喻君王的形象,以示其崇高。因而君王之死,不称为死,而叫作"山陵崩",发展到后来,则称帝王之死为"驾崩"。帝王的坟墓,便称为陵寝了。

事死如事生

《左传》说:"事死如事生,礼也。"这道出了中国帝王陵墓建筑以礼为主要文化内容的人文意蕴。

古人迷信鬼神,一般帝王也不例外。人们迷信,皇帝老儿或母后、宫妃之类,虽也难免"呜呼哀哉",其灵魂,却不因其肉体的死亡而消失,相反,灵魂可以不朽。鬼魂幽灵,特具辅佐或加害于后世的"功能",并对社稷土地、家国百姓,依然具有绝对的"管辖权"。并且相信,祖宗先王虽为鬼神,然而他上理朝政、下视群僚和起居饮食,以至于行猎出巡之类,也是一如生前的。因而,在帝王陵寝祭堂中,为陵主铺床叠被、洒扫献食之类,成了每日必修的"功课"。比方说每日在帝王陵寝献食供奉这一项吧,山珍海味,玉食琼浆,应有尽有,令人见了想不明白,为何帝王人已死了,竟还是这般的好胃口?

这叫作什么?这就叫"事死如事生"。

中国古代,对先祖是极崇拜的,古代皇家宗庙建筑的建立,就起于对先祖的崇拜。崇拜先祖,同时也崇拜天地。古人以为,天地者,生之父母也。《易传》不是这样说过吗:"有天地然后有万物,有万物然后有男女,有男女然后有夫妇,有夫妇然后有父子,有父子然后有君臣,有君臣然后有上下,有上下然后礼义有所错。"天地,是根本意义上的"父母"。

因此,帝王陵寝建筑,是建立在崇拜先祖、鬼神与天地的观念基础之上的。《荀子·礼论》说:"礼有三本:天地者,生之本也;先祖者,类之本也;君师者,治之本也。"又说:"上事天,下事地,尊先祖而隆君师,是礼之三本也。"天地具神权,先祖具族权,君师具治权,帝王是集三权即"三本"于一身的人物,所以帝王陵寝是尤为考究的,其仪式隆重其事,浸透了浓烈的政治伦理观念与意绪。

从人文审美角度看,历代帝王陵寝的人文意义与崇拜联系在一起。

帝王陵寝建筑往往具有高巨的风格,它所象征的,是帝王生前的威权。

试看秦始皇陵园的面积。据考古,其周长为6 294米,范围之大,世所罕见。它雄踞于陕西临潼骊山主峰北麓的原野之上，仅现存陵体就很巨大，其方锥形夯土台，东西345米，南北350米，平面近似于正方形，残高47米，无疑是中国陵寝文化史上最大的坟丘了。这座帝王陵寝的地面建筑今天已荡然无存，但在陵址曾经发现的残砖碎瓦、门道与菱形铺地石，以及半圆形瓦当等的尺度，即使以今天的眼光来看，也是很大型的。在该遗址所发现的一个瓦当，为夔形，高47.5厘米，横径61厘米，比一般建筑物的瓦当比如说汉代瓦当，要大二至三倍，俗称"瓦当王"。由此不难想象秦代帝王陵寝的壮伟风格与巨大尺度。

尤其是始皇陵的兵马俑坑，有三坑，呈品字形排列，东向，南一北二。这里出土陶质兵俑万件、战马六百匹、战车一百二十五乘，其尺度与真人真马真战车相当，允为"奇迹"。

"典型"十三陵

十三陵是明代十三个帝陵的总称，位于今北京昌平，距北京主城区约44千米，那里有一个天寿山，陵区就在天寿山南麓方圆40平方千米的一个盆地里。

十三陵，包括长陵（成祖）、献陵（仁宗）、景陵（宣宗）、裕陵（英宗）、茂陵（宪宗）、泰陵（孝宗）、康陵（武宗）、永陵（世宗）、昭陵（穆宗）、定陵（神宗）、庆陵（光宗）、德陵（熹宗）、思陵（思宗）。

各陵的面积有大小，地面建筑有简繁的差别，但其建筑布局与规制基本一致。

当初选定天寿山南麓为明代这些帝王的葬身之地，说起来很有些意思。风水、地望与避讳等，原是极为讲究的。讲究的目的，在于显示帝王之威与风

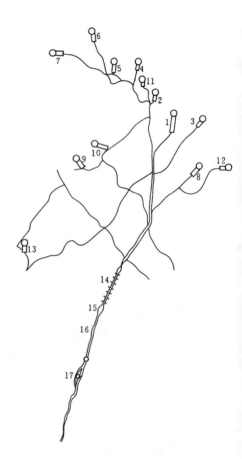

明十三陵总平面神道走向。建筑文化理念与"风水"理论，要求严格的中轴对称，实际由于自然地形的限制，其中轴神道自南向东北倾斜，且远非笔直。向东北方倾斜的原因，是左青龙山较右白虎山为低矮。这样，由于近大远小的视觉效果，看上去便达到了相对的对称。1为十三陵主陵长陵，从2至13，为其余诸陵，14、15、16，为大红门、碑亭等，17为牌坊。

水的所谓吉与凶。据民间传说,明成祖朱棣选陵地,曾派礼部尚书携风水先生、术士之流,苦苦寻察两年时间。他们起初选中屠家营这块地方。因皇帝讳姓朱,朱、猪同音,猪进屠场,犹如朱进屠场,犯了"大凶"的地讳,不取。又想选在昌平西南的羊山脚下。可惜那里有个狼儿峪,朱(猪)遇到狼,那还有好果子吃吗?以为不吉利透了。再选京西的燕家台。燕家与晏驾(帝王去世称晏驾)谐音。虽然帝王也是人,难免一死,而且这选陵址本身,就是要死的证明,可是帝王无论如何是忌讳死的。不用说,这燕家台,实在又是一大"凶险之地"。直到永乐七年(1409),才"大吉大利",心满意足地选中了现在十三陵这块"风水宝地",以为在此可举不朽之盛事,奠万世之基业。

十三陵是逐渐建成的,其中主陵是明成祖朱棣的长陵,处于十三陵的显要位置。

十三陵整个陵园大致为纵向安排,三进"院落"。最南端是石牌坊,该坊为六柱五间式,六根汉白玉石柱拔地挺立,最高达14米,坊阔近29米,显得雄浑而肃穆,是中国现存最精彩的一座石牌坊。

北进200米处是大红门。它是长陵也是整个十三陵区的门户,琉璃瓦屋顶与朱色陵墙相得益彰,显得雄伟而庄严。

再北进1千米的样子,楼阁巍峨而峥嵘,色调上仍以琉璃黄瓦配丹朱墙体为主调,绚烂而悦目,这里是长陵碑亭所在地。亭四面洞开,亭内树"大明长陵神功圣德碑"一座,高三丈有余,上面刻有明仁宗御撰碑文三千余字。碑下以巨龟为座,以示负重、不朽与永垂之义。

碑亭四近,四座华表标立,高10余米,以云水与飞龙之像为文饰,其顶部雕出异兽之像,称望天吼,仿佛吼如巨雷贯耳,有震天动地之感。

接着便是漫长的神道了,两旁石像对立、翁仲静峙。"石像生",即石狮、犀、驼、象、麒麟、马以及文官、武将形象,或站或卧,或蹲或立,古朴而浑厚,它们静静地守护着历史。而每对石雕间距大约在50米的样子,并以寒峻的柏树衬托。

这种石像生的人文意义,重在显示帝王之威仪。石兽造型,用以驱除妖孽或象征吉祥;石人形象,都是帝王"御"前的侍从、警卫与仪仗。对于谒陵者来说,漫长神道的设立,具有酝酿与积累崇拜感情的作用。

经过神道,过汉白玉七孔大桥,迎面就是祾恩门与祾恩殿了。祾恩门是祾恩殿的正门,二者好比明清北京紫禁城的太和门与太和殿的关系。进入祾恩门,迎面是一片大平野,好似进入了一个庭院,走过这个庭院空间,就到了祾恩殿。它是长陵也是整个十三陵的主殿。它的尺度最为巨大,有三层台基,高3.2米,汉白玉丹陛,装饰华美。祾恩殿九间制，面阔66.75米，进深29.31米，殿内有六十根楠木大柱，承托重檐庑殿式的殿顶，顶上有鸱尾、吻兽之类装饰。

接着便是内红门。再接着便到了方城与明楼。这里的建筑风格凝重而深沉，气氛肃穆，有肃杀之气。方城高近10米，下有30余米的甬道，可直达明楼。明楼之后便是宝顶。宝顶，就是明成祖长陵的坟丘了，也称为陵冢。

整个长陵的地面建筑到这里才告结束，其总体建筑形象赫赫扬扬，气魄非凡。

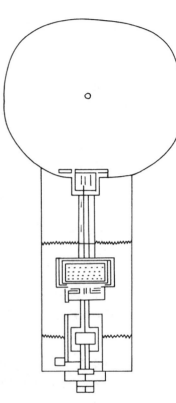

前方后圆：明长陵平面简示

话说清东陵

在今河北遵化马兰峪昌瑞山下，有一个西距北京市区125千米的地方，叫清东陵，是清朝入关之后所营造的最大陵区（与清西陵相应）。据《大清一统志》说，这里风水（风景）尤佳：

> 山脉自太行逶迤而来，重岗叠阜，凤翥龙蟠，一峰柱笏，状如华盖。前有金星峰，后有分水岭，诸山耸峙环抱。左有鲇鱼关，马兰峪尽西朝，俨然左辅；右有宽佃峪，黄花山皆东向，俨然右弼。千山万壑，回环朝拱，左右两水，分流夹绕，俱汇于龙虎峪。

清东陵建造之前，传说有一次顺治帝到此游猎取兴，见昌瑞山景色苍茫，诸峰接云，山陵广袤而形势如封似闭，且有水系流贯其中，真是生气灌注的好风水，不由得赞叹："此山王气葱郁，可为朕寿宫。"

圣旨既出，覆水难收。正是顺治皇帝的这一句话，使得这里从此成了清代的一个"寿宫"之地。

清东陵规模不小，其一般的帝王陵丘平面呈前方后圆形。据实测，陵区南北纵长125千米，东西横阔26千米，总面积3 250平方千米。

清东陵里，埋葬着五个皇帝、十五个皇后与一百三十六个妃子的遗骸。其中主要有五个帝陵，它们是：居中的孝陵（顺治帝），东部的景陵（康熙帝）与惠陵（同治帝），西部的裕陵（乾隆帝）和定陵（咸丰帝）。

孝陵居清东陵之"中"。顺治是清世祖的年号（1644—1661在位）。顺治帝即爱新觉罗·福临，皇太极第九子，生于1638年，六岁即帝位，由于年幼，由叔父多尔衮、齐尔哈朗摄政。顺治元年（1644）入关，击败李自成农民军而迁都北京。二十四岁病故于紫禁城养心殿，康熙二年（1663），其棺木埋葬于清东陵孝陵。

据野史，1661年顺治帝未死，而是因为贤妃董氏之死使他深受刺激，故不恋红尘到五台山出家当和尚去了。这只是民间传说而已。虽然据史载，顺治帝确曾有过出家做和尚的念头，并且以法名"行痴"自号，但作为帝王，想撒手遁入空门，真是谈何容易！中国佛教史上，梁武帝（时在南朝）曾四次"舍身同泰寺"，可谓坚决而"精进"，终于也没有成为一个真正的和尚。不过，据说顺治帝死后是火葬的，现在孝陵中埋葬的是其骨灰罐。究竟如何，只有待以后发掘孝陵地宫才能知道。

从空间布局来看，孝陵处于整个清东陵的重要位置，它背靠昌瑞山主峰，气象万千。整个清东陵，是围绕着孝陵而设计、安排的，这种情况，类似于明十三陵围绕着长陵"作文章"。

游览清东陵，一来到陵园之前，最先见到的，是一座石牌坊（明十三陵最南端也是一座石牌坊）。清东陵石牌坊高13米，宽32米，为五间六柱楼式，以汉白玉为材，饰以浮雕与彩绘，显得庄严、肃穆。

北进便是大红门，它是孝陵，也是整个清东陵陵园的主入口。这一建造观念与实际格局，与明十三陵没有两样，明十三陵也有大红门。有意思的是，陵墓是死者的葬所，死寂的主题，在西方的传统中是黑色，在中国的传统里应是白色，白色是中国的丧色。可是，无论在明十三陵还是清东陵，却偏偏是红色。这是帝陵的特色。

帝王陵寝建筑出现红色，与新石器时代（约一万八千年前）的山顶洞人在死者遗骸旁洒红色赤铁矿的做法是一个意思，因为红色是血液之色、生命之色，大红门及红色围墙的"红"，都象征生命与繁衍。陵寝建筑的文化主题自然是有关于"死"的，但其深层次的意蕴，却执着于"生"。《易经》说"生生之谓易""天地之大德曰生"，此之谓也。

再北进是碑楼，这里也是整条漫长神道的南端。碑楼建造得相当严谨与壮观，是一座重檐式建筑。碑楼内部的正中，并列矗立两座高大、重达数万斤的"圣德神功碑"，碑上分别以满、汉两种文字铭刻顺治帝的"丰功伟绩"。作为满族王朝的统治者，树碑立传用两座碑而不是一座碑，以满、汉两种文字而不是仅以满文镌刻碑文，是王朝接纳汉族文字与文化、"用夏变夷"的表现。碑楼旁竖立华表，华表上满是云龙浮雕，这是"汉化"的又一表现。在审美上，华表烘托了碑楼的庄严与神圣，加强了碑楼的纪念性。

再北进是漫长的神道。神道两边整齐地排列着十八对石像生。石是死物，所雕成的作品，却象征着生命，好比帝王在世时金銮殿里两侧静侍的文武百官一般。

在神道的中途有龙凤门，这是一座以彩色琉璃瓦覆顶的六柱五门式建筑。

再北进便到了孝陵的七孔桥。七孔桥在用材上自然是讲究的，全由汉白玉砌筑而成，仅桥身的栏板便有一百二十余块，由于汉白玉的质地优良且厚度不尽相同，因此如果敲击这些栏板，便会发出金属般的不同声响，这七孔桥于是便有了一个"五音桥"的美名。这桥为什么是七孔而不是九孔或者五孔呢？

中国文化一向对数字及其象征意义很敏感，比方说在《易经》中，九这个数字象征老阳，也便是说，九是阳数之极，九象征男、父、帝、刚与动，所以九是帝王之数。比如北京明清紫禁城的太和殿，是帝王的金銮殿，其文化与政治伦理品位最高，所以，太和殿的主立面原为九间制，以象征帝王，而紫禁城里有许多幢建筑，虽然都是皇家建筑，却不能每一幢都是九间制，为的是突出主体建筑太和殿，除了太和殿，其他建筑可以是七间制或五间制的，这在审美上也是必要的，以求丰富多彩而不千篇一律、千屋一面。可见，清东陵孝陵的七孔桥之所以是七孔，在于它虽是这座帝陵的重要建筑，但还不是最重要的建筑。

进而便到了神道的北端。穿过一座小型碑亭，进入隆恩门，一眼见到的，便是巍峨、雄伟的隆恩殿。隆恩殿是整个孝陵的主殿，其地位，相当于明十三陵的祾恩殿，二者之间只是名称不同，其建造观念实际是一样的。而且，我们再来看明清北京紫禁城的太和门与太和殿，虽然太和门与太和殿是宫殿建筑，隆恩门与隆恩殿是陵寝建筑，但是二者的建造观念与空间观念是一样的，都是在主体建筑前设一主要的"门"，门是主体建筑的屏风与序幕。

大凡皇家建筑，都建造在高大的须弥座这一台基之上，由于抬高了建筑的地基，更使该建筑显得高耸与壮观。而且大凡皇家建筑的装饰题材，总离不开龙与凤，而这是帝王的陵寝，因此，在这里到处见到有关龙的装饰，就不奇怪了。

再进，便终于到了顺治帝的墓区。这里有方城、明楼及宝城与宝顶等建筑，宝顶的下面，便是地宫的所在，是顺治皇帝的棺木停放之处。

说到清东陵，自然不能忘记那些皇后的陵寝建筑，其中最著名的，当推孝钦皇后慈禧的普陀峪定东陵。

在历史上，慈禧是一个著名的人物。姓叶赫那拉氏，生于清道光十五年（1835），十八岁入宫被封为贵人，两年之后晋封为懿嫔，又两年，因生养后来的同治帝载淳而晋封为懿妃，第二年再度晋封为懿贵妃。不料咸丰帝死得早，载淳年方六岁就做了小皇帝，于是慈禧成了皇太后，以"圣母皇太后"尊称。咸丰十一年（1861）十一月，慈禧联合咸丰之弟恭亲王奕䜣发动政变，翦除了政敌，从此"垂帘听政"。名义上穆宗载淳（同治）与德宗载湉（光绪）先后是皇帝至尊，实际上慈禧大权独揽，前后把持朝政达四十八个年头。

慈禧当政，是中国清末风雨飘摇的年代。光绪三十四年（1908）十一月，慈禧终于病亡，全国好像都松了一口气。

慈禧权倾天下，尽管当时的中国内忧外患不断、积贫积弱，但慈禧的所谓寿宫却修得十分豪华。慈禧的陵寝称为定东陵，始建于同治十二年（1873），花费了数十年时间，直到她死时才成规模。其中隆恩殿建成于光绪五年（1879），慈禧觉得不入眼，一声令下，便在光绪十九年重建。这次重建，仅殿内装饰一项，就用掉黄金4 592两。虽然这一建筑杰构因遭外国侵略者和军阀的盗窃与破坏，早已不见整体踪迹了，但它的建造，实在是慈禧这个不是帝王的帝王的一种伦理、政治精神的"反叛"。

明清帝陵的祾恩殿（明）与隆恩殿（清），是只有帝王才能"享用"的殿宇，按照政治伦理，非帝王者不得有祾恩、隆恩之名，否则便是僭礼而大逆。慈禧死后得以独"享"隆恩殿，是对中国历来帝陵制度的一种蔑视与叛逆。

慈禧隆恩殿的龙凤石雕，不是以龙象为主，凤象为从，而是使龙象为从，凤象为主，凤在上而龙在下，构成一个"金凤戏龙"的图案，这在今天看来，大概不过一笑了之，但在当时，则是大逆不道的，一定会使那些政治家以及儒家思想浓厚的人痛心疾首、无法忍受。假若让孔夫子见了，一定又要说一句"是可忍孰不可忍"。

慈禧生前生活无比奢华，死后随葬之丰厚，可以说令人瞠目。慈禧的奴才"小李子"李莲英，曾将慈禧的随葬品记录在册，光随葬的珍珠、宝石与美玉之富，就闻所未闻。真正可以说是"珍珠如土金如铁"，慈禧成了一个"攫珠狂"。好在今天，这一幕尘封而发霉的帝陵史已经翻过去了。

再谈黄帝陵

说过清东陵有关慈禧陵的陈旧故事，最后回过头再来谈谈黄帝陵，大概会有一些别样的历史感。

大凡中国人，都知道黄帝是中华"人文初祖"。据《史记》的说法，黄帝复姓公孙，名轩辕，号有熊。相传活了一百一十一岁，而在位则有一百年，这样算起来，他是十一岁时登上"帝位"的。黄帝生在远古之时，据说是陕北高原的一个部落酋长，后来率部从陕北黄土高原东下，迁居在河北涿鹿一带。

黄帝是远古文明的肇始者，他以土德著称于世，植农桑，制兵器，造车船，还与建筑营造之事有关，似乎远古百事创举，都有些黄帝的份。《史记·五帝本纪》说他"生而神灵，弱而能言，幼而徇齐，长而敦敏，成而聪明"，真可谓十全十美。因此想来，黄帝十一岁当皇帝，也就不奇怪了。在黄帝征服、开发黄河中下游部落的过程中，形成了华夏族。所以黄帝就成了华夏族的老祖宗。

然而，黄帝既然生在远古，那时一定尚未行帝制，黄帝这一称谓，似乎大可推敲。据说黄帝因属土德，土色为黄，因而该"帝"称"黄"。问题是，中国历史上关于五色包括阴阳五行的观念，成于战国阴阳家邹衍之学，在远古黄帝时代"黄为土德"的观念尚未形成，因此，黄帝这个名称，大约始于战国，也许远古并无黄帝其人。同样，中国政治史上的帝制，也不是自远古就有的，这本是常识，毋庸赘言。

因此，黄帝是一个半神话、半历史式的人物。相信在远古中华大地上，出现过诸多有威望、有才能的杰出部落首领，他们在部落文化融合、华夏族形成的过程中，起过非常伟大的作用。他（们）一直活在人们心中，在口头传播中代代相传。通过漫长的口头传说、阐释、复制与创作，于是便有黄帝这一先祖伟人的出现。黄帝，实在是中华民族伟大祖先的一个"共名"。

至于说到黄帝陵，也是一个有趣的话题。

黄帝陵，现在全国好几个地方都有，比方说在甘肃、河南与河北等地都有被称作"黄帝陵冢"的"名胜古迹"。尤其是今陕西延安南的桥山黄帝陵，最为著名。《史记》说："皇帝崩，葬桥山。"每年祭陵，都在桥山。

其实，今天我们所见到的黄帝陵，都是后人根据有关黄帝的传说而建造的。

我们知道，远古葬制极为简陋。《易经·系辞传》说："古之葬者，厚衣之以薪，葬之中野，不封不树。"其实这还不是最原始的葬制，因为它还有"厚衣之以薪，葬之中野"的仪则，比如北京山顶洞人的葬法，比这更原始、更简易。黄帝生在远古，有一种说法称其是五千年前的人物。就姑且说是五千年前吧，那时大约还是一个葬者"不封不树"的时代，怎么会有现在桥山黄帝陵这样的坟丘出现呢？

桥山黄帝陵的修建，也是一个美妙的传说。据说黄帝生前某日到今河南某地巡察，突然飞云乱渡,电闪雷鸣,昏天黑地,有一条黄龙自天而降,带着黄帝驾云归天去了。但当黄龙与黄帝飞临陕西桥山上空时,黄帝眷恋故土百姓,于是黄龙下降在桥山,老百姓不忍黄帝离去,就死死扯住他的衣带。黄帝呢,只得将其衣冠留下,泪洒桥山而别。后来,百姓为了纪念他们的老祖宗黄帝,就将其衣冠葬于桥山,这便是桥山黄帝陵。

这一传说有几点值得注意。首先是传说中的黄帝与黄龙会驾云飞于天上,这有点神仙飞升的意思,因此这一传说恐怕形成于东汉道教创立之后,或起码在战国的庄子时代。其次,所谓衣冠冢的葬式是后起的,5 000前的黄帝时代,怎么会有衣冠冢呢?还有,据传说,黄帝本来在河南某地巡察,随黄龙飞渡而去也在河南某地,照理当葬于河南才是,而现在黄帝的衣冠葬在陕西桥山。这一传说,实际反映了黄帝陵到底在河南还是在陕西桥山的争论。

虽然如此,桥山黄帝陵仍是一大名胜。黄帝并非实有其人,这一帝陵实际是因传说而建造的,富于美丽的诗性。这是黄帝陵与其他帝陵的区别所在。

据《黄陵县志》记载,黄帝陵区的轩辕庙始建于汉代,这不能用来证明黄帝陵也始建于汉。根据历代帝王祭陵的记载,最早祭扫黄帝陵的是汉武帝,那是汉元封六年(前105)。继而有北魏明元帝、太武帝与文成帝四度到桥山祭陵。从唐到明清,历代帝王中祭扫黄帝陵者不乏其人。可见桥山黄帝陵的建造,起码在汉武帝之前。

现存黄帝陵丘高3.6米,周长48米,四周有围墙,以砖筑成。陵前树陵碑。围墙正南方又有一通石碑,上书"桥陵龙驭"四字,这是明代遗物。再往南有"古轩辕黄帝桥陵"碑,为清乾隆四十一年(1776)陕西巡抚毕沅所立。黄帝庙(即轩辕庙)建在桥山脚下,历经修建,如今更见雄迈伟丽,占地达10余亩,四周也有围墙。此庙主立面为三间制,飞檐赤柱,额上题有"轩辕庙"三字。正门之内是碑亭,四十余块石碑矗立其中,主要是明清时御制颂词及历代重修陵庙的碑文,其中年代最久的为北宋嘉祐年间所立。还有祭殿,作为黄帝庙的主体建筑,正门上方高悬"人文初祖"四字,为陈垣手书。祭殿内设神座,上书"轩辕黄帝之位"。有一株"轩辕柏",高19米,下围粗达10余米,七人难以合抱,极为罕见,传说是黄帝亲手所植。

从建筑美学上看,黄帝陵的审美价值在于庄严与肃穆,气度不凡,而其文化价值更值得重视。黄帝陵的深沉文化主题,是子裔对黄帝祖先的一种认同感与归属感。天下游子、世界华裔来祭黄陵,有一种踏上故国、亲吻血土一般的诚衷。古人云,"山前紫气使车临,山下黄陵帝阙深"。帝阙之深,正是深在对黄帝这一中华先祖"共名"的恋情上。

寺院森森

在汉武帝推行"罢黜百家，独尊儒术"之前，中国原无成熟意义的儒教文化。在史前、在夏商周三代，中国成熟的文化形态，唯有原始神话、原始图腾与原始巫术及三者的有机交融。作为一种中国式的原始"信文化"，包括对于天命、祖神与鬼灵等的信仰，先民祀天拜地、敬祈祖神以及种种对于鬼灵的神话、图腾与巫术的崇拜，是宗教前的"宗教"。

当时，灵台之类的先秦古建筑，曾经繁荣一时，那是敬天的建筑；伴随着帝王之家的祖神祭祀（实际是国家大祭），宗庙（祖庙）建筑尤为兴盛；还有便是宫殿建筑的辉煌，因王权的尊严及其神性、巫性崇拜的热衷与执着，在先秦建筑文化中坐了"头把交椅"。与此相关的帝王陵墓，也在那时发出了历史的强音，它是天地、祖神崇拜与王权崇拜的结合。

中国寺院建筑的建造，自当在印度佛教东来之后。

法脉繁盛

印度佛教入渐于中土，当在西汉末年。"昔汉哀帝元寿元年（前2），博士弟子景卢受大月氏王使伊存口受浮屠经。"（《三国志·魏书·东夷传》注引三国魏鱼豢《魏略·西戎传》）随之，中土便有佛寺佛塔及其建造观念的输入。

中国早期出现的《四十二章经》，曾经讲述东汉初年明帝遣使求法归来，而有中国佛教建筑的建造。"时于洛阳城西雍门外起佛寺，于其壁画千乘万骑，绕塔三匝，又于南宫清凉台，及开阳城门上作佛像。"（《理惑论》）西雍门，据杨衒之《洛阳伽蓝记》，指洛阳西门自南向北的第二个城门。《洛阳伽蓝记》说："白马寺，汉明帝所立也，佛教入中国之始。"

中国建筑史上，曾经有过狂热建造佛寺佛塔的时代。

东汉桓帝奉佛未久,造寺之风随之兴起。汉献帝时,有丹阳人笮融,"大起浮屠寺,上累金盘,下为重楼,又堂阁周回,可容三千许人。作黄金涂象,衣以锦彩。每浴佛辄多设饮饭,布席于路,其有就席及观者且万余人"(《后汉书·陶谦传》)。

三国时,天下纷争,时世艰困,民不聊生,催生了无数佛教崇拜者。据《魏书·释老志》,魏明帝曾"大起浮屠"。孙权偏安江东,建造建初寺等。据说孙皓不信佛法,意欲毁佛寺,大德康僧会便去感化他,终于使其"从受五戒",回头是岸。

西晋大造佛寺。法琳《辨正论》称,仅西晋东都洛阳、西都长安,就建造佛寺凡180所。西晋洛阳,有白马寺、东牛寺、菩萨寺、石塔寺、满水寺、大市寺、竹林寺等名寺十余所。

东晋的著名寺院,当推庐山东林寺,由高僧慧远主持。建康道场寺,也是南方一大佛教圣地,佛陀跋陀罗、法显、慧观与慧严等,都在道场寺译经和弘传教义。东晋帝室热衷于建造佛寺。元帝造瓦官、龙宫二寺,度丹阳、建业千僧。明帝在位仅两年,也造黄业、道场二寺。

北朝后赵时期,建寺凡839所。姚兴在位,建造浮屠于永贵里。北魏宣武帝立永明寺,房舍千余间;孝明帝时,太后胡氏摄政,于熙平元年(516)在洛阳建造永宁寺塔,极其壮丽;北魏末年,洛阳有佛寺1 376所,各地凡3万余所。

南朝佛教的代表人物是梁武帝(502—549在位),曾经四度舍身同泰寺。其在位第三年,即起造爱敬寺、光宅寺、开善寺和同泰寺等。据有关文献,南朝宋有佛寺1 913所,齐2 015所,梁2 846所,陈1 232所。同泰寺"楼阁殿台,房廊绮饰",同泰寺塔"凌云九级,俪魏永宁(寺塔)"(《历代三宝记》)。

隋代历史短促,造寺之风却有盛烈之势。文帝刚执政,一改北周武帝"灭佛"立场,下令修复天下寺塔及寺院。炀帝佞佛,为先帝建造西禅寺以超度之,在高阳建隆圣寺,在并州营弘善寺,在扬州造慧日道场,在长安修清禅、日严、香台等寺院。东禅寺院与塔,尤为壮观。

唐代造寺之举,始于高祖武德二年(619),钦定天下各州造寺、观各一所。太宗时,在旧战场造寺7所,以超度亡灵。贞观十五年(641),玄奘"大和尚"自印度东归,一时间,建译场、佛寺、塔院,不胜枚举。武周崇佛有加,下诏天下各州营构大云寺,使得全国寺院两倍于唐初。武宗(841—846在位)"会昌灭佛",毁天下大寺凡4 600余所,小寺4 000之多。而法难之后,不久便又死灰复燃,建寺造塔之风再起。

五代十六国天下大乱,而建寺造塔之风依然盛烈。据史载,仅闽地区区一域,就增寺院267所。闽地后来归于吴越，二十七年间，又增佛寺221所。后周时期，临安区区弹丸之地，竟有佛寺480所。

北宋初年，一改后周政令，不准毁弃寺院，派遣沙门行勤等一百五十七人赴印"求法"，恢复译经之举，为此大造浮屠。天禧末年（1021），全国已有佛寺近4万所。

辽代佛寺建筑也曾辉煌一时。现存最著名的，有今天津蓟州独乐寺观音阁与山门，梁思成、林徽因曾做过实地调查和考证。被誉为"鬼斧神工"的应县木塔，也是辽代杰构。

金代佛寺遗构，主要有大同普恩寺大雄宝殿、普贤祠、天王殿等。还有应县净土寺大殿、朔县崇福寺阿弥陀佛殿与大同善化寺三大殿与山门等。

元入主中原，也雅爱佛教。据当时宣政院至元二十八年（1291）记载，天下有寺院凡24 318所。元朝建造了许多"官寺"即"国家级"寺院，仅至元七年到至正十四年（1270—1354），京城一地，就建造了大护国仁王寺、圣寿万安寺、殊祥寺、大龙翔集庆寺、大觉海寺和大寿元忠国寺等。英宗至治元年（1321），建造寿安山寺，规模之巨令人瞠目。寺中一尊石佛，即今北京西山卧佛寺卧佛，据测，其用冶铜50万斤，可见卧佛之巨，天下独一。

明太祖朱元璋当过和尚，偏重佛教，所建佛寺佛塔，不知凡几。如洪武十五年（1382）下令各州县保留大寺、大观各一所。寺院经济大为发达。南京报恩寺、灵谷寺与天界寺，号称"天下三大寺"，拥有大量田产。据《金陵大报恩寺塔志》，该寺有土地、塘荡万余亩。

清时依然。仅据康熙六年（1667）礼部统计，清前期有官方大型寺院凡6 073所，小型的也有6 409所；而民间寺院，大者8 458所，小者58 682所。

基本形制

寺院这一建筑样式，本由印度"舶来"，而中国寺院，已是本土化、中国化了的。

寺这一称名，原指中国古代官署，如大理寺、太常寺、鸿胪寺等。本是作为官署名称的"寺"，怎么会成为佛教建筑的名称？

古天竺和西域僧人来华之初，那些"洋和尚"就被安排在"寺"这一官署中居住。

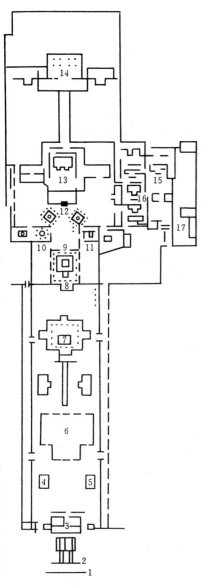

河北正定隆兴寺平面简示：

1. 照壁 2. 石桥 3. 山门 4. 鼓楼 5. 钟楼
6. 大觉六师殿 7. 摩尼殿 8. 戒坛 9. 韦
陀殿 10. 转轮藏殿 11. 慈氏阁 12. 碑
亭 13. 佛香阁 14. 弥陀殿 15. 方丈室
16. 关帝庙 17. 马厩

据史载，最早来华弘法的印度和西域僧人，就是住在洛阳鸿胪寺中的。

鸿胪寺，秦称为典客；汉初改称大行令，后来武帝改名大鸿胪，是国家接待异国宾客的机构及其建筑。鸿胪寺，有类于今天的国宾馆。由于那些僧人最初住在鸿胪寺，久而久之，凡是供僧尼居住、供奉佛像、念佛与崇佛、举行法事的场所，就统称为"寺"。

一座典型的佛教寺院，通常有一条由其主要建筑物的空间序列所构成的南北纵向的中轴线。中轴两边往往呈对称布局。这种平面布局的理念，其实与中国民居的群体安排、宫殿或陵墓的平面形式是一样的，只是其中轴对称的"内容"不同罢了。这种格局，到明清基本定型。

一般汉地佛教寺院，凡是大型的基本特点：中轴对称，几重进深，力求南向。

最南为山门（原称三门，象征佛教"三解脱门"），山门两侧有钟鼓楼。进山门，是天王殿。过天王殿，有一个院落，迎面是大雄宝殿。院落两侧是配殿。最后是藏经阁之类。

大型寺院群落，除了有一条中轴之外，还可以有多条与主轴平行的副轴。在主轴平面上，布置几重院落，沿中轴行走，寺院建筑很有纵深感。副轴平面上，也可有几进跨院，一些副题建筑安排在跨院。

主轴称为中路，大雄宝殿等必须建造在这里，很少例外。中路两侧建造配殿，通常是伽蓝殿、祖师堂、药师殿与观音殿等。

有的寺院设有五百罗汉堂。由于五百躯罗汉塑像高大，作为配殿的罗汉堂难以容纳，有的便在寺区中另辟罗汉堂，如杭州灵隐寺就是这样。

佛寺的东侧跨院，可以有僧房、斋堂、香积厨、茶堂与职事堂等；西侧跨院，也是一组辅助建筑，主要有用以接待云游僧众食宿的云会堂等。

宋代以降，中国禅宗迅速发展，使得寺院逐渐形成"伽蓝七堂"制，包括佛殿、法堂、僧堂、库房、山门、西净和浴室。其基本功能，在于礼佛、念经、藏经和生活起居。大型禅院，还有讲堂、禅堂、钟鼓楼以及建于寺院四近的佛塔。这种制度定型于明代。

"天下名山僧占多。"寺院往往成为文化名胜。如果你去游访名寺古刹，很强烈的一个感受，就是它们一般建造在风景尤佳之处。有一首宋诗这样说："可惜湖山天下好，十分风景属僧家。"当然，也有古寺建造在荒寒之地，给人以萧疏、苍凉之感。

寺前山门耸立。这里是整座寺院的序幕。山门（三门），象征"空门、无相门、无作门"。它是一座殿类建筑物，坡顶覆盖，土木结构，门槛颇高。殿内空间不大，两侧依壁塑立两躯金刚之像。金刚者，力士也。形体高大孔武，执持兵器，有威猛之态。兵器一般为金刚杵，护卫佛祖，守持佛法，类于世俗的"门房"。

进山门来到天王殿，殿的左右两侧塑立四大天王像，每边两躯，相向而立，其形象高巨而勇武，狞怖而巍然。四天王，也称护世四天王。佛典《长阿含经》卷五云："四天王随其方便，各当座位，守护正法，不使魔扰。"

四天王，指东方持国天王，手弹琵琶；南方增长天王，执持宝剑；西方广目天王，握三叉戟（或者手缠一龙）；北方多闻天王，手托舍利塔（或者银鼠）。

在佛教中国化的进程中，佛寺的四天王像渐渐变了些模样。从元代起，改称"四大金刚"，其造像特点也有些简化。东方持国天王，手弹琵琶，成为帝释天的乐官了；南方增长天王，自清代起，虽然手执宝剑依然威武，却有些面善起来；西方广目天王，自清代起改为手搏一蛇；北方多闻天王，从明代开始手里只拿着一把大雨伞，一副风尘仆仆、浪迹天涯、风里来雨里去的样子。

有趣。

天王殿的弥勒像，据印度佛典，原为大乘菩萨。《弥勒说生经》称其现住兜率天，《弥勒下经》又说其从兜率天下生于凡界，终于在龙华树继释迦而成佛。弥勒是未来佛。

中国佛寺天王殿，多供奉大肚弥勒塑像，作笑口常开状。其原型，据说是五代名僧契此。契此为弥勒化身，是佛教中国化的一个明证。

韦陀，四大天王中南方增长天王手下的八大神将之一。《金光明经》说，"风水诸神，韦陀天神"。韦陀像的站姿，或者双手合十，横金刚杵在两腕际，作肃立状。更多见的，是左手握杵拄地，右手插在腰间，左足略为前跨，好像在注视着大雄宝殿。

大雄宝殿的所谓大雄，佛之德号也。释迦佛有大力，能伏"四魔"，故称"大雄"。四魔，指烦恼魔，如贪欲即是；阴魔，又称五众魔、蕴魔，指色欲等，生种种苦厄；死魔，死则断人命根，而众生畏惧于死，便是一魔；他化自在天子魔，又称自在天魔，指欲界第六天即他化自在天的魔王，能害人而不做善事。而释迦威德，大智大雄，天下独尊，故宝殿（正殿）必供奉世尊主佛。

大雄宝殿，是整个寺院建筑群的主体建筑，尺度最大，用材最精，品格最高，地位最显。其重要性，好比北京紫禁城的太和殿。

关于大雄宝殿之内所供奉佛像的种种方式，这里多说几句，想来是必要的吧。

大雄宝殿所供佛像，一般为释迦佛，或是毗卢佛、接引佛等。不同寺院，往往有一尊、三尊、五尊、七尊的区别。

所谓一尊之像，以释迦为主像，其姿有坐、立、卧三式，以坐像为多见。释迦佛的坐式，称"跏趺坐"，或称"跏趺"。坐式足背结跏趺于左右股之上，作盘腿状。有"全跏趺"式，即盘腿而使左右足背同时加于左右股上，称为"双盘"。或以右足押左股，再以左足押右股，称"降魔坐"，是禅宗寺院释迦像的主要坐式；或以左足押右股，再以右足押左股，两个足掌心仰于双股之上，称"吉祥坐"，这是密宗寺院主像的主要坐式。又有"半跏趺"，以一足押在另一股上，称"单盘"，即密宗所谓莲花坐。

大雄宝殿释迦佛结跏趺坐的手姿常式，是左手横在左足之上，称"禅定印"；右手直伸下垂，称"触地印"；左手放在左足之上，右手向上屈指作环形，称"说法印"。这些是佛教的主要"手印"。

有的大雄宝殿的释迦佛像为立姿，其造型为左手下垂、右手屈臂上伸。下垂的称"与愿印"，表示"有求必应"；上伸的称"无畏印"，表示"诸苦拔离"。

还有一种是释迦佛卧像。造型作侧身卧睡状，两腿伸展，而左腿平放在另一腿上，右臂弯曲托着头部。据佛典，这是佛陀圆寂时的姿态，非常恬静而肃穆。

所谓一尊之象，通常为"一佛二胁持"（一佛二菩萨）式，即主尊居中，二弟子迦叶、阿难为其左右胁持，或以文殊、普贤二菩萨为左右胁持，称"华严三圣"。另有释迦居中，两弟子迦叶、阿难和两菩萨文殊、普贤分列于左右，为"一佛四胁持"式。

有的寺院，大雄宝殿的主佛像所供奉的是毗卢佛而不是释迦佛。毗卢佛，佛典所谓三身佛之法身佛。毗卢遮那佛坐在莲座之上，莲座为千叶莲，象征华藏净土。

净土宗寺院的大雄宝殿往往不供释迦佛，仅供奉阿弥陀佛，或称接引佛。接引佛取立姿，有接引芸芸众生往生西方之意。其像左手当胸，掌中持金莲之台，右手作下垂之势，即"与愿印"。

所谓三尊之像，出现于宋代以来较为大型寺院的大雄宝殿中，即"三佛同殿"式。有两种类型。

一是三身佛。三身者，法身、报身、应身之谓。天台宗寺院大雄宝殿供奉三身佛像。居中的，是法身佛即毗卢遮那佛，表示光明遍一切处。左为报身佛，意思是经修持而终得圆果，又号卢舍那佛；右为应身佛，随缘教化，超度众生，应化显现。

二是三世佛。分"竖三世""横三世"两种。"竖三世"式，指时间性的因果轮回，指过去、现在、未来三世。过去佛，通常指燃灯佛，光明烛照义，佛典称其为释迦"导乎先路"的老师，曾经预言释迦在未来必当成佛，这在佛典中称为"授记"；现在佛，即释迦世尊；未来佛即弥勒佛。大雄宝殿所供奉的三世佛像，释迦居中，燃灯佛居右，弥勒佛居左。

"横三世"式，指空间性的居于中、东、西三个不同世界、不同方位的佛。中是娑婆世界，以释迦为教主；东是净琉璃世界，以药师佛为教主；西是极乐世界，以阿弥陀佛为教主。在佛殿造像的安排上，释迦居中，结跏趺坐于莲花座之上；药师佛居左，左手持钵，钵盛甘露琼浆，右手持药丸，象喻拔离众生病苦，也作结跏趺坐式；阿弥陀佛居右，双手叠置于双股双足之上，掌中托一金莲台，象喻接引众生往生西方净土，也作结跏趺坐式。

三世佛这一模式，各配以由两组菩萨组成的左右胁持。释迦左胁持为文殊，右胁持是普贤；药师佛的左边为日光遍照菩萨，右为月光遍照菩萨；阿弥陀佛左边是观音，右边是大势至。

大雄宝殿的五尊塑像式，便是五方佛像排列在一起，分东南西北中五个方位，称"五智如来"。宋、辽时期的密宗寺院多供奉五尊佛像。它的位置关系，居中的是法身佛，就是佛典所说的大日如来（即前文

一佛二菩萨

所说的毗卢遮那佛）；左边是宝日如来（居于南方），表示福德，阿閦如来（居于东方），表示觉性；右侧一个是阿弥陀如来（居于西方），表示智慧，一个是不空成就如来（居于北方），表示圆成。

大雄宝殿的七尊塑像式在中国寺院中比较少见。七佛，指释迦世尊与毗婆尸佛、尸弃佛、毗舍婆佛、拘楼孙佛、拘那含佛、迦叶佛。

大雄宝殿，殿宇高敞，立柱雄伟，彩绘辉煌而灿烂，包括天花、藻井等处，都布满了以佛教为题材的绘画。门楣两边及世尊前两侧的巨硕立柱上，有弘扬教义的对联标举。高巨庄严的佛像，佛像之前的长条供桌，供桌上的历历供品，以及案前的大型香炉，袅袅香烟，还有虔诚跪拜的香客，低垂的帷幔，而帷幔总以姜黄之色为基调，与整座佛殿、佛塑金身、寺院墙体的姜黄之色互相呼应，营造了建筑意象的浓重佛性氛围，佛教的人文主题突显。

少林疏影

天下名刹，不胜枚举。且从建筑角度择要简述。

尽管在中国寺院中，资格最老的要数洛阳白马寺，但如今更著名的，是嵩山少林寺。

少林寺始建于北魏太和十九年（495），孝文帝礼佛，特地为当时来华弘教的印度高僧跋陀尊者所建。大约三十年后，著名高僧菩提达摩来华，最后落脚在少林寺，从此成为汉传佛教的禅宗祖庭。十五个世纪以来，一直香火不绝，号称"天下第一古刹"。

据有关资料，少林寺现有面积57 600平方米，为七进院落，由常住院、塔林和初祖庵等建筑构成。七进院落，是一个中轴线的平面布局。从南到北，有山门、天王殿、大雄宝殿、藏经阁、方丈院、立雪亭和千佛殿等。少林寺的塔林，在寺院的西边。塔林的北面，有初祖庵、达摩洞和甘露台等。

少林寺现存山门改建于清雍正十三年（1735），1974年经过一次修缮。而门额上的"少林寺"题名，依然是康熙手迹。山门外左右两侧，有明代修造的石牌坊。山门后，有碑百余通，构成天下独有的碑林一景。最可珍贵的，有唐人手书和刻石《大唐天后御制诗书碑》，还有宋代书家米芾"第一山"石刻，以及明人题刻的达摩面壁石。

现存初祖庵始建年代不详，从此庵存有黄庭坚书法刻石推论，当不晚于北宋。庵的现存大殿为清代所造。据考证，大殿始建于宋宣和七年（1125），有石柱十六，石柱、檐柱、殿础石和须弥座上，刻有飞天、卷草、水怪和麒麟等纹样。

少林寺二祖庵，是禅宗二祖慧可的主庙。慧可从达摩习禅，有"立雪断臂"的故事流传至今。二祖庵的主体建筑是一座三楹式殿宇，前有水井四眼。有数通石碑，昭示历史的悠久。庵外有三塔，其中一塔造型挺秀，是唐代武周时期的遗构。

天王殿高大壮丽，重檐歇山顶，面阔三间。它的位置，进山门，经甬道，位于甬道尽头。甬道两边是碑林。

过天王殿，迎面是大雄宝殿。此殿和天王殿、藏经阁构成"少林三大殿"，是少林寺的正殿。它在建筑群体组合布局上的地位是不可替代的，历史上几经毁坏而重建。最近的一次，毁于1928年，直到1986年才得以再造。殿内供奉了释迦佛（中）、药师佛（左）和阿弥陀佛（右）塑像。祭坛后壁是观音塑像，两侧左右对称侍立十八罗汉。大殿正中，高悬清康熙御书"宝树芳莲"。

少林寺西侧大约300米处是塔林的所在，唐、宋、元、明、清等历代寺僧二百三十一座砖石墓塔，分布在这一块"吉壤"之中，占地2万平方米。墓大小不一，其分布未经事先规划，由历代累修而成。

少林寺所藏文物之丰富，在中国寺院中相当著名。如千佛阁，有五百罗汉跪拜毗卢遮那壁画，面积约300平方米，是明代文物；白衣殿内，藏有清代少林拳谱、十三僧人救唐王壁画。据统计，少林寺保存唐以来石碑凡三百余通，其中，以李世民赐少林主教碑，康熙、乾隆手迹，以及苏东坡、米芾、蔡京、赵孟頫、董其昌等所书的碑刻、匾额等尤为珍贵。

五台悠茫

与少林寺齐名的，是山西五台山佛教寺院。

五台山地处山西五台县东北隅。这里，北岳衡山蜿蜒而来，是由五座山峰所环抱的一个平广的"风水宝地"。东台望海峰，南台锦绣峰，西台挂月峰，北台叶斗峰，中台翠岩峰，合称"五台"。

五台山，也称清凉山。佛教说，这里是文殊菩萨说法、显灵的道场。

五台山被开发为佛教圣地，始于北魏孝文帝。唐开元年间，文殊信仰深入人心，使得寺院规模急剧扩大,这在敦煌莫高窟第61窟《五台山图》中有所描绘。元代密宗香火兴旺,这里的密宗寺院大增,元武宗曾经征调兵丁6 500人建寺。明万历年间,这里的寺院激增至三百余所。清嘉庆之后,五台香火渐渐冷落,而仍有寺院百余所。五台山是汉式寺庙与喇嘛庙即青庙、黄庙杂处之地,现今仍有寺院四十七所,以南禅寺大殿、佛光寺等为著名。

在中国佛教建筑史上,南禅寺大殿具有重要地位。

南禅寺,建于何时已难考定。而现存南禅寺大殿,重修于唐建中三年(782),是有明确记载的。它是中国现存历史最为古悠的木构寺殿。

南禅寺大殿规模较小,面阔三间,进深三间,单檐歇山顶。殿前月台宽敞,尤其柱头上的斗栱,十分雄大,完全是一派大唐气象。

屋顶举折平缓,遂使其坡度平缓而舒放,屋檐出挑深远,整座大殿形象好比大鹏展翅。殿宇不大,由于殿内不设立柱,造成了内部空间宽敞的视觉效果。

殿内设佛坛,8.4米宽,0.7米高,佛坛上的佛像都是唐式彩雕。本尊释迦之像为结跏趺坐式,安稳地禅坐在须弥座上。佛像作拈花手印,左右菩萨、弟子胁持。彩雕体态丰润,面容丰满,神定气

山西五台山唐代南禅寺大殿

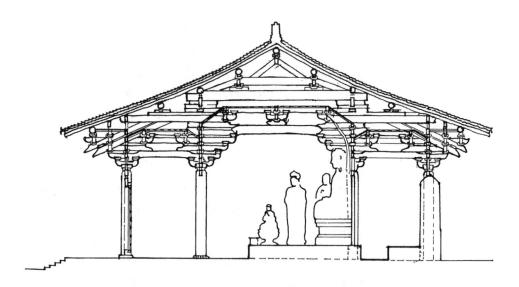

山西五台山唐代佛光寺
大殿剖面图

闲，是典型的唐风艺术。

佛光寺，五台山的又一处名胜，建于唐大中十一年（857），其大殿，也是我国现存最古老的寺院遗构之一。

梁思成《图像中国建筑史》说，这里"原有一座七间、三层、九十五尺高，供有弥勒巨像的大阁。现存大殿是该大殿被毁后重建的，为单层、七间，其严谨而壮硕的比例使人印象极深。巨大的斗栱共有四层伸出的臂……斗栱高度约等于柱高的一半，其中每一构件都有其结构功能，从而使整幢建筑显得非常庄重，这是后来建筑所未见的"。又说，"大殿内部显得十分典雅端庄。月梁横跨内柱间，两端各由四跳华栱支承，将其荷载传递到内柱上"。

梁思成以建筑学家的独特眼光，对佛光寺大殿等进行实地调查，从大殿斗栱、梁柱等构件对这一佛寺的唐代风格，进行了入木三分的分析，认为可以"豪劲"二字概括。

大殿台基略微低矮，坡顶平缓，使得整座大殿安和而舒展。其檐口和主脊，有"生起"的弧线，呈微微小翘之状，优美非常。

柱高与开间之比，接近于1:1，外檐斗栱的高度，竟达柱高的二分之一。加上柱径很大，柱身粗壮，出檐深远，体现了唐代建筑雄浑而有力的风度。

佛光寺，中国古建筑的瑰宝。此寺有四绝：一，其建筑为唐代最早遗存之一，这里有始创佛光寺的禅师墓塔，据考是该寺现存唯一的北魏时期的历史遗构；二，佛坛之上有彩塑，包括佛、菩萨、弟子、金刚和供养人的造像凡三十五躯，都是唐代原构；三，保存了一批唐代雕刻之作，有石刻经幢和诸多佛、菩萨、罗汉、力士等汉白玉石雕；四，唐人墨迹。

峨眉梵音

四川峨眉山山势高峻，主峰万佛顶海拔3 099米，从山脚到峰顶有50千米之遥。山深境幽处，千年古刹和道观隐现其间。

峨眉山原为道教圣地，相传始于东汉道教创始之初。时至唐代，佛、道并驱，峨眉的佛事香火也兴旺起来。明清时期，峨眉佛寺建筑文化达于盛期，成为供奉普贤菩萨的一方刹土。现存佛教建筑，主要有报国寺、万年寺、伏虎寺、清音阁和华藏寺等二十八处。

其中，万年寺创始于晋代。唐时称白水寺，宋称白水普贤寺，明定名圣寿万年寺。宋太宗太平兴国五年（980），造形体巨硕的骑六牙白象铜像，安放在白水普贤寺内，奉为镇寺之宝。铜像通高7.3米，重62吨，庞然大物，形象庄严。其中普贤体态丰硕，神情肃然，是一位胖胖而可爱的菩萨。

从建筑文化看，万年寺原有殿宇七重，规模不可谓不大，但数度兴废，如1946年大火焚之，现仅存一个砖殿，为明代遗构。1953年，山门和殿宇等得以重修。

万年寺砖殿遗制是一个无梁殿，在建筑技术和结构上有特别之处。殿高16米，边长15.7米。屋顶不作通常的坡顶，而如锅倒扣在其上，是因为无梁的缘故。中间为拱形，四周呈方形。该殿墙体以及窗棂甚至斗栱，全部以砖砌成，实在是一个别致的寺构实例，不可多得。

万年寺砖殿的墙体下方设佛龛二十四个，其形制类似于石窟寺。龛内各有一尊佛像，以铁铸成。墙体上方砌出横龛六道，供奉铜质佛像三百零七躯，造型小而古朴，做工尤精，是文物价值很高的宋代之作。

佛教圣境华藏寺所在地的金顶，海拔达3 079.3米，可以说是峨眉山佛教建筑的精华之一。

金顶全称金顶铜殿，为明代建筑遗构，建于明万历三十年（1602），由当时一方名僧妙峰禅师所建,资金由西蜀藩王潞安所捐献。

金顶铜殿高8米,面积为20.64平方米,重檐雕瓦,四周绣棕锁窗,通体由铜构件构筑而成,为国内仅见。金顶是华藏寺最重要的建筑。在历史上,金顶华藏寺遭到多次焚毁,如清代道光年间遭遇大火,仅有一通铜碑和王琉宗所撰集王羲之字《大峨山永明华藏寺新建铜殿记》、傅光宅所撰集褚遂良字《峨眉山普贤金殿记》留存。华藏寺被焚后,直至清光绪年间,才有心启和尚主持重修于原址,却是一座砖殿建筑。1972年4月8日,又遭焚毁。1986年重修,落成于1990年9月11日。

中国寺院自古至今一般都坐北朝南,新建金顶殿宇却坐东朝西,以示释迦佛西来之意。它庄严地雄立于峨眉山巅,地处险要,风景绝秀,可谓峨眉一绝。

九华幻境

安徽九华山佛教圣地始建于晋隆安年间。据传,有新罗(古朝鲜)国王近亲金乔觉(696—794)来华求取佛法,遂辟地藏王"显灵"道场,大造浮屠以奉佛礼佛。

九华山现存化城寺,位于九华山中心地带。其四周环山如围,有东崖、芙蓉峰、神光岭和白云峰等雄视四方。

九华山佛教建筑的始建,确切的记载,是晋代隆安五年(401)。当时,有一位天竺僧人怀渡在此弘传佛法,建一茅舍以备供奉佛像和自己栖身。据唐代隐士费冠卿《九华山化城寺记》,唐开元年间,僧人檀公曾居住于此,建寺称"化城"。唐至德元年(756),当地乡绅诸葛节购得檀公旧地另建新寺,邀来华新罗僧人金乔觉主持。金乔觉九十九岁圆寂,僧众称其为地藏化身。由此,化城寺便成了地藏菩萨的道场。

化城寺与帝王、朝廷的关系甚为密切。据吴英才、郭隽杰主编《中国的佛寺》一书所述,明洪武二十四年(1391),由帝王钦定扩寺为丛林。明万历年间,朝廷曾经先后两度颁赐《大藏经》于该寺。1603年,该寺住持僧量赴京,受赐紫衣。清代有池州知府喻成龙于1681年扩建此寺,使得化城寺成为九华山众寺之首。康熙帝曾经派遣内侍到九华山化城寺赐御书匾额"九华至境"并进香。1776年,乾隆赐题匾额"芬陀普教",以示关怀。

从建筑文化角度看,九华化城寺依山而建,前后四重进深。山门面阔五间,宽六丈,高二丈。进山门第一进为灵官殿,这是有些不同于一般佛教寺院的。"灵官"一名来自道教,这里是借用,反映出道教观念向佛教的渗透。第二进是天王殿,宽20米,进深20.5米,平面近似正方形。第三进是正殿,即大雄宝殿,进深也是20.5米,面阔大于进深,平面是一个横向长方形。该殿有"九龙戏珠"浮雕杰构,在佛寺文饰中出现龙像,可谓中国佛寺之一奇。龙作为中国原始图腾,其后成为帝王象征,这里出现龙像,是儒家政治伦理文化向佛教文化的渗透。正殿的正脊上,有彩瓷装饰,为葫芦造型。两端正吻,作鱼龙造型。

化城寺四进院落,依山势而步步抬高,使得整座寺院的空间序列层层递进,院院提升,条理清晰,错落有致。

作为地藏菩萨道场,九华山与别处寺院的不同之处,在于还有别具一格的肉身殿。一共三座,分别位于神光岭、百岁宫和双溪寺。神光岭的金地藏肉身殿尤为著名,藏有金乔觉肉身。据说,其九十九虚龄圆寂,肉身置于函而不腐,"颜色如生"。僧人便建石塔供奉,称"金地藏"。

独乐"意外"

天津蓟州独乐寺,取名于《孟子》。"独乐"的"乐",音yuè。佛寺取名"独乐",化裁孟子原意,示佛教空寂之境为别具之"乐"(lè)。

独乐寺始建于唐贞观十年(636),现存山门和观音阁重建于辽统和二年(984),这是梁思成先生最后考定的。

除了山门和观音阁,独乐寺其余建筑都是明清时期的。全寺可以分为东(左)、中、西(右)三大区域。东、西两部分,是寺院的辅助建筑,如僧房之类。中部一系,由山门、观音阁和东、西配殿等所构成。

独乐寺山门的不同之处,一是此门虽然空间不大,面阔三间,进深两间,但是在山门里,实际又辟出了两个空间,即前稍间和后稍间。前部左右两个稍间里,有两尊彩绘泥塑金刚力士像,孔武有力,是辽代作品;后部左右两个稍间里,有四大天王彩色壁画,气宇轩昂,是清代作品。由于没有天王殿,实际在山门中,是以壁画的形式显示天王殿的文化和佛教功能。

二是山门这一建筑的风格,是唐风在辽代建筑上的再现。斗栱巨硕,其长度居然是立柱高度的一半。尤其山门的屋顶,为庑殿式,是中国最早而极为罕见的"做法"。我们知道,中华大屋顶具有强烈的伦理色彩,庑殿顶作为五大屋顶基本形制的最高一级,一般在帝王宫殿如明清北京紫禁城的太和殿上才能出现,一座寺院的山门居然作庑殿式,这是绝无仅有的,可以说是一个难得出现的无视礼制的建筑现象。

观音殿实际是这座佛教寺院的主体建筑,其地位和品格,类于一般多见的大雄宝殿。而它所供奉的,却并非大雄释迦,而是以慈悲为怀的观音。

这是一座木构楼阁,设三层。其中第二层为暗层,外观好似两层楼阁。单檐歇山顶,23米高。阁内的空间其实不大,其中心区域下设一个须弥座,象征坚如磐石,金刚不坏,其高无比。须弥座上,耸立一尊观音泥塑立像,通高约16米,其头部直达三层的楼顶处,显得尤其高大。由于这一立像的头部塑出十个小型观音像,故称"十一面观音"。观音像的左右,有胁侍塑像各一,与观音像一样,都是辽代原构。

观音阁的下层四壁上绘满了佛教彩画,主要有十八罗汉立像,还有明王像,绘成三头六臂的样子。

在建筑技术和结构上,观音阁有立柱二十八根,里外两圈,有"侧脚"和"生起",以梁桁斗栱勾连,遂使这一木构建筑稳健而安固。

阁内空间与观音像尺度关系的处理有独到之处。试想在一个高仅23米的殿宇中,容纳了一座高约16米的巨型塑像,该是怎样的一种尺度感? 空间愈小而其中塑像愈大,在观感上,给人以高巨的感觉。

阁内以观音像为主,列柱四围,而柱头置放巨型斗栱,斗栱之上再架以梁枋,梁枋之上又设木柱、斗栱和梁枋,便将全阁的内部空间分为三层。于是,起于底层的观音立像向上穿过第二层即暗层,直抵第三层殿顶,在逼仄的空间中,凸显了观音像的高伟、慈宁和威慑的愿力。

在观音殿的北边,另设一座韦陀亭。这又是一个"意外"。一般寺院的韦陀造像在天王殿中弥勒坐像基座的相背处,它背对弥勒而面对大雄宝殿。可是独乐寺的天王殿,实际和山门合为一体,所以另设韦陀小亭。

这是一座攒尖顶亭,平面为正八边形。韦陀像取立姿,高近3米,站在约5米高、4米宽的亭子中,是明代原构。

独乐寺还有一座报恩院。其前殿,供奉一尊弥勒铜塑,将一般由天王殿正中所供奉弥勒的宗教崇拜功能,拿到报恩寺中来加以实现。不同之处在于此处并非一般寺院所塑的四大天王(四大金刚),而是中国佛教史上的癫狂之僧——寒山、普化、风波、济公。在报恩院的后院,居然供奉着"三世佛",便是释迦佛(居中)、东方琉璃药师佛(左)和西方净土阿弥陀佛(右),这又是一个"意外"。

报恩院始建于明代,重修于清乾隆年间,是一座四合院式的殿宇,亲切可人。

普宁气象

时值康乾"盛世",在河北承德避暑山庄四近,清朝廷一连修建了十二座皇家寺院,形制独特,规模恢弘。这十二座寺院是:溥仁寺、溥普寺、普宁寺、普佑寺、安远庙、普乐寺、广安寺、殊象寺、广缘寺、普陀宗乘之庙、须弥福寿之庙和罗汉堂。其中八座,喇嘛的日常费用由朝廷支出,受朝廷理藩院管理,有直接"吃皇粮"的特殊待遇,被称为"外八庙"*。

在"外八庙"中,尤以普宁寺为重要。

从平面布局看,普宁寺包括牌坊、山门、碑亭、钟鼓楼、天王殿、大雄宝殿、东西配殿、曼陀罗、大乘之阁、妙严堂和讲经堂等。

清帝乾隆平灭噶尔丹后,由于信仰藏传佛教,遂仿效藏传"三摩那"庙制,于乾隆二十年(1755)在河北承德修建普宁寺。

普宁寺面积33 000平方米,坐北朝南。这是一座汉藏合一的寺庙:前半部为汉式佛寺形制,有伽蓝七堂制的特点,此即自南至北,构成山门、钟鼓楼、天王殿、大雄宝殿与东西配殿等的空间序列;后半部为藏式喇嘛庙形制,从四十二级台阶拾级而上,筑大乘之阁于高台之上。

这里有木雕大佛,其四周,是日殿、月殿,代表日、月;设台殿四座,象喻佛教四大部洲;有白台八座,象喻八小部洲;还有四座喇嘛塔,主题依次喻示黑、红、绿、白"四智"。凡此,构成一个"曼陀罗"(坛城)的佛教世界。

一般寺院,以山门为整座寺院建筑群落的起始,承德普宁寺却在山门之前设牌坊三座，是比较特别的"做法"。普宁寺的山门面阔五间，中间三间为石刻拱门，以黄琉璃瓦覆顶，其屋顶为歇山顶式。正中拱门的门楣上，高悬"普宁寺"三个大字，为乾隆御笔。山门内，立金刚力士像，左右各一，皆为木骨泥胎，高近4米半。

过山门北进见碑亭，这又是普宁寺的特别之处。一般寺院不设碑亭，但这是皇家寺院，好比明十三陵的长陵也设碑亭一样，用以歌功颂德。碑亭平面为正方形，面阔与进深都是三间制，不甚高大而给人坚固、敦实之感。它以黄琉璃瓦覆顶，殿顶为歇山重檐式，坐落在石质须弥座上。须弥座高1米。碑亭的四个立面上，辟有拱门四座。亭内三通石碑耸立，中为普宁寺碑，左右为平定准噶尔与勒铭伊犁之碑。

三碑皆以满、汉、蒙、藏四族文字书写刻石，国内仅见。

普宁寺佛教文化及其建筑的"重头戏"，是曼陀罗。这是一种依教义与佛教信仰想象而成就的"世界"，以建筑形制加以表达。曼陀罗，梵文音译，意为"坛"。此坛建于四十二级台阶之上。曼陀罗的中心建筑是大乘之阁，其主立面面阔七间，进深五间，37.4米高，南六层檐，北四层檐，下设以抱厦，给人以重实如山岳一般坚固不移的感觉，是妙高无比、金刚不坏、处于世界之中心的须弥山的象征。

大乘之阁内有一座"镇寺之宝"——千手千眼观音立像，是全世界佛教寺院中最高大的金漆木雕作品，高22.88米，雕造时，用木材120立方米，重达110吨。

千手千眼，指观音有手四十，每手一眼，一眼能尽二十五种因果，故 $25 \times 40 = 1\,000$。实际上，大乘之阁的观音像，除合掌的两手，其背后还塑有圣手左右各二十，面部有三目（一目在两眉之间），两侧凡四十只手，上各有一目，实际共有四十三目。以圣手四十二和眼目四十三，象喻观音"千手千目"而洞察一切。

佛塔挺立

塔，一般指佛塔，一种古老而中国化的佛教建筑文化的空间型类，其文化理念源于印度佛教。千百年来，佛塔以其特有的建筑造型，屹立于大江南北、边陲内地，往往成为古迹名胜而邀人瞻仰欣赏。

中国化

佛塔的中国化，是随着佛教中国化而来的一种建筑文化现象。

中国佛塔的建造理念，源自印度佛塔"窣堵坡"。窣堵坡，本是印度佛教释迦佛圆寂之后所建造的一种佛教建筑样式，用以掩埋、供奉佛舍利。后来，凡表彰神圣、礼佛崇拜的场所，多有佛塔的建造。

公元前273年至前232年，是印度的阿育王时期，阿育王好佛，遂使佛教大为兴盛，便大造佛塔，据说竟然达"八万四千"之多。这当然并非确数，只是极言其多罢了。

在今印度马尔瓦省保波尔附近的窣堵坡，印度佛教称"山奇大塔"，可仿佛想见其原貌。

中国佛塔文化，是印度窣堵坡的中国化、本土化。在塔刹、塔身、塔基与装饰艺术以及平面、立面和体量等方面，二者大异其趣。"我们把中国佛学看成是印度佛学的单纯'移植'，恰当地说，乃是'嫁接'。两者是有一定距离的。这就是说，中国佛学的根子在中国而不在印度。"（吕澂《中国佛学源流略讲》）中国佛塔也是如此。

中国佛塔的宗教崇拜兼审美的文脉联系，在历史的陶冶中，已经大大注入了中华民族的文化方式、内容和精神。

印度山奇大塔

　　相传洛阳白马寺塔和三国时笮融在徐州营造的浮屠祠，都是最早的佛塔。当时的塔，营造在寺院的环境之内。这种寺塔合建的建筑形制，脱胎于印度支提窟，只是把原先支提窟的中心塔柱，演变成中土方形平面的佛塔，由印度的地下"支提"，变成了上升到地面的中国佛塔，而且与塔相关的寺院平面，脱胎于中国民居的形制。

　　中国佛塔的平面，起初为方形，这是因为当时的中国坟墓也是方形平面的缘故。根据所用材料的不同，有木塔、砖塔、砖木混构塔、琉璃塔、石塔、铁塔、金塔、银塔、玉塔等。其位置早期在寺院的中心，为寺、塔共建，后来觉得这样做其空间太逼仄，于是寺、塔分建，或者只造寺不造塔，只造塔不造寺。

　　中国佛塔的平面，多取正四边形，象征四大皆空；正六边形，象征六道轮回及其破斥理念；正八边形，象征八正道；正十二边形，象征十二因缘及其破斥理念；圆形，象征佛教的圆寂、圆教和圆圆海等教义。

佛塔的构成

大凡一座佛塔,由塔基、塔身和塔刹所构成。

塔基包括地宫和基座。地宫一般以石、砖等砌成,其建造灵感来自中国陵丘的地穴,有时称"龙穴""龙窟",以龙为名,体现了中国龙文化的文化根因与王权至上。地宫有实用性功能,可以藏纳佛像、经卷和舍利子等,都密封在石函之中。尤其珍贵的舍利子,往往藏于金银、玉器之内。

塔基作为塔的基座,露明于地面,以坚固为要。现存最早的北魏河南嵩岳寺塔的塔基十分低矮,据考古发现,仅为约20厘米。还有的似乎没有塔基,实际是整座佛塔下沉的缘故。自从唐代起,塔基日渐增高,这在技术上是一个进步,增加了塔的稳固程度。在崇拜兼审美上,使得塔的空间形象更为崇高。从俗谛看,塔基用以负重,不可或缺;从真谛看,塔基象征"金刚不坏"的佛法。塔基被称为须弥座,象征永固长存、居世界中心和崇高无比

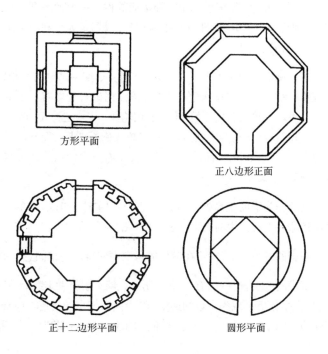

方形平面

正八边形正面

佛塔基座平面举隅

正十二边形平面

圆形平面

的须弥山佛教境界。

塔身是佛塔的主要部分。佛塔多样,塔身造型各别。楼阁式塔的塔身立面节奏感强,塔的檐角起翘,檐部呈向上之弧线形,有的在起翘的檐角上系有铃铎,风吹铿然,大有"梵音到耳"的神秘感和美感。密檐式塔因为檐层紧密而显得节奏快促,又因其出檐很短而使得整座塔的造型有浑然之貌,俗称"炮弹形",北魏嵩岳寺塔便是如此。无论平面为圆形还是多边形的密檐式塔,都有一种冲天的动感,檐层更多的塔例更是如此。覆钵式塔塔身巨硕,有一个"大肚子",其立面节奏伟岸而圆融,一般呈白色,有圣洁之感。

塔刹是全塔最高处,通常为杆形,但是不同于西方中世纪教堂那样的尖顶。教堂尖顶往往为十字架形,有的有许多尖顶而以最高的为主,象喻信徒与上帝的"对话"。佛塔的塔刹,又称乞叉、乞洒,为梵文音译,指万法尽不可得与一切文字言语无可言说义。《金刚顶经》说:"一切法尽不可得故。"《文殊问经》云:"称乞洒字时,是一切文字究竟无言声。"

刹,又称刹土、田土,指佛国,是佛教精神的皈依之处。塔刹冠表全塔,象喻佛土、佛国、佛境。

塔刹凌云,直指苍穹,崇高、神圣而静穆。一般的塔刹,又自成一个小塔,其构造由刹座、刹身和刹顶组成,即以刹座为刹基,以刹身为全刹的主体,其上可有诸多圆环,称相轮、金盘或承露盘。

不同佛塔的相轮大小不一,多少有别。早期中国佛塔的相轮多的可有数十,少的仅三五重。被火焚的洛阳永宁寺塔的相轮,据记载竟然有三十重,而时代更早的四门塔,只有五重。大致从唐代开始,佛刹的相轮数,以一、三、五、七、九、十一、十三为多见。所谓十三相轮制,是喇嘛塔刹的常则,以象喻佛教"十三天"义。十三天,有"十三空"义,指内空、外空、内外空、有为空、无为空、无垢空、性空、第一义空、空空、大空、波罗蜜空、因空、佛果空义。

刹顶作为塔的最高处,一般由"仰月""宝珠"组成,有的称"水烟",其实是为避雷火而在命名上所施用的文字禁忌,有点儿"巫"的意味。

塔刹的审美意义,在于在崇拜的氛围中使得塔的空间意象更显得玲珑而多姿。

从塔的檐层看,一般有一层、三层、五层、七层、九层、十一层、十三层甚至十七层的不同,大多数塔呈现为奇数的递增,绝少偶数檐层的佛塔。尚奇成为中国佛塔不同檐层制度的通则。早在殷代,当关于"间"的建筑观念初起时,"一座建筑的间数,除了少数例外，一般都采用奇数"（刘敦桢主编《中国古代建筑史》）。葛洪《抱朴子》云："道起于一，其贵无偶。"个别塔例，其外部造型似乎是偶数檐层，实际有一个暗层，依然是尚奇的。

佛塔的类型

佛塔形制多样，以楼阁式、密檐式与覆钵式为多见，还有亭阁式、金刚宝座式、花式和过街式等多种。

楼阁式塔最具中国之风。其造型巨硕，历史悠久，吸取中国传统建筑的楼阁制度与理念最为鲜明。《说文》："楼，重屋也。"重屋，即多层屋檐，实际起始于原始巢居，由巢居发展为干阑式建筑样式，就是一屋之下部为数柱（通常为四柱）支撑，其上建屋，屋宇反翘。所谓阁，也是传统的楼宇样式，通常四周设槅扇或者栏杆回廊，所谓"高台层榭，接屋连阁"（《淮南子·主术训》）是也。

阁，可供登临远眺。楼阁之制，以三层以上的多层为基本造型，阁宇一般为人字形两坡顶，阁檐出挑而反翘是其基本特征，壮观、优美而舒展。

楼阁式的最大造型特征是塔檐出挑，檐角起翘，层与层的间距尚大，塔身为多层楼阁。无论木构还是仿木构的砖木混合结构佛塔，塔檐都出挑深远，给人以强烈印象。楼阁式塔的内部设有楼层、楼梯或者石梯，可供上下。也有个别暗层。在审美上，楼阁式塔有飘逸的美感，关于这一点，读者只要去瞻访一下上海松江方塔即可领会。

密檐式塔的造型特征，一是檐层紧密，从第二层以上，塔檐层层叠叠，各层之间的距离尤为短促。

二是塔身的第一层尺度特别大，成为全塔的重要特征之一，在这里，集中了比如佛龛、像雕以及雕柱、斗拱和门窗造型的雕塑装饰。

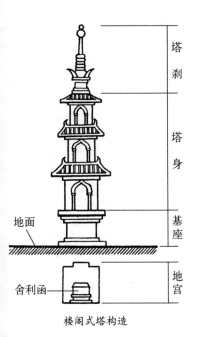

塔刹

塔身

基座

地面

地宫

舍利函

楼阁式塔构造

1 密檐式塔(北京天宁寺塔)

2 覆钵式塔(北京北海琼华岛白塔)

3 镇江过街塔

三是密檐造型实际由楼阁制度发展而来，由于木构变成了砖筑，材料出挑的性能较差，所以密檐式塔的檐与檐之间的距离大为缩短，而且塔的檐角出挑程度不能过大，短檐是密檐式塔的基本造型，这造成了这一塔式浑朴的美感。

四是因为这一塔式檐层很短，不供登临眺望，人无法在塔上站立、行走。即使有的塔例，如嵩岳寺塔、小雁塔等塔身内部是"空心"的，故而塔身内部有阶梯可供上下，但是并非为了登临之用，而是内部结构的需要，且利于修缮。

五是辽代之后，中国密檐式塔渐渐消亡，塔内的结构不再是"空心"而成为"实体"（实心）塔。塔身下部加筑了一个须弥座，尺度高大，有的甚至在第一层塔身上增添了许多雕饰如佛龛、佛像、菩萨、飞天和力士之类，做出门窗、立柱和斗栱等造型，将楼阁式塔的一些"语汇"表现其上。

覆钵式塔的造型意象，象征意蕴葱郁。所谓覆钵，就是一个倒扣的钵形。钵是佛教的法器之一，梵语"钵多罗"（patra）的音译简略语，是比丘的食具。钵和衣（袈裟），同为佛教名物，所谓传其衣钵，就是指佛法、佛统的传承。

覆钵式塔的塔身为覆钵形，其上安放硕大的塔刹，塔身之下，是须弥座造型，而覆钵的造型，让人依稀见出坟丘造型的遗制。

早在北魏时期，覆钵式塔已经在云冈石窟和敦煌石窟壁画中现其踪影，真正繁荣于元代喇嘛教广泛传布之时。当时西藏地区喇嘛教盛行，内地随之而起，覆钵式塔多有建造。现存北京妙应寺白塔是覆钵式塔的代表之作。明清时期，这一类型的塔仍时见于中华大地，在崇拜兼审美上，很有力度感。

再来简析一下过街塔。这一塔式，可以说是很中国化、本土化的一种佛塔。它不是建造在山巅、水畔人烟稀少之处，而是多见于人烟稠密的街道、衢路之上，是一种横跨道路两旁的塔。其造型与一般佛塔不同，它的下方实际是一个门洞，是佛塔形制和传统城关建筑的结合。江苏镇江有一个云台过街塔，横跨在一条通向长江渡口的道路上，由上下两部分构成，下部是一个门式的建筑，上部是一个小型的喇嘛塔，塔下部设门洞，以便行人通行。广东韶关有一个过街塔，还有承德普陀宗乘之庙内外诸多塔门都是过街塔例。

过街塔的人文理念，是礼佛的"方便"。佛教有禅定、念佛、跪拜、焚香、吃斋等修持方式，这一切在过街塔这里，一概都免了，都是"繁文缛节"。无论王公贵族、文人士子，还是引车卖浆者流，不管男女老少，只要在塔下经过，就算礼佛、崇佛一次，从而积下功德，岂不"方便"？

文峰塔，也是一种特殊的塔例，多建造于风水尤胜之处，状如一支笔尖向上的毛笔，各地多见。文士赴考，举子及第，据说文峰塔能带来好运。

　　各种类型的佛塔，往往多有装饰。有的在塔身雕出佛龛，在其中雕满无数佛陀形象，俗称"万佛塔"；有的雕以种种本生故事人物情节和八正道等佛法的说教场面；有的饰以莲座造型，因莲花为佛教名物之故。尤其花塔，立面或者贴以彩色琉璃，具有繁丽而神秘的装饰之美。当然，也有许多佛塔是朴实无华的。

　　佛塔上的装饰，使得佛塔的宗教主题更为鲜明。南京栖霞寺舍利塔建于隋代，平面为正八边形，塔身造型的表面莲花纹饰铺陈其事，手法细腻，且刻有佛像与龙、凤、狮等形象，庄严华美。其基座上，雕刻有"释迦八象图"，即白象投胎、树下圣诞、离家出游、禁欲苦修以及禅定、降魔、说法、圆寂等，以雕刻艺术的形象，重现佛祖的生平故事。人在塔下伫立或者行走，会产生塔身压顶的感觉，加上佛塔的繁丽装饰，与整座塔崇拜兼审美的人文诉求浑然一体。

塔的演替

　　从相传东汉洛阳西雍门外白马寺壁画有"塔"的形象呈现，从汉献帝时期的笮融可能造塔到清末，佛塔作为中国古塔的绝大多数*，在弘宣佛教的同时，又渗透道、儒等的人文理念。

　　"在表现并点缀中国风景的重要建筑中，塔的形象之突出是莫与伦比的。"（梁思成《图像中国建筑史》）

　　据有关文献和实地考察，中国佛塔的形制，早期都是木构的，类于楼阁，平面取方形。而木构所能达到的高度，决定了佛塔的高度。木构的缺点，是易被火焚，故而渐渐被砖石形制的塔所替代。当然，这种形制的塔的内部，也可能有一定的木构如木梯之类。由于这一点，现存塔例，除了极个别的如辽代应县木塔以外，一般都是砖石或砖木结构的。

　　梁思成《图像中国建筑史》说："砖石塔的演变大致可分为三个时期：古拙时期，即方形塔时期（约500—900年）；繁丽时期，即八角形塔时期（约1000—1300年）；杂变时期（约1280—1912年）。

*　中国古塔，绝大部分是佛塔，也有些是道塔。又如，福建晋江石狮镇东南5千米处，有一建于南宋绍兴年间（1131—1162）的姑嫂塔，表现的是儒家伦理。此塔又名万寿宝塔、关锁塔。

与我们对木构建筑的分期相似,这种分期在风格和时代特征上必然会有较长时间的交叉或偏离。"

"古拙",指风格简朴古素。塔为木构,其造型,一般都是正方形平面,以单层为多见,这是受材料、结构和技术的限制。这种类型的塔,一般较少装饰。

"繁丽",是就"古拙"而言的。特点是,平面由方形趋于正八边形,始于五代、北宋。在结构上,以砖石相构,塔的内部由砖石砌就,外部以叠涩做法,做出檐层。由于是砖石结构,檐部很短很密,形成密檐。虽是砖石结构,但在建造理念上,依然表现出对于木构的模仿。关于立柱、枋、檐、斗栱、券、门、窗、栏杆和回廊等造型,在塔的外部装饰中模仿性地做出来,加上种种佛教雕像甚至彩绘等因素,美化其上。塔刹等部分,也做出多样而繁复的装饰。

"杂变",流行于"古拙""繁丽"之后。全国地域广大,佛教流派甚多,遂形成多种风格的塔。蒙元立国,喇嘛教风靡天下,促成喇嘛塔的盛行。北京妙应寺白塔,是现存最典型的喇嘛塔例。其外形为瓶形,建于高台之上,台基为须弥座,塔肚巨硕而颈状的"十三天"十分醒目。"自1234年金亡之后,密檐塔突然不再流行,而被多层塔所取代。在明代,这类塔的特点是塔身更趋修长,而各层更显低矮。在外形上,塔身中段不再凸出较少卷杀,通体常呈直线形收分僵直;屋檐的比例比原来木构小得多,出檐很浅,而斗栱纤细甚至取消,使屋檐沦为箍状。这类塔实例很多。"(梁思成《图像中国建筑史》)

"杂变"时期中国佛塔的变化大势,是随着宋明理学的盛行而变化。理学,使得中国文化的"神经"渐渐严谨而整肃。从北宋的《营造法式》到清代的《工程作法则例》,都对建筑做法作了严格的规定,"材分"制度等都渗透着严格的伦理规范。斗栱变小了,不再是唐代五台山南禅寺大殿那样硕大雄浑;坡顶由平缓舒展而渐渐变得峻急、耸立,给人以紧张、严立的感觉。在塔制上,由于技术的进步,有可能使得佛塔建造得更高大。理性过甚,便造成"通体常呈直线"甚而"收分僵直"。佛塔的"晚景"来临了。然而这是黄昏来临之前的晚霞,依然有它别样的美丽。

这一"杂变"时期,塔的形制多变是一个特色。除了密檐式、楼阁式塔外,喇嘛塔、金刚宝座塔、花塔、过街塔、文峰塔等多种塔制,都登上了历史人文舞台。

拔地而起　凌空而立

现存最古老的塔例,当数河南登封北魏嵩岳寺塔。梁思成引用刘敦桢的研究成果说："（河南登封嵩岳寺塔）北魏孝明帝正光元年建，为国内现存最古之砖塔。"*

嵩岳寺，坐落于中岳嵩山，曾经是一座名刹，建于北魏宣武帝永平二年（509），香火特旺。在隋文帝执政时，但称闲居寺。601年改名嵩岳寺。嵩岳寺塔，大约建成于闲居寺扩建之时。

嵩岳寺塔现高39.8米，塔基低矮（可能是沉降之故）。塔身的下部即其第一层高大，是平坦的壁体，其上为叠涩檐。上部角隅处有一根倚柱，柱头有火焰宝珠覆莲纹饰，倚柱之下是平台和覆盆柱础。第一层的四个立面（处于四正方向）设置门样，其余八个立面各有一个单层方塔造型的壁龛，壁龛做得很醒目，凸出于塔壁。第一层以上，是密檐式向上发展的层层叠涩檐，每层檐的周长向上逐渐缩短，使得整座塔的外观呈现向上的抛物线型，浑秀而优美，构成美的韵律。

嵩岳寺塔的塔刹以宝珠、相轮和仰莲造型做成，成为全塔一个优雅的"句号"。这座名塔，主要以青砖、黄泥砌成，千百年风雨沧桑，使其呈现为质朴的浅黄色外观，静静地守护着历史。其平面本为正十二边形，但因年代久远，便"琢磨"成层层密檐式的圆弧形，给人以柔和、质朴而灵逸的美感。

塔势如涌　孤高耸天

唐代诗人岑参有诗云："塔势如涌出，孤高耸天宫。登临出世界，蹬道盘虚空。突兀压神州，峥嵘似鬼工。四角碍白日，七层摩苍穹。下窥指高鸟，俯听闻惊风。"这是诗人登临唐慈恩寺塔，即俗称大雁塔时的审美感受。

慈恩者，父母生育之慈恩也，原指唐高宗李治仰亲母之恩惠、追念其母而修造一寺的命名。慈恩寺塔，是佛、儒合流的一个作品，建于高宗永徽三年（652），又与玄奘东归相联系。

河南登封嵩岳寺塔

玄奘归国后潜心译经授徒,打算建一座石塔,用来储存由印度带回的梵文佛经典籍以及其他名物,然而当时造塔的石料一时难求,且造价不菲,于是权且先造一个土心砖塔,不久便倾废而不用。701—704年,正值佞佛的晚年武则天执政时期,便拆除残塔加以再造,成就以青砖木构为材料、结构的七层方塔,取楼阁式,塔内有盘道梯级可供登临,岑参的诗,即写于此时。大历年间,此塔曾经改为十一层,后经战火,残存为七层。至明代,又遭损坏,于是在塔的外部砌面砖加以保护,这便是慈恩寺塔今日的模样,给人的感觉很雄伟,又似乎有些笨拙、刚硬,其实不是它的本来面目。

现存大雁塔外表平面近似正方形,是唐人喜欢的佛塔平面。方形,显得方正而大气。全塔总高为64米,基座东西45.9米,南北48.8米。整塔造型十分磅礴而雄强,可谓大唐气象。

塔的南立面两侧镶嵌有太宗生前亲撰的《大唐三藏圣教序》和高宗所撰《大唐三藏圣教序记》碑两通,是唐书法大家褚遂良的手笔,名碑配名塔,不同凡响。

大雁塔闻名天下,还曾与举子及第登塔题名有关。按唐代风俗,大凡高中者,皇帝赐游,登临此塔以抒豪情,饱览大好河山,并题名于此,称"雁塔题名"。

与大雁塔齐名的,是唐长安的小雁塔,又称荐福寺塔,初建于唐文明元年(684)。因为有大雁塔初建在先,其位置与大雁塔东西相对,故俗称小雁塔。小雁塔的好处,是保存了唐密檐式塔的原貌。

小雁塔的平面为正方形,象喻佛教四圣谛。这是一座高约46米、十五檐层的密檐式塔,主要以砖筑成。但现存残高43米许,塔基每边约12米,第一层尤为高显,给人以强烈的耸峙之感。第一层南北各辟一门,其门为石制,雕以蔓草纹样。以上所有檐层不辟门,仅在南北方向各设窗户一扇,以便通风采光。所有檐层都以叠涩之法向外挑出,下设菱角牙子,其上再叠出一层挑砖,凡十五层,造成每层塔檐向内的弧线形优美韵律。从第六层起,塔身向上收分的趋势加大,使得全塔造型渐渐趋于圆浑的态势。

小雁塔的结构特点,即第一层南北设门,第二层以上南北设窗,影响了全塔的坚固性,曾经多次遭到地震的损毁。塔顶部分损毁比较严重,从塔顶到塔身开裂一尺多,所幸塔基未遭破坏,全塔的重心尚无明显倾斜。

木构杰作 峻极神工

嵩岳寺塔是我国现存最古的一座砖塔,山西应县城内西北的佛宫寺释迦塔(俗称应县木塔），则是我国现存最古老的一座纯木构的佛塔，尤为难得。

应县木塔，建于辽清宁二年（1056），据传说，是由一个名"田和尚"的僧人奉敕募款而建，可谓功德无量。

应县木塔总高约67米，纯为木构，是中国也是世界古代纯木构建筑之最高巨者。此塔平面为正八边形，象喻佛教八正道。外观为八角五层密檐式，兼有暗层四级，实际上是一座九层大奇之塔。

应县木塔达到了中国木构技艺的最高成就。全塔纯为木作，不施一颗铁钉或铜钉，高超的木构榫卯技艺令人叹为观止。

早在大约七千年前的浙江余姚河姆渡文化遗址中，就曾经出土中国远古的干阑式建筑构件，其中有木构榫卯的遗存。木构是中国土木建筑的生命所在，是木质材料、结构和技艺的主旋律之一。

时至辽代，这种木构榫卯技术已经发展到圆熟的境地，瓜熟蒂落，应县木塔应运而生。

一般中国古建筑建造在一个台基上，应县木塔却建造在两层台基之上，这是一个特别之处。这两层台基总高4米，以石为材，无疑增强了木塔的抗震性能。

山西应县木塔（佛宫寺释迦塔）

塔的立柱为内外两槽制,构成一个双层套筒式的木结构,而且柱头之间以栏额和普柏枋相构,柱脚与柱脚之间,有地栿之类构件以榫卯相连,内槽和外槽之间,又有梁枋相构,暗层之内施以大量斜撑,所有这一切,都大大加强了构件和构件间的相互拉力,以及塔结构的坚固性和整体性,这便是其近千年来历经风雨而不摧的"奥秘"。

在审美上,应县木塔作为一座辽塔,充分体现了辽代建筑文化的一般特点。辽建立于中国北方,在年代上去唐未远。所以,辽代建筑尤其宫殿和寺塔等,多染唐风。唐代建筑的磅礴大气,曾经深刻地影响了辽代建筑,应县木塔具有大气风范,也就不奇怪了。

应县木塔可供登临。历史上,不少帝王曾经登临其上而眺览大好河山。元代至治三年(1323),英宗途径应州,登塔凭眺。明成祖朱棣曾赐书"峻极神工"匾额,叹其鬼斧神工,那是永乐四年(1406)北征登塔时所书。明武宗朱厚照也在正德三年(1508)登临此塔,赐题"天下奇观"四字,其墨迹,至今留存于第三层的塔檐之下。

"几疑身在碧虚中"

料敌塔,又称瞭敌塔,是又一座佛塔的代表之作。它还有一个大名,叫开元寺塔。此塔建于北宋。有僧人会能从西天竺东归,在宋真宗咸平四年(1001),请示朝廷而建造开元寺、塔,建成于宋仁宗至和二年(1055)。千百年来,原开元寺早已不存,唯有开元寺塔屹立在河北定州市南门内侧,向人"诉说"其漫漫岁月的苍凉。

北宋与北方的契丹军事冲突严重时,定州处在军事要冲。开元寺塔建在一处高地上,全塔高达84米,可以居高临下,登塔瞭望敌情。

可以说,这是现存中国古代最高的一座佛塔。

此塔平面为正八边形,结构上分内外两层,内层中心正八边形柱体内设有砖阶,可以直达塔的顶层。全塔为十一层制,每一层都有游廊环绕,可供登临远眺,当然,从实际用途看,确有"瞭敌"之用。

在空间造型上,这座楼阁式砖塔十分挺拔,虽重实而造型巨硕,却显露出一股秀逸之气,颇具唐塔遗韵。

第一层塔身较为高耸,使得全塔有耸峙之感。第一层塔檐设平座,第二层及以上,只有塔檐而不设平座,塔檐出挑不够深远。由于是内外层相衔接,又以回廊相构,形成了所谓塔内藏塔的结构制度,是其千年稳固的原因。塔以砖层层叠涩而成,其断面富于明显的凹曲韵律感。全塔原呈白色，比例匀称，结构严谨。九层以下各个层面的东南西北四个方位饰以假窗。又在其外部各层的门券之上装饰以彩色火焰纹样。而塔顶是一个雕饰以忍冬花纹的覆钵造型。其上，安置了铁制的承露盘和青铜质料的塔刹。

从料敌塔的底层看，有双重型檐。底檐用砖砌就，其上层是砖雕，设有仿木构的三跳斗栱，施彩绘图案，其上做出叠涩出檐。塔的里面，首层设回廊，廊内有壁画，是北宋原作。

料敌塔的最大特征，是有高峻临风之美。古人有诗赞曰："每上穹然绝顶处，几疑身在碧虚中。"

在历史上，料敌塔曾经遭遇十次地震之灾，其中清光绪十年（1884）那次比较严重，据罗哲文《中国古塔》一书，地震使得"塔的东北外壁忽然崩塌下坠，其原因可能是这一部分塔基残坏，加上以往曾多次地震，使上部结构开裂而造成的"。岂料，这意外地让人发现了塔的内部结构，"塔的中央好象是一根上下贯通的砖柱，砖柱的外形也是一个塔的形状，被称为塔内包塔"。这种结构，在中国佛塔中是绝无仅有的。

硕大浑雄之趣

妙应寺白塔，位于北京西城区阜成门内大街之北。妙应寺始建于辽代寿昌二年（1096），与寺同时所建的塔，到元代至元八年（1271）由元世祖毁而重建，这便是现存大型喇嘛塔——妙应寺白塔。

元代盛行藏传佛教（喇嘛教）。喇嘛为藏语"上师"的音译。上师，藏传佛教对大德高僧的尊称。藏传佛教始于8世纪。当时，有印度佛教僧人寂护、莲花生等到西藏传播显、密二教，9世纪时，西藏佛教为赞普朗达玛所禁。10世纪后期，在吐蕃新的领主扶持下，藏传佛教得以复兴，且逐渐流布于汉地。在教义上，藏传佛教是佛教与西藏原有苯教长期斗争、影响的产物。13世纪后期，元朝统治者大力提倡藏传佛教，并入传蒙古地区。其教义，宗大小乘且以大乘为主。大乘显、密兼具，而尤重密宗，以无上瑜伽为最高修行次第。其主要派别，有格鲁派（黄教）、宁玛派（红教）、噶举派（白教）和萨迦派（花教）等。

藏传佛教在教义、教律上不同于一般佛教，造成了喇嘛塔独一无二的空间造型。北京元代的妙应寺白塔，是中国现存最古、最大、最典型的一座喇嘛塔。

该塔的特别之处在于：一，建造在一个高大的须弥座之上，由台基（须弥座）、覆钵形塔身和"十三天"相轮的塔刹所构成。其空间造型,既不是密檐式,又非楼阁式,而是将须弥座这一塔基做成三层方形折角的造型。

二,塔身平面为圆形,有一个尤为巨硕的覆钵形,俗称"塔肚",成为全塔的注目中心。该塔肚带有印度窣堵坡一般的造型遗韵,其外形尤其硕大而稳健。塔肚之上的塔刹,造型突然收缩,形成劲细之态。塔刹,由刹座、刹身和刹顶三部分构成。刹座,实际是一个须弥座,不过是劲细而小型化的,人们称其为"塔脖子"。其上安置刹身,即由所谓十三天构成的十三重相轮。相轮之上,是刹顶,覆以平面为圆形的宝顶。宝顶为铜质构件,也称华盖。妙应寺白塔的刹顶,实际是又一座小型喇嘛塔,强调了对于窣堵坡原型的佛教信仰。在这一刹顶之上,留存着一则题刻,有"至正四年仲夏重修"字样。

三,一般佛塔,由地宫、塔基、塔身和塔刹组成,并且一般佛教名物,比如舍利函、经卷、佛像以及其他如宝珠、衣冠等,均藏纳于地宫。妙应寺白塔的地宫,自古未曾言及。而诸多佛教名物,已经在塔顶铜制的小型喇嘛塔中发现。1978年此塔维修时,曾在塔顶发现乾隆年间的一批珍贵佛教名物,包括乾隆所赐僧冠、僧服和佛经等。在塔顶华盖处,还发现当年工匠修塔时可能故意留下的一对瓦刀和抹子,这倒很有意思。

四,中国佛塔中,绝大多数是中国工匠的作品,出于外人之手的绝无仅有。而妙应寺白塔,是由元代入仕于中国朝廷的尼泊尔著名工匠阿尼哥设计并主持修造的。

妙应寺白塔仅高50.9米,但硕大而浑雄,通体白色,给人以充满佛教氛围的圣洁之感。其空间造型,敦厚重实,尤其在塔肚及以下部分,给人的感受是岿然稳健,坚如磐石,有"金刚不坏"的意蕴。其上部突然细劲,造成审美上下对立而又呼应的态势,其间所呈现的奇妙的神圣感,既是属于佛教信仰的,也是属于审美的。

莲花之饰　佛性空幻

天宁寺塔,位于北京市广安门外。关于此塔的建造年代,据清康熙、乾隆时的有关碑记,时在隋代。罗哲文等认为,从现存之塔的结构、造型分析,此塔与北方辽金时的佛塔相类,故"天宁寺塔应是辽塔。其相对年代,因其形状与房山云居寺南塔极相似,而该塔建于辽天庆七年(1117),故此塔大致亦在此时前后"(罗哲文、王振复主编,杨敏芝副主编《中国建筑文化大观》)。而梁思成认为,"繁丽"时期的密檐式塔,是北方较常见的一种塔型。"这类塔最著名的一例是北京的天宁寺塔。在其须弥座之上还有一层莲瓣形平座。塔上假门两侧有金刚像,假窗两侧则有菩萨像。塔建于11世纪,后世曾任意重修。"(《图像中国建筑史》)

北京天宁寺塔，仅就其佛教审美文化性格而言，达到了很高的佛性境界和建筑审美水平。

从空间造型看，此塔平面为正八边形，是一座十三檐层的密檐式塔。高57.8米，基座做成须弥座，甚为高大，即"露明"明显。须弥座下部的束腰处，刻出壶门模样，有花饰和浮雕之象，其周匝为平座，雕以栏杆、斗栱。

在须弥座塔基上，又雕以三层仰式莲瓣，佛教氛围和意蕴甚为浓郁。塔的首层形体高耸，是一般密檐式塔的基本特征。其上，是紧窄而递进的十三层檐，与首层的高耸，构成了疏密的强烈对比。檐与檐间层层相叠，相距较小而没有门窗的安设，且每层檐从上到下逐层收分，收分的程度比较小，使得全塔的空间造型富于韵律感，给人以雍容华贵而安闲的感觉。须弥座、首层的塔身、向上密密十二层出挑并不深远的塔檐和塔顶所安放的结顶宝珠等，在建筑"语汇"的处理上，收放有致，疏密有序，构成全塔的浑然整体感，在壮美之中，透出一股风度高雅的灵秀之气。

天宁寺塔的装饰，主题重在莲花的佛性意味。基座上的仰莲之饰，在塔刹上再次被强调，塔刹上又有砖雕的两层仰莲，凡此都在突出莲喻佛性这一主题。

佛教各宗，都以莲花象喻佛性佛境。天竺有四种莲花，即优钵罗花、拘物头花、波头摩花、芬陀利花，依次为青、黄、赤、白之色，象法佛的清净、圣洁，出淤泥而不染。诸佛又以莲花为台座，摩耶夫人坐在莲床上，于是降诞，莲座即佛的坐床，莲花台座就是佛座。《华严经》云："一切诸佛世界，悉见如来坐莲花宝师子之座。"所以天宁寺塔用仰莲装饰须弥座，并不是偶然的。

石窟邈远

窟的本义是"土室",指初民所居住的地穴。《礼记·礼运》说:"昔者先王未有宫室,冬则居营窟。"初民在地势高爽的地方挖洞,为地下之窟,后来在地势低下的地方累土结茅为窟,称地上之窟。唐孔颖达解释说:"地高则穴于地,地下则窟于地上,谓于地上累土而为窟。"把两种窟的制度都说到了。窟是原始穴居的一种样式。这里说的石窟,是指为礼佛而在荒山野岭人工开凿的石窟寺,且在崖壁上雕凿种种佛的形象和佛教绘画作品,具有浓重而古悠的佛教氛围,它是中国佛教建筑的一种特殊样式,其建造理念源自印度,却是中国化、本土化了的。

历史履痕

古印度石窟寺作为礼佛的建筑环境,有"支提"(caitya)和"精舍"(vihara)两种样式。前者的平面,前方后圆,俗称马蹄形,入窟见一个长方形平面的空间,是信徒诵经礼佛的场所,再入内,是平面为长方形的一个空间连接一个半圆形的空间,在半圆形的中部,有一个塔柱,供信徒绕塔柱礼佛念经;后者的平面一般为方形,窟室后壁安置舍利塔,或者设讲堂,在窟壁上开凿许多小窟,有的为佛龛,有的供信徒栖身于此。

两汉之际佛教东来,印度佛教石窟寺的建造理念也可能随之传入,但是中国石窟寺的开凿,大约要到南北朝的北魏时期,才迎来一个狂热的高潮。

据《魏书·释老志》,南北朝时,凿崖造窟之风,已经吹遍中华大地的西部和中原。云冈五窟和龙门三窟,为北魏帝王所敕建。《续高僧传》称北响堂山石窟为北齐高欢的"灵庙"。在山西和甘肃,凿窟尤勤。就连偏于东南的浙江和关外的辽宁,也有石窟的开凿。当然,由于当时地处西域的新疆地区比中原早一些传播佛教,克孜尔石窟的开凿也是最早的。

在中国石窟寺文化的初创期，如云冈第16—20窟的开凿理念和技术不够成熟，其平面是不甚规整的椭圆形，而窟顶和壁面，尚未经过细致的美学意义的加工处理，比较粗糙，窟内的空间窄小，布局不甚合理，窟门比较简陋。

后来，凿窟的技术和艺术有了进步，平面多取方形，如晚于云冈的敦煌莫高窟就是如此。窟内的装饰丰富起来，窟门多雕以火焰券面装饰。为求采光，门上设方形小窗。5世纪末6世纪初所开凿的麦积山、响堂山和天龙山等石窟，中国化的特点更为明显，有些石窟在窟的前部做出列柱前廊，使得石窟外观以木构殿廊样式昭示于天下，其柱础、栌斗、阑额、券杀与廊的艺术，都具有中国风格、中国情调。隋唐时期，中国佛教文化鼎盛，开凿石窟寺的风气几被华夏，其空间已经不拘泥于印度原型，而是可大可小。大的，可以使一座17米高的佛像容身窟内；小的，只能供奉20～30厘米的小浮雕。

唐代石窟，多集中在敦煌和龙门。其特点是，把原先的窟内塔柱改为佛座。唐代是一个尚博大的时代，尤其热衷于大窟的开凿。四川乐山大佛就是一个有力的证明。这尊大佛高71米，头宽10米，鼻长5.6米，耳长7米，眉长5.6米，眼长3.3米，嘴宽3.3米，颈高3米，肩宽28米，脚背到膝高28米，脚背宽约8.5米。该大佛凿成于唐德宗贞元十九年（803），竟然历时九十年。佛像完工时，曾经建造跨度近60米的七层十三重檐的大佛阁，以便保护大佛，惜该佛阁已经毁于元末。

唐之后，石窟寺开凿的盛期过去。从五代到宋，虽然比方说，敦煌莫高窟的宋窟数量不少，共计98窟，但其中大部分由旧窟改修而成。宋以后，理学大盛，人们对佛教已经不像以前那般狂热了。"凿窟热"的降温在情理之中。就敦煌莫高窟来看，在元窟中还能看到将佛座移到窟的中心位置以供礼佛的窟例，至于明代的窟，在敦煌是一个空白。清时，莫高窟虽有一些翻修，却大多不甚注意技艺质量。

基本形制

石窟寺建筑，是中国寺庙建筑的一个分支。一般寺庙建于平地或坡地之上，常在山明水秀的所谓风水尤胜之地，中国四大佛教名山就是如此。但是石窟寺却建于崖壁之上，往往地处荒寒之域，尤其具有苦空的文化特色。

石窟寺不同于一般寺院的地方，首先是它的材质是石头。以石为材，所开凿的是山石，源于原始的"石崇拜"。在远古时期，世界许多地方包括非洲、欧洲和亚洲的初民，曾经以巨大的建筑热情建造巨石建筑。在原野上，初民把一块一块的大石头排列成巨石阵，有的竟达2 000英尺之遥。这种列石，可以看作对有害神灵、鬼怪的一种拦截，以便有一个令人感到安全的心灵空间。初民相信,巨石是有灵的,而且是善性的。这种对于巨石的崇拜,实际也是中国开凿石窟寺的精神动源之一。在一个崇尚土木建筑的国度里,泥土和木材,就是这一民族建筑的图腾。不过也有例外,以石为材料,以山石为环境,始终是中国石窟寺营构的"石崇拜"。因而可以说,中国石窟寺的文化性格,是"佛崇拜"和"石崇拜"的有机结合。正是由于这种原始的绝对执着的神性狂热和对于佛教的虔诚,才使得这个东方民族在那样艰苦卓绝的条件下,做出上千年的努力,几乎不间断地开凿石窟,把一颗"心"寄托在神性与佛性相兼的石窟上。

从建筑空间布局看,石窟寺是洞形建筑。由于是洞形的,窟内的佛教造像,包括雕像和壁画、文字等,碍于采光的有限,尤其大型深窟,窟内的光影,较一般佛寺的内部氛围,显得更为阴郁和神秘,所以石窟在渲染佛教崇拜性文化主题上,比一般的佛教寺院更为有力。

从石窟寺的外部空间意象看,在石质良好、适宜于凿制窟檐的地方,往往凿出窟檐,以模仿中国传统木构建筑的屋檐形象,寄托了一份殷切的对于本土传统的眷恋。如果石质偏于疏松,不宜于凿建窟檐,则往往加建木制屋檐,敦煌石窟、克孜尔石窟等都是如此。一般认为,麦积山石窟七佛阁的窟檐,是中国石窟窟檐中最大的,其宽度达32米,立柱高约9米,做成了一个面阔七间制的窟檐,而且其屋顶形象为等级最高的庑殿顶。石窟的中国化本土化,是生生不息的追求。

克孜尔石窟彩绘

古远克孜尔

这是中国最古老的石窟。在今新疆拜城县城之东大约60千米处,有一个克孜尔镇。在克孜尔镇东南7千米处,木扎提河缓缓流过,克孜尔石窟,就开凿在此河河谷北岸的崖壁之上。经勘察,现存石窟236个,其中保存比较完好的有81个。

克孜尔石窟是原龟兹建筑文化的珍贵遗存。最早的洞窟开凿于公元1世纪,当时,印度佛教东渐于中原未久。大量洞窟的开凿,相当于北魏时期。这种开凿,一直绵延不绝,直到公元13世纪伊斯兰教进入龟兹地区。

早期克孜尔石窟的形制，接近于印度石窟寺的原型。其平面多作长方形，有相连的前后室，其主要特征，是印度式的中心塔柱的建造。塔柱的平面为方形，柱的四个立面上，凿出佛龛，龛内安置佛像，其中以塔柱主立面凿出佛龛为多见。佛龛之上，装饰以飞天或者伎乐天，渲染崇佛的佛教氛围。无论毗珂罗窟（禅窟）还是支提窟（礼拜窟）这两大克孜尔石窟类型，其内部空间，都是以中心塔柱为特征的。

克孜尔早期的洞窟形制，与阿富汗巴米扬等洞窟相类似，其中的造像和壁画，具有颇为浓郁的印度犍陀罗艺术风格。

该石窟的禅窟作为洞窟的主要样式，在建筑空间观念上，也受到了中原文化的影响。

云冈遗构

云冈石窟群，位于现山西大同武州山南麓，武州就是云冈。窟皆南向，依山而凿。窟群东西排列，长约1千米。现存洞窟53个，小窟众多，约1 100个。造像51 000余躯。

其中第1、2窟大约开凿于北魏孝文帝年间，两窟都取印度中心塔柱式，却模仿三层木塔样。第3窟，相传为北魏昙曜译经处，其空间为云冈窟中最大。北魏初所建的窟不设佛像，仅在窟的上部凿出弥勒，其左右又凿出三层方塔各一。第5、6窟开凿于北魏孝文帝太和十年（486）之后。5窟后室的窟顶呈椭圆形，其形不规则；6窟后室平面基本为方形，设中心塔柱。第7、8窟可能凿于北魏孝文帝初年。前者，窟口后增建三层木构窟檐，窟壁上雕刻以弥勒像，窟顶以莲花和飞天为装饰，东西南三壁为佛龛；后者，窟壁也雕以佛教题材。两窟前室毁损，后室完好。第12窟建筑上的特点是前室外部凿出屋檐模样，前列四柱，设三门；后室有明窗设于入口处，东西壁设佛龛，明明是石筑，却做出木构形制。

第16—20窟称"昙曜五窟"，北魏时凿，为沙门昙曜于北魏文成帝兴安二年（453）所造。"昙曜白帝，于京城西武州塞，凿山石壁，开窟五所"，"雕饰奇伟，冠于一世"（《魏书·释老志》）。其平面是不规则的椭圆形，顶为穹隆，形制古朴。但五窟的主像都象征帝王。如第19窟，主像高达16.7米，在于象征帝王"即是当今如来"。

云冈石窟营造较早，其中部数窟为北魏太和年间所凿，空间颇有特点。外室之前，多凿双柱，筑三间制敞廊式。柱为八角形，以须弥座为柱础，柱头刻出大斗式样。外室和内室之间设门，门制以斗栱承托屋檐瓦顶。由于是早期的石窟寺，印度化痕迹比较鲜明。如印度式塔柱，以及经过印度犍陀罗文化所浸染的希腊式涡券柱头等，都可以见出外来文化的影响。

龙门疏影

河南洛阳龙门濒临伊水,地势险要。这里有东西龙门山和香山隔水相望,古称伊阙。北魏孝文帝太和十八年(494)迁都于洛阳,相中了这块"风水宝地",在龙门山开凿石窟,佛界称其"功德无量"。龙门石窟现存洞窟凡1 352个,小型石龛750个,塔39座,大小造像10万余躯,题记与碑刻之石3 600余块,可谓洋洋大观。

龙门石窟的建筑特色主要有以下三点:

历时弥久,以唐为盛。该窟群始凿于北魏孝文帝年间,到唐代为止,历时约五百年。唐代凿窟最多,约占全部窟龛的三分之二,五代至宋元明清,偶尔开凿小型窟龛。

形制宏大。以奉先寺窟为龙门窟群之最大,东西宽35米,南北深30米,平面为1 050平方米,开凿于武则天执政时期。则天好佛,颁令"释教宜在道法之上",仅耗时三年九个月(从唐高宗咸亨三年〔672〕到上元二年〔675〕)凿成,以安置巨型佛像卢舍那。该佛像取坐姿,高17.14米,头高4米,耳长1.9米,跌跏趺坐于束腰式的须弥座上,神态高雅而从容,而不显威严冷峻。方额广颐,是智慧

龙门石窟奉先寺窟

的象征，也是宽厚仁慈的象征。其嘴角微启一丝笑意，又不失稳重。身披袈裟，螺形发髻，坐姿安闲，不失俗世风貌。

与云冈不同，龙门石窟的平面多为方形。它放弃了前后室制，而采用独室制。不见生糙的椭圆形空间形制，没有印度石窟原型的中心塔柱，也不做出檐口柱廊，这可以证明，龙门石窟的中国化程度比克孜尔、云冈为深。

敦煌宝藏

甘肃敦煌鸣沙山东麓，在广袤的沙海中，有一片广、宽达数十里的坡地，敦煌石窟就"藏"在这小小的绿洲之中。这一石窟群的分布区域全长1 618米，有石窟600多个，其中469个内部有塑像或壁画。现存北魏至西魏窟22、隋窟96、唐窟202、五代窟31、北宋窟96、西夏窟4、元窟9、清窟4、年代未详者5（参见梁思成《中国建筑史》）。据粗略统计，敦煌石窟现存完整的塑像1 400余躯，加上被毁的，估计有2 000多躯。如果加上数以万计的影塑即小千佛在内，数量更为惊人。而所绘壁画总面积达45 000余平方米，倘按其高度一一相接，可连绵30千米。

敦煌石窟是继克孜尔之后在内地修凿最早的石窟寺。开凿时间，一说东晋穆帝永和九年（353）；一说前秦苻坚建元二年（366）。以始建于公元366年计算，比古朴的云冈最早的石窟要早88年，比龙门最早的早128年。据记载，敦煌石窟的始建者是乐僔。

敦煌石窟地处干燥低温地带，其地质由沙石构成，崖壁属于玉门系砾石，即第四纪岩层，砾石和沙土混凝，有利于开凿，却不大适宜在崖壁上雕刻。由于这一自然特殊性，便发展了敦煌灿烂的泥塑和壁画，而且敷彩丰富强烈。

梁思成说："中国建筑属于中唐以前的实物，现存的绝大部分都是砖石佛塔。我们对于木构的殿堂房舍的知识十分贫乏……而敦煌壁画中却有从北魏至元数以千计的，或大或小的，各型各类各式各样的建筑图，无异为中国建筑史填补了空白的一章。"（《敦煌壁画中所见的中国古代建筑》）

梁思成指出，敦煌壁画中的建筑类型，如第61窟左方第四所绘大伽蓝，为庭院式，凡三院，中央一个院落较大，左右各一院落较小，每一院落相对封闭，有院墙围护，中央为殿堂，四周设以回廊。第61窟有《五台山图》，绘出伽蓝六十余所，其中"南台之顶"的正殿前，左为三层之塔，右筑重楼，与日本奈良现存法隆寺的平面配置极其相似。

就敦煌石窟的形制本身而言，在魏窟的外部，设人字形坡顶前室，平面作长方形，近后壁处还有中心柱，也有不设中心柱的，只在洞壁上凿出佛龛，以安置佛像。窟顶作四面坡顶，形似覆斗，还有藻井。隋窟形制与魏窟相似，但是中心柱的平面为方形，仅三面凿出佛龛，一面无龛。从塑像看，属于隋窟的塑像形制，已经从魏晋南北朝的"秀骨清相"，转变为雍容华贵。

唐代凿窟最力。其窟平面呈正方形，空间宽敞，窟顶为覆斗形，设四方藻井。前室凿出连接邻窟的通道，加木构窟檐和廊道。其上盛饰华彩，似有"云雾生于户牖"之美。

敦煌石窟曾幽闭于沙海近千年。清光绪二十六年（1900）五月二十六日，因逃荒而滞留在敦煌的湖北麻城籍道士王圆箓，由于清除沙洞而在莫高窟北端现编为七佛殿下第16号窟之甬道发现了奇迹。潘絜兹说："这个甬道两壁都是宋代人画的菩萨行列，已经为流沙所淤塞。这些沙子清除出去以后，墙壁失去了一种多年以来附着的支撑力量，以致一声轰响，裂开一道缝。好奇的王道士顺手用烟袋锅向裂缝处敲了几下，觉得其中好像是空的，便打开了这面墙壁。他发现一扇紧闭的小门，再打开小门，则是一间黢黑的高约160厘米、宽约270厘米略带长方形的复室。室中堆满了经卷、文书、绘画、法器等，像压缩得很紧的罐头一样，多到数不清。"（《敦煌莫高窟艺术》）

于是，一些西方盗宝者连蒙带骗的掠夺开始了，尔后是考古学界迟到的发掘。

敦煌石窟崇高的学术地位和巨大的文化、历史价值，不可估量。

恢弘麦积山

在甘肃省天水市东南秦岭西，离市区45千米，有一座麦积山石窟。罗列于山左山右东西两崖的，是194个窟龛，甚为壮观。据宋《方舆胜览》卷六十九，"麦积山后秦姚兴凿山而修。千崖万象，转崖为阁，乃秦州胜境"。麦积山高194米，状如麦秸，故名。其开凿，始于后秦姚兴统治时期，约在公元394—416年间。

麦积山现存石窟是北魏、西魏、北周、隋及以后的作品。在194个窟龛中，供奉泥塑3 500躯、石雕19躯，另有碑刻千佛3 600余，合计造像在7 200躯左右。这里石质疏松，适宜于凿窟而不宜于石雕，因而其造像以泥塑为主，有类于敦煌石窟。

现存石窟，以北魏窟及其造像为最早。编号第71、74、78等窟，大约与山西大同云冈"昙曜五窟"同期。第115窟是麦积山唯一有造像题记纪年的作品，时在宣武帝景明三

天水麦积山石窟

年（502）。现存第23、69、76、133、138与169等窟，是北魏时期的代表作。从北魏造像风格看，开凿于5世纪初的第115窟等造像，尤其具有健劲、敦厚之态，尔后多数造像都是"秀骨清相"，其中，以第23、133窟为典型。

被学界所考定为西魏的石窟凡16个，以第40、60、102、123窟为代表。在雕塑艺术继承魏晋清俊、洒脱之风的基础上，麦积山的西魏造像，人物体态的比例合理，衣着以褒衣博带式的袈裟或者交领襦袍为多见，而足登方头和云头之履，其手法更趋娴熟。第123窟的供养天女和童子形象娇憨可爱，富于世俗气息。第102窟造像以维摩经变为题材，表现了文殊问疾的主题，形象生动而细腻。第44窟的坐姿佛像，涡纹高肉髻，面带微笑，造型精美。

现存属于北周时期的石窟凡39个，其中以第3、4、12、22、62窟为代表。在建筑形制上，这里出现了四角攒尖顶帐形窟，第12窟就是如此。该窟的空间很小,仅1米见方,供七佛,正壁为一佛二菩萨;两侧六佛,前壁两侧又塑二弟子,俗称"七佛窟"。

其实,属于这一历史时期的麦积山石窟多为"七佛窟"。其中第4窟是这一形制的重要代表,长31.5米,高15米,面阔七间制,立面筑以方形列柱,上设栌斗,以承檐额,有梁头从栌斗内伸出,凿出庑殿式屋顶模样,设正脊,两端置鸱尾列柱而形成前廊,甚是壮观。廊深4米,廊后有佛龛七个,供七佛,每龛间有浮雕,凿出"天龙八部"形象,勇武而生动。而各龛上方有方形壁画的装饰,以飞天为题。第4窟,是麦积山石窟最辉煌的建筑实例。

空寂响堂山

响堂山石窟在河北邯郸鼓山地区,是南响堂、北响堂和小响堂的总称。南北响堂相距15千米,前者在滏阳河左岸,现存仅7窟;后者位于和村东南,现存8窟;小响堂居于北响堂之东的薛村东山,现存2窟。凡17窟。

响堂山石窟始建于北齐时期。据金代正隆四年(1159)《常乐寺重修三世佛殿记碑》,石窟始凿于北齐文宣帝在位时(550—559)。当时,这里是从邺都到晋阳的必经之地,曾建有行宫。文宣帝曾于"此山腹见数百圣僧行道,遂开三石室,刻诸尊像"。此后从隋唐至宋明,都曾有小规模的增凿,但主要窟像,都是北齐时期的作品。

北齐时印度佛教东渐不算很久,所以在响堂山,石窟中多见中心柱形制,是印度石窟寺的文化遗制。当然,石窟的总体构型还是相当中国化的。平面多作方形,上为平顶,窟前有檐柱前廊,雕出檐瓦模样。还有斗栱之类,仿砖木结构,都是中国"做法"。

响堂山石窟最具有本土文化特色的,是在窟之前廊的上部崖面上,重构覆钵式塔形的浮雕,塔刹以忍冬和火焰宝珠这些佛教名物为装饰。这种塔形浮雕在北响堂保存完好,如在第4窟,人们尚可一睹其旧日风采。第7窟是这一石窟群中空间最为广阔的一座,方形平面,每边长12米,窟高约11.6米,整个窟室近似一个方盒子,其中央设大型塔柱,平面为方形,每边长约6米。塔柱的前、左、右三面凿出佛龛,内设佛像,为一佛二菩萨式。该窟的前廊已有损坏,其崖面上的覆钵式塔顶亦仅存遗构,而想其当年形象,一定是很庄严的。细细观察该窟的左右和后壁,还有诸多小龛也作塔状,这是强调了塔的做法。南响堂塔形石窟的保存不如北响堂完好,多数塔形的构造被毁,有的仅依稀可辨。

　　塔的形制糅入石窟文化，是响堂山石窟的一个创造。本来，印度石窟已有中心塔柱制度，一旦传入中土，便有所改造，或者取消中心柱的形制而使得窟内空间显得宽广，这好比中国一般佛寺将原本建在寺域内的塔"请"到寺外，而另建佛塔一样。响堂山石窟的"塔形"化，显然是为了进一步体现石窟庄严而崇高的佛教主题。假如把一个石窟比作一所寺院，那么崖面上的塔顶造型，便是寺庙屋顶与塔顶的一个重叠式的"蒙太奇"。在山崖凿筑佛窟，蕴含着"因山为寺"的佛教崇拜理念。而塔形建于窟上，不如说是"因山为塔"思想的表现。在佛教文化观念中，仿佛整座大山都是一座石窟，同时又是佛塔了。

道观清幽

　　道观，即道教宫观，作为中国古代建筑文化的一种重要型类，是道士的修炼之所，兼有道教塑像与藏纳道教文物的功用。道士以清虚无为、"得道升天"为圭臬，通过修道如祈禳、存思、内丹、外丹等，达到养性成仙的目的。所谓洞天福地，是道观的誉称。远离尘俗，环境清虚，道观是僻静、炼神养气之所。或者位于人口稠密的闹市，却辟一方"静虚之域"，潜心修道炼丹，以图"羽化登仙"。

　　《释名》有云："观者，于上观望也"。观，作为动词，观天之谓；作为名词，原指上古观象台。观与天命意识相系，一开始便是富于神秘性的。在道教诞生之前，观这种特殊的建筑型类已经出现，西汉武帝时期，曾经在长安城建造一种叫作"观"的建筑物，清顾炎武云："甘泉苑，武帝置。缘山谷行至云阳三百八十一里，西入扶风，凡周回五百四十里。苑中起宫殿台阁百余所，有仙人观、石阙观、封峦观、鸦鹊观。"（《历代宅京记》）凡此，都是应天、祭天与崇天的建筑。

历史寻踪

　　道观这一建筑样式，是随着东汉道教文化的诞生和发展而登上中国历史与人文舞台的。"道教是中国土生土长的宗教，是中国社会发展到汉代的历史产物。汉代是宗教勃兴的时代。儒学宗教化、道教诞生、佛教传入，都在汉代。"（卿希泰主编《中国道教史》）

　　从原始文化形态角度简析，中华原始文化，很早就诞生了原始巫术、图腾和神话三位一体又各尽所能的文化，且以原始巫术为基本而主导，关于这一点，只要看看殷代龟卜和周代易筮就明白了，它们是繁荣了千百年的巫文化。

　　在东汉道教诞生之前，作为既媚神又渎神、既拜神又降神的原始巫文化，在汉代尤其东汉，有一个重要的"回归"，或者可以说"复辟""泛滥"，这便是儒学的经学化、经学的谶纬化。董仲舒云："天地之物，有不常之变者，谓之异，小者谓之灾。灾常先至而异乃随之。灾者，天之谴也；异者，天之威也。"（《春秋繁露·必仁且智》）董仲舒说，要是人们不畏怖老天的"谴""威"，那么天灾人祸、家国生乱的日子就降临了。

董仲舒的"阴阳灾变"说，是建立在天人比附、天人感应的思想基础之上的，这便是一种巫的思想。西汉末年，曾经成为"王莽改制"的舆论工具，王莽以所谓祥瑞之兆而为篡位造舆论。尔后刘秀登帝位前，也散布谶语所谓"刘秀发兵捕不道，卯金修道为天子"而"图谶于天下"。意思是，刘秀的"刘"，繁体为劉，从"卯金"，所以自己登帝位，是"天命所为""命里注定"。东汉建初四年（79），汉章帝集群臣于白虎观，以讲议五经异同为名，行图谶、纬说，宣示"君权神授"之实。与此同时，佛教的传入和道家学说的宗教化，为中国道教的诞生准备了历史、现实的一切条件。

于是，在东汉顺帝（126—144在位）时期，张道陵在四川鹤鸣山（今四川大邑县境内）创立五斗米道。尔后，是以《太平经》为宗旨的张角创立太平道，共立中国早期道教的宗教派别。

道教宫观的建造，自当在道教诞生之后。历史上本有悠古的"宫观"。《楼观本起传》云："楼观者，昔周康王大夫关令尹喜之故宅也。以结草为楼，观星望气，因以名楼观，此宫观所自始也。"

最早的道观建筑始于何时何人，已不可考。"道观者"，"布防方所，各有轨制"，有"天尊殿、天尊讲经堂、说法院、经楼、钟阁、师房、步廊、轩廊、门楼、门室、玄坛、斋堂、斋厨、写经坊、校经堂、演经堂、重经堂、浴室"（《洞玄灵宝三洞奉道科戒营始》）等，是数十种建筑物的群体组合。

美学特征

道教宫观，主要为道士修炼之所，同时用以供奉神像、举行仪式兼藏纳文物典籍等，是环境幽静、建筑庄严的地方，造成信众清心崇道、返璞归真的宗教氛围，满足祈禳、存思与内外丹清修的需要。

道教宫观的美学特征之一，是其选址总是在环境清幽、风景秀逸的山水之间。城市中的道观，有围墙屏围，与市嚣隔断，以清净、幽深为要。道观的一般平面布局，追求中轴对称，主要殿宇建造在平面的中轴上。或者说，一系列的主要殿宇自南至北的空间

先天八卦方位图

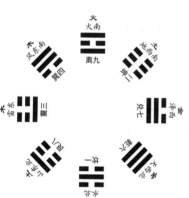

后天八卦方位图

安排，造成了一条鲜明的中轴线的景观，是一种前后递进的序列；次要建筑安排在中轴的两侧，力求均衡对称。由于年代、门派以及地理环境的不同，这种中轴对称之法，有时有所变通。而总的原则，是遵循《周易》先天八卦方位的布局。这一方位是：乾南坤北，离东坎西，东北震西南巽，东南兑西北艮。道观的中轴，便应在乾南坤北的一条直线上，且以东离、西坎为对称的两翼。

道观的另一种平面布局，源自《周易》后天八卦方位的理念和信仰。后天八卦方位：离南坎北，震东兑西，东北艮西南坤，东南巽西北乾。这种八卦方位原则的实际运用不乏其例。追求"觅龙""察砂""观水""点穴"和"正向"的风水术"五要"。所谓觅龙，就是寻找"龙脉"的起始。在后天八卦方位中，象征祖龙的位置在西北，这里是乾位。所以整个宫观的总体平面布局，以西北方为龙脉的起始，从位于西北的太祖山向北延伸，依次为少祖山、祖山到位于北方的主山。主山位于北方，便是宫观的所谓靠山。"察砂"，指察抉宫观左（东）右（西）拱卫宫观的山，便是风水学上的"左青龙，右白虎"。"观水"，指风水术中对于水系的观照，以水系从宫观前流过，向东南方流去为正势，水质要清澈，水系的流动要缓慢而不湍急。"点穴"，就是用罗盘确定道教宫观地基的准确位置，这里应当平坦而阔大，北有靠山，南有秀水，左右即东西有葱郁的小山拱卫，而宫观就造在《周易》后天八卦方位的中位之上。"正向"，就是天下的宫观，如果不受地理、地势和地貌客观条件的限制，都以大门向南开启为正向。这便是古人笃信的所谓好风水，实际在施用时，还掺杂了非常迷信的命理思想。

这两种关于宫观的风水格局，在实际运用时，又往往结合在一起，而且由于地形、地理的限制，总是有所变通。道教全真派的白云观、正一派的上清宫的平面布局，比较典型，平面布置以山门（南）正殿（玉皇殿、三清殿或四御殿，居于中位）等，构成中轴。中轴的左右，设灵官殿、祖师殿和文昌殿等。

　　有的宫观平面布局，呈现为从中心向四周八方的放射形。江西三清山丹鼎派的道教宫观，位于其中位的，是称为丹井、丹炉的建筑。由中心向四周八个方向，设雷神庙、天一池、龙虎殿、涵星池、王佑墓、詹碧云墓、演教殿和飞仙台。在宗教理念上，突出道教的炼丹思想，在建筑布局上，是对于八卦方位的中位的强调，实际是对于"太极居中""太极优先"的追求。道观的平面，追求中轴对称的格局，尤其崇拜中位，如三清山道观之所以有丹井、丹炉的建造，是应在八卦方位的中位上，被认为是"大吉大利"的。《周易》八卦方位的"中"或者称为"中宫"，指太极。"太极而无极"，正是道教建筑所追求的理想境界。

　　中国建筑文化中，有不易的"中国"观。这里所谓中国，是何尊青铜铭文"宅兹中国"的"中国"。中，指八卦方位的中位。国，繁体从囗从或。囗，是围的本字；或，是域的本字。因而这里的国（國），本指以建筑手段将一个环境、区域围起来。在甲骨卜辞中，国原指都城。所以这里的"中国"，实际指上古时期符合风水理念之则的有中轴线而尚中的都城建筑。中国人自古把整个中华大地看成是有着同一老祖宗血缘的大家庭，并且以中原、中州为"中国"，在这里，显然是以《周易》八卦方位意识为原则的。

　　按照八卦方位进行平面布局的道观，在实际建造中虽然很少有严格遵循的，然而这种平面布局是不易的理想，而且，道教的炼丹思想已经深深地渗融在建筑意识之中。

　　历史上，与道教上清派大致同时形成了灵宝派。"灵宝"一词，源自《太平经》，指精气，即太极之气。八卦方位式的道观布局，首崇太极，兼重八大方位，其中又以四正即东南西北为重。

　　道观建筑一般以土木为材，以"间"为单位而构建幢幢殿宇。殿宇之间，以平面中轴对称，或八方崇中，构成道观的建筑文化制度，这在建筑学上，称为群体组合。从材料的采用看，土木是基本用材，砖瓦，石灰、泥浆以及立柱、梁架等构成屋宇，有时也有石材、铜铁等材料的运用，在皇家宫观上，还可以有琉璃瓦覆顶。而其形体，一般不追求高峻，而是在平面上，向四处尤其在纵深方向上铺陈，是条理清晰而收放自如的。

　　道观的正殿，一定是体量最大、用材最精、施工最细、品位最高的。其屋顶，也按照道观的等级而选用适合其"身份"的形制，或者是庑殿顶，或者是歇山顶。道观建筑文化，总是传达了道教亲近自然而"乐生"的情怀，以园林的种种文化方式，将亭榭、廊台、楼阁等组织在环境之中，还有山陂、水系、花草和道路等因素，此外，种种文学艺术因素如诗文、书法、绘画、雕塑甚至音乐等也参与其间，成为一个诗意的所在。其环境的优雅宁静，一点儿也不亚于佛寺。既富于清虚、肃穆、宁静和庄严之浓郁的宗教氛围，又流溢一种企求羽化登仙却留恋于世俗欢愉的生活情调，既是宗教崇拜，又是环境审美，是二者的二律背反，又合二为一。

第一丛林

梁思成说:"我国寺庙建筑,无论在平面上、布置上或殿屋之结构上,与宫殿住宅等素无显异之区别。盖均以一正两厢,前朝后寝,缀以廊屋为其基本之配置方式也,其设计以前后中轴线为主干,而对左右交轴线,则往往忽略。交轴线之于中轴线,无自身之观点立场,完全处于附属地位,为中国建筑特征之一。"(《中国建筑史》)梁先生这里所指明的这一建筑的平面布局模式,的确是一般中国道教宫观的平面构筑原则。大型道观比如北京白云观,就是如此。

白云观在中国多地都有建造,北京白云观是规模最大最著名的,虽然远不是创建最早的。作为道教活动曾经的北方中心,现在中国道教协会的所在地,北京白云观的建筑文化堪称道教的"第一丛林",无疑具有重要地位。

据有关史料,北京白云观始建于唐玄宗开元二十七年(739),初名天长观。据《再修天长观碑略》,天长观一名为唐玄宗所赐。

金世宗大定二十八年(1188),诏令全真派道士丘处机进京,世宗两度召见问道,敕建道庵于万寿宫西侧。因而,天长观重修且御赐太极宫,是自然而然的事情。

蒙元太祖十九年(1224),丘处机应成吉思汗之邀,再度入居而重振太极宫,从此影响日隆。二十二年,诏令改称太极宫为长春宫(丘处机道号"长春子")。丘处机去世,其弟子尹志平继掌全真道,在长春宫东首建造道院,首次称名为白云观。

明正统八年(1443),英宗正式赐名白云观。

清圣祖康熙四十五年(1706),帝赐重修白云观,观的规模扩大,由此奠定了现在北京白云观的基本格局。1956年、1981年,白云观两度得以修缮。

从建筑平面布局看,北京白云观是"正向"即坐北朝南的一个建筑群,属于道观的"城市丛林"一类,占地1公顷多。

白云观的中轴序列,主要由棂星门(牌坊)、山门、灵官殿、玉皇殿、老律堂、丘祖殿和三清殿等所构成。在中轴的左右两侧,设副题建筑。东:原有南极殿、真武殿、火神殿、斋堂和斋厨等建筑,由于有些殿宇所供奉的神像早已毁损,如今辟为寮房。但是有一座罗公塔,平面为正八边形,三层,筑以砖石结构,塔的立面雕塑依稀可辨,是清雍正年间的建筑遗构,迄今保存完好。西:吕祖殿,八仙殿、元君殿、元辰殿和祠堂院等。

元君殿，就是民间所说的娘娘殿，始建于清乾隆二十一年（1756）。该殿面阔三间，歇山顶。所谓元君，或者称碧霞元君，是华北地区道教所信奉的神仙之一，全称"东岳山天仙玉女碧霞元君"，其祖庭在泰山，故又称"泰山娘娘""泰山老母"，与妈祖齐名。元君是民间信仰所虚构的女神仙之一，从元代开始，被纳入道教崇拜的神仙之列。

"元辰"一说，始见于《礼记》，指吉时良辰。又指它的反面，为民间神煞之一。既说吉时良辰，又称神煞凶险，似乎矛盾。其实在古人的命理观念中，在一定时机中，吉凶可以互转互化，吉的反面是凶，凶的反面是吉，全凭如何审时度势，把握机命，这用《易传》的话来说，就叫作"知几，其神"。白云观元辰殿，的确体现了道教文化对于天时、时机的崇拜和尊重。

祠堂院，供奉白云观教主王常月祖师的坐像，堂下埋葬其遗蜕。值得一提的是，院内左右室的墙上嵌有元赵孟頫的书法真迹，为石刻赵孟頫所书《道德经》和《阴符经》经文。

北京白云观的重要建筑文化，是它的中轴空间序列，构成整个道观的主体形象。

北京白云观牌坊

牌坊本为棂星门。所谓棂星，即灵星，又称天田星。天田星，处于天庭二十八宿之一的龙宿左角，为天门所在，象喻入此门径即可升天。灵星或称棂星，是因棂（窗）与门相类的缘故。宋时，棂星门又称乌头门，其一般造型，是两立柱间横一枋，柱端覆瓦，用料以石、木为主，不仅建在一些祭天建筑群的入口，而且也往往建在文庙和道观的南端，在于表达、象喻应天、祭天和升天的主题。

北京白云观的棂星门，也是一座牌坊式门类建筑。三间四柱木构，立柱安在方形而高大的石墩之上，将整个额枋和坊顶撑持其上，有耸立、坚实之感。而主间高、宽于两侧的次间，上覆的坊顶错落有致，坊顶的顶角呈起翘之势，显得庄重而轻灵。牌坊的题额，面南书"洞天胜境"，面北书"琼林阆苑"。彩绘、琉璃和立柱的红色，有绚烂之美。坊前左右安设两个蹲狮石雕，给人以威严之感。牌坊前还设有一个影壁，如一道门帘，意在幽深而忌直露。

现存白云观山门始建于明代，是一座石构建筑，面阔三间，以中间的主间尺度为大，拱券式门制，单檐琉璃瓦覆顶，顶为歇山式。其两侧接构八字形砖筑之墙体，有转折之势，每一墙面的中部和四角，装饰以卷草纹样，冲淡了山门石构刚冷的感觉。山门原为三门，象征佛教"三解脱门"，道观也设山门，显然是受佛教寺院建筑的影响，其象喻意义，在于进入"神仙洞府"而敬重天神天命。

从山门北进是窝风桥，桥下无水，可见并非为了渡水之需，此桥的精神意义，在于从世俗人间进入神仙之境。从空间布局看，窝风桥是一个过渡性建筑物。

过窝风桥便是灵官殿。殿内供奉道教最高护法神仙灵官。其建筑形制，面阔三间，进深一间。

灵官殿之后，东西两侧设钟鼓楼，都是方形平面的二层之筑。由于道教讲究"风水"和阴阳五行五方之说，称东为木而西为金，故而鼓属木而建鼓楼于东，钟属金而立钟楼于西。

再北进，便是玉皇殿。殿内主祭玉皇大帝，供奉玉皇木刻金漆坐像，以人间帝王为原型而加以宗教化，高约1.8米，身披法衣，为明代之作。此像头戴十二冕旒平天冠，前为圆形后为方形，有天圆地方的寓意。玉帝，源自中国远古的天地崇拜。

两侧殿壁上，有工笔彩绘凡八幅，绘于绢丝之上，题材为关于南斗北斗星君、三十六帅和二十八宿等，加强了玉皇殿的神秘和神圣氛围。

白云观老律堂的建造和得名，源于清代名道士王常月。清世祖顺治十三年（1656），全真道龙门宗七代教主王常月主持北京白云观。顺治帝赐予紫衣。王道士曾经奉旨在白云观登坛演说道法戒律,盛况空前,收弟子千余,大振龙门玄风,求戒弟子遍于域内。后代为纪念道教史这一"中兴"盛事,便把白云观原七真殿改称"老律堂"。

　　白云观老律堂的殿宇不甚高大,面阔三间,屋顶为勾连搭形制,比较少见,前设月台,殿内正中有丘处机塑像。

　　老律堂后面的一组自成院落的前列建筑物是丘祖殿,为道教全真龙门派后继者供奉祖师丘处机的殿堂,始建于金代正大五年(1228),初名处顺堂。在老律堂已经供奉丘祖塑像,这里再度供奉,强调其重要,突出丘处机对于白云观的贡献和尤为崇高的地位。

　　白云观的正殿是三清殿(在结构上,其下为四御殿,上为三清阁),是一种上下两层的建筑形制。作为与丘祖殿组构而成的院落正房,地位的显要不言而喻。其面阔五间,在品位、等级上,自当高于白云观的其他殿宇。这里所谓三清,指"元始天尊""灵宝天尊"和"道德天尊",故而三清殿内供奉盘坐式坐像三尊。

　　北京白云观是中国道观的典型之作,但古往今来天下名观众多,如坐落在苏州市观前街的玄都观一向著名,始建于西晋咸宁四年(278);武当山的道教宫观群落,在唐初贞观年间始筑五龙祠,明永乐年间扩建为静乐宫、遇真宫、玉虚宫、紫霄宫和太和宫等十处道观,是我国建于山岩、林野之域道教宫观的代表之作;山西芮城的永乐宫,是迄今保存最为完整的元代建筑,诸多殿内的壁画达到1 000平方米,是中国道教壁画的杰作伟构;山东崂山道教宫观,有"九宫八观七十二庵"的誉称,等等,在此难以一一尽述。

厅堂宏敞

我们要进而讨论与欣赏的，是别具意味的厅与堂。

在一个中国建筑组群中，必有一座主体建筑。这在宫殿、陵寝建筑的地面群体之中，被称为殿。如秦都之阿房前殿、唐之麟德殿、明清北京紫禁城太和殿以及明十三陵的长陵祾恩殿等。在官邸、民居以及园林建筑群体中，便是厅、堂之制。厅、堂常常连称，说明其文化属性、形制与功能意义等颇为相通，但实际尚有些差异。

厅、堂二制可以分释。

厅者，繁体汉字原写作"聽"，魏晋之后该字演变为"廳"，在其上加一广字。古人说，廳者，从耳，听也。指堂屋。古代官府为理政之所，称为"厅事"，简称"厅"。魏晋开始，官邸与民居等的堂屋，亦称厅。从这意义上可以说，厅，是堂的别称。唐刘禹锡作《东厅壁记》云："古诸侯之居，公私皆曰寝，其它室曰便坐。今凡视事之所皆曰厅。"说得不错。

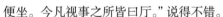

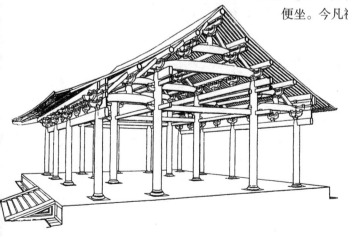

堂，古代宫室的一种。前为堂，后为室，堂是与室相应的建筑空间。《玉海》云："古者为堂，自半已前虚之为堂，半已后实之为室。"这里所谓虚、实，是一对对偶性范畴，指堂之空间的开放与宽敞，以及室之空间的封闭与私密。《论语·先进》云："（仲）由也升堂矣，未入于室也。"可见堂与室之间的空间方位关系。就堂本身而言，有北堂、南堂之别。《诗经》歌吟有云："焉得谖草，言树之背。"这是所谓背，即北堂也。《古今图书集成》称："北堂皆南向北，故谓之背。""房与室相连谓之房，无北壁，故得北堂之名。"

厅与堂有亲缘关系。这里将厅、堂放在一起来谈。

堂堂正正

厅堂，一般是官邸、官署、民居与园林建筑群体组合等的主体建筑，我们欣赏厅堂之美的时候，要抓住其基本的文化性格。

有一个成语叫"堂堂正正"，它的字源意义，实际就是指厅堂的一种文化性格，也是其审美品格之一。

厅堂一般为南向，平面为方形。《释名·释宫室》："堂者，当也。谓当正向阳之屋。"一般的厅堂皆为南向，以采阳光也。北向之堂即北堂之制是很少见的。一般厅堂平面为方正之制。

厅堂高敞，尺度相对巨大。《释名·释宫室》："堂，犹堂堂，高显貌也。"《礼记·礼器》："天子之堂九尺，诸侯七尺，大夫五尺，士三尺。"这里的尺度，指堂的台基而非整座堂筑高度，所谓天子之堂、诸侯之堂，实指宫殿。由此不难想象这些不同等级品位的堂是方形而高大的，如北京颐和园玉兰堂。《周礼·考工记》称"堂崇三尺"，亦指堂的台基之制高三尺。可见堂是建于高显的坛基之上的方形建筑，厅亦如此。从整座厅堂看，其高度、体型，甚于组群之中的其他建筑，我们从明清北京四合院的主房上可以明显看到这一点。

厅堂的私密程度不高。中国建筑类型，除了少数如亭、廊之类比较开敞外，一般都较为封闭、内向。然而在较封闭的官邸、民居之中，厅堂的空间文化属性相对而言私密程度却不高。前文谈到，厅是官府听事、理政之所，实际是具有"公共空间"的用房，不同于家、室、房、夹、序等，厅具有一定的外向性格。堂亦然，它是议事、祭祀、婚礼、举丧、待客与宴请等活动的场所。有的堂，四周不设壁体而只具立柱，称皇或隍，缺乏空间的私密性。古代有讲堂，《古今图书集成》记载："临淄城西门外有古讲堂，基柱犹存。齐宣王修文学处也。"《洛阳伽蓝记》称："有一凉风堂，本（刘）腾避暑之处。凄凉常冷，经夏无蝇，有万年千岁之树。"该堂凉爽，想必是其内部空间高敞而通透性强的缘故。唐白居易的庐山草堂，"三间两柱（立面两端之两角柱不计在内），二室四牖，广袤丰杀，一称心力。洞北户,来阴风,防徂暑也;敞南甍,纳阳日,虞祁寒也……是居也,前有平地,轮广十丈;中有平台,半平地;台南有方池,倍平台"(《草堂记》)。虽为草堂,正如四川成都杜甫草堂那样,已具宏敞之制,为诗人吟诗与宴饮友好之处。苏州耦园城曲草堂亦然。

厅堂是木构土筑的建筑空间,具有丰富的人格比拟理想。古代官署大堂称堂皇,引申象征人格的雄伟、正大。正大光明,是厅堂的空间属性,引申为人格的磊落。人们常说,做人须堂堂正正。这是从厅堂方正,高显的空间形象而获得的人格比拟。所以,厅堂在建筑环境中的高敞之美,可以说是富丽堂皇。凡堂(包括厅)用材最精,尺度最大,装饰最华,位居中央,确是人格崇高的象征。如传为祝枝山厅房的苏州唐伯虎纪念馆六如堂(又名祝厅)即是一例。

厅堂之制起源很早。王国维说,远古居室,始于穴,后发展为地面之室。由于人们社交与公共活动的增加,室便发展为堂、为厅。"后世弥文而扩其外,而为堂。"在东汉画像砖中,有堂之高敞形象的表现。其空间通透,堂内二人(宾、主)席地而坐,作议事、宴饮之状,表现出堂的文化品格。

主题景观

在园林中,厅与堂处于整座园林的重要位置,往往成为主体建筑与主要景观。如苏州拙政园远香堂等,四周不设墙,只以连续长窗安装在步柱之间,四周外侧有回廊相绕,廊柱间多在檐枋下饰以挂落,下部设以半栏半槛形制,以供坐憩、眺望。这种厅堂的空间是开敞性的。还有鸳鸯厅、花厅、花篮厅与荷花厅等,在苏州园林中都可找到其倩影。刘敦桢先生称,鸳鸯厅,实际为厅、堂合制,如苏州狮子林燕誉堂等,厅内空间由前后两部分构成,中间隔以屏风、罩、纱槅之类,前半部与后半部的梁架有别,或以扁作,或以圆作,以示区别。

可见,园林建筑中厅与堂的区别,在于两者梁架用料之形制,厅的梁架木料断面一般加工为长方形,而堂者为圆料。园林之厅堂屋顶常作歇山与硬山两种,庑殿顶一般不用。因为它太显华贵,多见于品位崇高的宫殿,而难见于园林的厅堂之上。也不用秀巧的攒尖顶,因为过分轻俏,不符合厅堂的性格。一般而言,江南园林建筑的文化审美属性偏于阴柔、秀美,但厅堂之制是其中较为稳重、严肃的作品,所以既不用庑殿顶以示至尊至贵,也不用攒尖式以免过分轻靡。歇山与硬山顶多施于江南民居,苏州园林的厅堂也多用歇山与硬山顶,可以说明厅堂与民居之间的内在文化联系。

苏州园林厅堂的有些屋顶形制,比如花厅与荷花厅的梁架,多用卷棚顶,即所谓回顶，两坡之上交处不设屋之正脊，而以弧形自然过渡，这有三步架与五步架回顶之别。采用圆弧形卷棚顶，符合园林的总体审美文化格调，园景中独多曲线造型，取圆柔形卷棚，正与苏州园林的柔美之境相和谐。

除了个别高塔比如虎丘塔之外，苏州园林建筑都不甚高峻，所以就苏州园林厅堂来看，尺度自然相对巨大，一般明间面阔大于檐高，前者与后者之比大约为10∶8，于是明间主立面呈横放的长方形，即使是次间，亦仅仅使面阔等于檐高。这就造成了厅堂主立面形象的疏放，有安详之美而非峻起之象，非常符合园林休憩、游闲的审美文化基调。同时，在这厅堂之制中，发展了一种称为"轩"的艺术，普遍用于厅堂天花之上。所谓弓形轩、一枝香轩、茶壶档轩、船篷轩以及菱角轩等，丰富了厅堂天花的美的造型。

草堂印象

安史之乱爆发后的唐乾元二年（759），大诗人杜甫流落到四川成都，筑茅屋于浣花溪之畔，暂栖达四年之久。其生活之窘迫，在其名作《茅屋为秋风所破歌》里展现得很是触目。

诗中所言茅屋，即今四川成都杜甫草堂之原始。

杜甫当年栖居的草堂，早已无存。杜甫留下一首《堂成》诗，可以由此品味一二。其诗云：

> 背郭堂成荫白茅，缘江路熟俯青郊。
> 桤林碍日吟风叶，笼竹和烟滴露梢。
> 暂止飞鸟将数子，频来语燕定新巢。
> 旁人错比扬雄宅，懒惰无心作《解嘲》。

草堂原是杜甫旅居成都的旧宅，想必简陋而不显得堂皇吧。也许原本并无什么"堂"之类像模像样的建筑，只是几间茅舍罢了。但杜甫在另一首《狂夫》诗里赫然提到"草堂"二字。其诗云："万里桥西一草堂，百花潭水即沧浪。"可见，杜甫草堂这一名称，是杜甫自题，一开始就有，不是后人起的名。只是有一点似可肯定，杜甫茅屋在建筑上具有堂的形制与格局，而屋顶上覆盖的不是瓦而是茅。

草堂落成于乾元三年（760），不久便废弃了。据史载，中唐之后已不复存在。现在的杜甫草堂在历史上数经重修。北宋元丰年间（1078—1085），随着杜诗日益为时人所推重，杜甫渐渐被推上"诗圣"的地位，于是便有草堂的重建。这是历史上的第一次重建，并且立了祠宇。元、明、清三代，都有修葺、改建之举。其中明弘治十三年（1500）与清嘉庆十六年（1811）两度重建，大兴土木，今天我们所见杜甫草堂的规模与布局，就是由这两次重建奠定的。

现在的杜甫草堂是一座园林化的建筑，占地约300亩，是原始草堂（占地1亩）的300倍，这是当年吟唱"厚禄故人书断绝，恒饥稚子色凄凉"（《狂夫》）的草堂主人杜老夫子无法想象的。草堂的主体建筑是诗史堂。堂空间相对宽敞，屋宇俨然，色彩、质感都属沉着与朴素一路，颇具诗人与诗作的民间本色。

杜甫草堂主要建筑依次为大廨、诗史堂、柴门与工部祠，自前至后，形成一个庭院式递进的平面格局。而在这一系列建筑的旁侧，有茅舍数间，已是新建的了，只为呼应老杜的《茅屋为秋风所破歌》。

壮丽第一

一般的厅堂作为主体建筑，具有高敞的内部空间、典雅的家具布置和浓重的书卷气。与最初的杜甫草堂相比，扬州平山堂自然要堂皇、大气多了。

平山堂在扬州是文化底蕴深厚的一大名胜，去扬州游览，瘦西湖与平山堂等景物尤佳之处，是值得去看看的。

平山堂位于瘦西湖蜀冈中峰之上、大明寺西侧，地势高爽，可登高望远。登堂远眺，江南的金山、焦山与北固山尽收眼底，视角与堂平齐，故古人取堂名为"平山"。

平山堂的来历与北宋著名文学家欧阳修大有关系。北宋庆历八年（1048），欧阳修在扬州太守任上，营造了这座著名的堂式建筑。堂虽不甚高峻，却建造在一高阜之地，且四近有诸多副题建筑烘托，殿宇俨然，有凌然、壮丽之气。南宋文学家叶梦得《避暑录话》称平山堂"壮丽为淮南第一"。

平山堂为文人欧阳修所修造，自然尤多文人骚客的生活情调。且不说欧阳修当年常在堂上饮酒赋诗、宴集宾客，虽不比兰亭雅集、曲水流觞、群贤毕至、少长咸集之盛况，但与其名篇《醉翁亭记》里所描述的情景，有着异曲同工之妙。

欧阳修筑平山堂后，也有一首《朝中措》"送刘仲原甫出守维扬"词留于后世，读来脍炙人口：

　　平山栏槛倚晴空，山色有无中。手种堂前杨柳，别来几度春风。

　　文章太守，挥毫万字，一饮千钟。行乐直须年少，尊前看取衰翁。

欧阳子开其端，历代墨客骚人屡有咏颂平山堂之作，煞是热闹。

其中苏东坡《西江月》"平山堂"很有名：

　　三过平山堂下，半生弹指声中。十年不见老仙翁，壁上龙蛇飞动。

　　欲吊文章太守，仍歌杨柳春风。休言万事转头空，未转头时皆梦。

苏轼师承欧阳公，曾三度登临平山堂。据记载，这三次是：北宋熙宁四年（1071），苏子离京赴任杭州通判；熙宁七年，自杭州迁于密州，任密州知府；元丰二年（1079），又从徐州迁往湖州，任湖州知府。其间都途经扬州并拜访平山堂。

平山堂的著名，不是此堂在建筑上有什么特别之处，而是由于修造平山堂的欧阳修的文名与人格。欧阳修秉性耿介，敢于直谏，屡遭贬谪，仕途不顺但肯提携后学，文品与人品可谓俱佳。苏东坡受学于欧阳修凡十六年，师生情谊非同一般。因此，当苏轼第三次登临平山堂，见堂在目前而缅怀辞世已近十载的恩师欧阳公时，自然感慨万千。

中国建筑文化史上的诸多建筑物，尤其是文化类建筑，常因与一些著名文人学者的因缘或瓜葛而名垂于青史。滁州醉翁亭以及湖南岳阳楼、武昌黄鹤楼、江西滕王阁、昆明大观楼等，莫不如此。平山堂也是一个显例。

楼阁高显

所谓楼，东汉许慎《说文解字》说："楼，重屋也。"指二层及二层以上的建筑物。甲骨文为𠐁，古文字为高，指高出于地面的人工营构，这人工建筑一旦高在二层或二层之上，就被称为楼。楼可以高到什么程度，当然没有限制，一般的现代化大厦都是楼，最近建造的上海中心大厦，高632米，是目前中华第一高楼（世界第二高楼）。

阁呢，可以说是中国传统楼居的一种，它的造型，四周一般设栏杆回廊或槅扇，可以供远眺、游憩、藏书、供奉佛像之用。《淮南子》说："高台层榭，接屋连阁。"阁也可以指未婚女子的闺房，称为"闺阁"，出嫁称为"出阁"。古乐府诗《木兰诗》唱道："开我东阁门，坐我西阁床。"此之谓也。未婚女子的卧房，为什么称为"阁"？想来是因为她们一般住在楼上的缘故吧。

千古名楼

楼是中国建筑的重要类型之一，其源悠古。最初的楼究竟是什么模样已不可考，但一些汉画像砖石和汉墓出土明器中有丰富的关于中国古楼的造型资料可资参考。江苏出土的画像石中就有一座很雅致的二层楼的图像，汉墓明器中的"楼"更多。山东宁津，甘肃张掖、武威，河南陕县，河北望都等地出土的汉墓明器中均有被称为"陶屋"者。它们多是高三四层的楼，坡顶，平面呈方形，有的做出承载腰檐的斗栱模样，有的一楼独持，立面丰富，有的立于庭院之中。河北安平的

汉画像砖所表现的楼

一座汉墓中，还有一幅关于望楼的壁画：在一大片建筑群中，一座望楼高高耸起，有探出云端之势，其顶部还有幡帜迎风招展。这些文物资料表明，中国建楼历史至少已有两千年。中国建筑史上名楼荟萃，比如山西万荣飞云楼、湖北武汉黄鹤楼、湖南岳阳楼等，都闻名遐迩。

考楼之功能，自然离不开实用、认知、崇拜与审美等。凡楼皆可居人，可作为眺望四时景物的制高点与出发点，这便具有实用性功能。又如兖州鼓楼，置鼓于楼，有防盗之效。北京现存的箭楼、鼓楼，其精神意蕴十分丰富，但从其建造的原始动机看，仍基于防卫这一实用性目的。

汉明器所表现的三层楼阁

河南灵宝东汉墓出土的三层陶楼形象

诸多传说中，古楼具有某种神秘、崇祀性质。扈楼，传说黄帝曾居于内，凤鸟为吉鸟，既有凤鸟来翔，可见此楼在巫术观念中是吉利的，已具神秘色彩。又说凤鸟"衔书其中，得五始之文"，这不仅将中国楼居之史推溯至黄帝时代，以证其古邈，不仅将中国"五德终始"说与黄帝相联系，而且与楼这种中国建筑类型相联系。从五华楼分析，在东西南北中五方同建五楼，这是将带有八卦五方的宇宙思维模式糅入建筑文化中，具有神奇色彩。所谓范蠡龙凤楼为观天文而筑，象征天宇之天门，也颇具崇拜宇宙的人文理念。

从精神意义看，愈发展到后代，楼之功用愈倚重于审美。层楼巍巍，登临以眺，抒寄胸襟情志也。郭璞《登百尺楼赋》云："抚凌槛以遥想，乃极目而肆运，情眇然以思远，怅自失而潜愠。"唐人诗句"欲穷千里目，更上一层楼"，非常生动地道出了楼的审美功能。杜甫有关于岳阳楼的佳句："昔闻洞庭水，今上岳阳楼。吴楚东南坼，乾坤日夜浮。亲朋无一字，老病有孤舟。戎马关山北，凭轩涕泗流。"登楼感叹家国命运，实在动人。李白登黄鹤楼的名句，以及范仲淹登岳阳楼而抒写的散文名篇，更是大家所熟知的。

许多中国古楼都建于台上，成为台楼合制，以增其高。

楼与阁的关系很密切，后人常以楼、阁连称。阁原为中国古楼的一种。早期阁与楼颇有区别。楼者，屋上叠屋之制，比如竖楼，两层之间不施腰檐。阁，指上下层之间没有腰檐且施平座的楼。中国古代的"高"建筑，资格最老者为台，土筑，盛行于先秦。后在台上建楼，成台楼式建筑。西汉之后，楼的台基降低或直接建于平地，楼与阁的界限日益模糊起来，如黄鹤楼与滕王阁建筑形制相同，而称名有别。所以统称楼阁。《淮南子》云："高台层榭，接屋连阁。"《淮南子》写成于西汉初年，这里所言，指西汉初年及之前台、楼、阁三者合制的建筑样式。汉代以后，楼阁并提，是二者在形制上具有文化亲缘的缘故。

楼阁之制，广泛存在于居住类、观赏类、寺观类、文化类与军事类建筑之中。居舍宅第中，有绣楼之类，功能比较单一；居住类楼阁多为二层；观赏类楼阁形体高大，有壮伟、宏丽之美，如岳阳楼、黄鹤楼、滕王阁，为江南三大著名楼阁建筑，其造型力求奇特，立面有丰富多姿的美感；寺观类带有宗教文化意蕴的楼阁，其内供奉高大的宗教造像，如承德普宁寺大乘阁、蓟州独乐寺观音阁等；文化类楼阁主要指藏书楼，最著名的有浙江宁波天一阁，清代皇家藏书楼文渊、文津、文澜、文溯与文汇等阁，最怕火，又忌水；军事类楼阁，有城楼、鼓楼、钟楼、箭楼与敌楼等。

"此地空余黄鹤楼"

崔灏名诗:"昔人已乘黄鹤去,此地空余黄鹤楼。黄鹤一去不复返,白云千载空悠悠。"说的便是千古名胜黄鹤楼。

黄鹤楼在湖北武汉,相传始建于三国时期吴黄武二年(223)。史籍说黄鹤楼在黄鹄矶上,仙人子安乘黄鹤过此,又世传费文袆登仙驾鹤憩此。据此我们可以说,黄鹤楼的建造动机,沾溉了道教的游仙思想。

自吴至两晋南北朝与隋,关于黄鹤楼的史载资料甚少。而至唐代,黄鹤楼显然已成当时一大名胜,著名诗人李白、王维、崔灏、贾岛、杜牧与罗隐之等,都有咏楼诗作,愈使黄鹤楼名噪于中华。

此楼命途多舛,屡毁屡建,现黄鹤楼为1984年新筑。新黄鹤楼构建为五层五重檐,檐角极度起翘,象征黄鹤展翅。楼址移近江边,这样做是为了丰富江岸景观,对楼本身而言,又以大江为借景。其体形尺度比清代黄鹤楼大近一倍,为的是求得与大江流水在尺度上的谐调。楼高50.4米,雄浑而堂皇。

历史上黄鹤楼历尽沧桑,时废时建的文化动因究竟是什么呢? 从现今新楼的重建看,最浅近的动因,自然是发展文化旅游事业,其深层的动因,则是中国人那种十分顽强、执拗的历史意识与文脉观念。对传统文化的认同与回归,甚至是崇古意识,是中国人独具的文化情结。历史上黄鹤楼几经废兴,其文化心理都是这种情结的生动体现。中国人一向对未来充满希望,然而当他们举步奔向未来之时,总愿意向历史与传统投去多情、留恋的一瞥,宁愿负起因袭的重担,从历史与现实中寻找灵感而自裁新制。这种情结是古老的、一脉相承的,又是具有现代文化意蕴的。

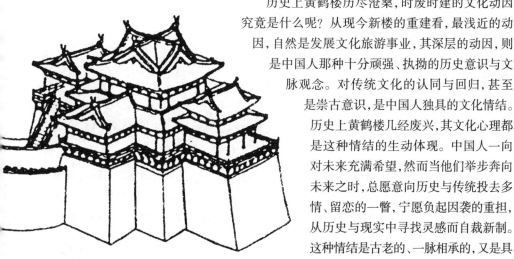

宋画中的黄鹤楼形象,与今天的黄鹤楼已是大相径庭。

晴川阁的"诗意"

明代诗人傅淑训《晴川阁远眺》一诗写道：

> 江上风烟望武昌，临江高阁晓苍苍。
> 涛声八月蛟龙吼，霸气千秋草树荒。
> 几点青山浮大别，一声残笛弄沧浪。
> 自经崔颢题诗后，别是人间翰墨场。

唐人崔颢为黄鹤楼题诗，其诗有云："晴川历历汉阳树，芳草凄凄鹦鹉洲。"弄得大诗人李白在赞叹之余，也只得辍笔不前，他曾写道："眼前有景道不得，崔颢题诗在上头。"这是中国文学史上的一段佳话。晴川阁的命名，来自崔颢的诗句。

晴川阁始建于明代嘉靖年间，位于汉阳龟山禹功矶上，与黄鹤楼隔江相望，楼、阁互答，尤具诗意。每逢阳光普照，一江辉煌，和风拂煦，武汉三镇灿烂无比，晴川阁则雄视江汉大地，与黄鹤楼南北遥对，磅礴而雄奇，轻盈而舒展。

明代之后，此楼屡遭倾毁，数度重修与增建。1934年又毁于风灾，现在的晴川阁是不久前重建的。按清式晴川阁图样设计施工，筑于高台之上，为台阁合建形制。

晴川阁的建造灵感来自文学作品，崔颢是"第一作者"。经过古今不知其名姓的匠人的设计与建造，晴川阁终成为"三楚胜地，千古奇观"。

波撼岳阳楼

范仲淹《岳阳楼记》为千古名篇，其文云："予观夫巴陵胜状，在洞庭一湖。衔远山，吞长江，浩浩荡荡，横无际涯。朝晖夕阴，气象万千。此则岳阳楼之大观也。"

岳阳楼位于湖南省岳阳市，原为岳阳县西门城楼。高三层，下瞰洞庭湖。湖区万顷碧波，构成楼之胜景巨大的自然背景，且其遥对君山，壮阔而雄浑。岳阳楼始建于唐开元四年（716），历有兴废。1949年后又整修一新，并辖入四近景观，辟为游览胜地。

岳阳楼的建筑技术与艺术水平高超，其之所以如此著名，主要是自然条件与人文因素丰富之故。楼址选在洞庭湖畔，这里山川形胜，尤其烟波浩淼，使楼愈增壮丽之美。

楼位于湖畔,亦为人们观赏湖景,发千古之浩叹提供了一个驻足之处。该楼主楼平面为长方形,三层三檐式,总高为19.72米。重檐飞宇,顶上覆琉璃瓦。楼的四面设有明廊可供远眺,具有英姿临风之美。岳阳楼在唐代已有名气。杜甫《登岳阳楼》一诗,写出了湖、楼形象交融的宏伟气魄,抒寄了一种典型的系于岳阳楼的浩茫胸襟。

"滕王高阁临江渚"

滕王阁,故址在洪州(今江西南昌)长洲之上,为唐高祖李渊太子元婴所建。元婴初任洪州都督,后被封为滕王,故名滕王阁。后来,阎公(一说即阎伯屿)任洪州都督时,曾重修滕王阁。唐高宗李治上元二年(675)九月九日,阎公在阁内大宴宾客,初唐四杰之一的王勃路过洪州,得遇此盛事,应邀欣然命笔。王勃才华横溢,撰成一篇千古名文《秋日登洪州滕王阁饯别序》,简称《滕王阁序》。

该文云,滕王阁在"南昌故郡,洪都新府;星分翼轸,地接衡庐;襟三江而带五湖,控蛮荆而引瓯越。物华天宝,龙光射斗牛之墟;人杰地灵,徐孺下陈蕃之榻"。实在可以说建逢其时,"形势"(古代原为"风水"术语)大好。

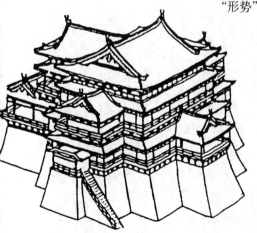

宋画滕王阁形象临摹

《滕王阁序》最著名的两句是:"落霞与孤鹜齐飞,秋水共长天一色。"把秋色、秋籁之中的滕王阁之美,烘托得淋漓尽致。滕王阁本不十分著名,却阁因文传。

滕王阁建在南昌市西,濒临赣江,始建于唐永徽四年(653)。掐指算来,已有近一千四百年历史。该阁与其他著名的中国古代建筑一样,由于是土木建筑,遭受的天摧人毁实在太多,修了废,废了修,迄今重修已达二十八次之多。最近的一次重修在1983年。新建的滕王阁坐落在唐阁遗址(江边山冈)附近,是一座仿木结构

（大概以后不怕火灾了吧），高达57.5米，主体建筑有十层，造型颇有古雅的风韵与情调。

稳健而飘逸的观音阁

在天津蓟州独乐寺，有现存中国最古老的观音阁。独乐寺重建于辽代统和二年（984），现存观音阁及寺之山门为辽代原物。此阁三层，由于中间为暗层，外观仅为二层，总高22.5米。阁内安置一躯辽塑十一面观音像，造型之精美冠绝当时，也是现存中国古代最大的佛教塑像之一，达16米之高，它从底层直通三层，阁内开有空井以容其体。

观音阁的木结构特点，是使用内外槽制和明栿草栿两套屋架，

独乐寺观音阁

并使二者紧密相构。关键是暗层。立柱并非直接贯通于上下三层,而是将上层立柱插在下层柱头的斗栱之上,是建筑学上的所谓叉柱造做法。为了避免日久结构变形,阁之内部第三层明间前后内槽柱和次间中间柱以内额相联系,构成了一个空井,井平面呈六角形。同时,在第三层外围壁体和暗层内施用斜撑以求坚固。空井的构成,是结构上的需要,其下层为方形。上层则改变平面形制,这无疑提高了整座观音阁结构的刚度,又给巨硕之观音像准备了一个特殊的空间。由于空井的空间尺度较小,观音像躯容纳其中,上下三层贯通,愈显得塑像巨大、崇高与神圣,很好地体现了佛教文化主题。此阁在施斗栱、杪昂等建筑构件方面也有特色,主要是在阁之下檐施以四跳华栱,呈挑出之势,上檐改施双杪双下昂。利用下昂和华栱出跳相等而高度不同的特点,以调整屋顶坡度,这是唐以来单层与多层建筑常用的做法。其实,这也是楼阁建筑所普遍采用的结构之法。

有点特别的佛香阁

佛香阁位于北京颐和园万寿山,处在全园的制高点。阁高41米(一说38米),下筑台基,台基宽43米,尤显高大,佛香阁坐落于台基之上,总高84米,有耸入云端的凌空之势。

这是一座平面呈正八边形的建筑,象征佛教教义八正道,可见其佛教文化意蕴之浓厚。其外观为四层四重檐,每层有腰檐平坐,以廊护围,阁顶为八角攒尖式。檐口做得较为轻薄,且略有起翘,所以虽为庞然大物,却显得线条柔和,造型轻盈。然瓦饰丰富,色彩辉煌,仍不失皇家楼阁的富贵之气。佛香阁始建于清乾隆二十五年(1760),在一百年之后,即1860年,毁于英法联军的侵略战火。光绪十七年(1891)得以重建,保持原作形制,非常精彩。

佛香阁所在的颐和园,是清王朝的皇家园林。大凡皇家园林的尺度都比较大,而且许多建筑建造与装饰得金碧辉煌,大有宫殿的气度,说明皇家园林的文化主题较多地渗透着政治伦理思想,这是与私家园林、文人园林不同的。皇家园林同时也有休憩的主题,即老庄一路淡泊的思想意绪,帝王及皇族成员借园林而优游随宜。皇家成员包括帝王也是人,也要生理与心理意义的"休息",雅好山水、回归自然,也是他们的一种属于人性深处的要求。

在皇家园林中建造一座具有一定佛学意味的"阁",这在中国古代还是比较少见的。所以这佛香阁有点特别,这是因为当年"老佛爷"慈禧雅爱佛教,在移用海军军款建造颐和园时,建造了这一座佛香阁。这是颐和园的一个特色,也是佛香阁的特色。试看佛香阁，既然沾溉了一个佛字，总该有一些看破红尘的意思吧，但阁的造型雄硕，色彩绚烂，似乎全不顾"佛门清规"，到底按捺不住一颗恋世而躁动的心。不过，佛香阁造型高大，成了颐和园景观的注目中心，这在构筑园景与审美上，是具有重要意义的。

"知音"天一阁

在浙江宁波月湖之西，有一座中国现存最古老的私家藏书楼——天一阁，始建于明代嘉靖年间。阁主范钦，字尧卿，号东明，嘉靖进士，官至兵部右侍郎，极喜好藏书。阁建成时，原有藏书七万余卷，清代乾隆以后，屡遇战乱与被盗而多有散失，至1949年，仅存一万三千多卷。清嘉庆间，阮元任浙江巡抚，命范钦后裔懋柱编天一阁书目十卷。清光绪时，钱恂重编书目，已不及原藏书量的十分之一。

天一阁为二层楼阁，四周围墙，砖砌。入门为照壁，壁雕精细。左侧一门入院，见庭院式布局，北为天一阁，南为庭院。院前有池，花木葱郁，盆景罗列。整座天一阁由几个大小不等的院落构成，碑刻甚富。屋舍尺度不大，色调自然而朴素。

"天一"之称，源于《周易》。《易传·系辞上》有"天一地二"之说，又《河图》有所谓"天一生水，而地六成之"的方位说，指河图所标示的北方。北方在八卦方位中为冬，为水，故天一者寓水之意。水为扑火、灭火之物，藏书最惧火，故此阁以天一命名，意在"灭火"，在阁主，是求其吉利平安，并非"老子天下第一"的意思。

长廊侵雨

　　什么是廊？屋檐下的过道或独立有顶盖的通道。一般而言，廊不是居室。偶尔也用以居住的，如廊房。明永乐年间，北京曾大兴土木，修建一批廊房于四门钟鼓楼等处，为民商居所，收取租银，以充内府库，备宴赏支用。北京曾有廊房胡同，盖源于此。中国古代有廊庑之制，为堂前廊屋。《汉书》颜注："廊，堂下周屋也；庑，门屋也。"亦有所谓廊庙，犹言庙堂，指四周建回廊的宫殿与太庙，代指朝廷。《国语·越语下》："夫谋之廊庙，失之中原，其可乎？"因为廊庙代指朝廷，所以旧时称那些大德贤人可任朝廷要职的为"廊庙器"。至于园林的游廊，则是更为常见的。

　　一般的廊是线形建筑物，造型狭长，有的长达数百米，故这里权称"长廊"。

"廊深阁回此徘徊"

　　唐代诗人李商隐《正月崇让宅》诗云："密锁重关掩绿苔，廊深阁回此徘徊。"这里所描述的廊，是民宅、民居中通常会有的建造于行道路线的建筑，这在园林空间环境中更为多见。廊是那种在其上加建了顶盖的道路空间，它逶迤而曲折，有"徘徊"的韵味，以遮阳、避雨、挡雪之类为其实用目的。假如是单面空廊的话，还具有挡风的功效。有的小型园林四周围墙内侧建有回廊，有的四合院内侧四周亦建回廊，使人在其中行走，能做到"雨天不湿鞋"。无论廊的文化功能发展得怎样丰富而复杂，其实用性功能是基本的。

　　廊是建筑空间环境的一种组织手段。中国建筑环境，一般都是群体组合。群体是由若干单体有机地构成的，这有机构成，常以廊来串联与组织。

　　廊一般布置于两个或两个以上建筑物、观赏点之间，作为划分与联系空间环境的重要手段，好比一根线，将颗颗明珠串联在一起。这在园林景观中表现得尤为突出。中国园林文化，以空间划分的大小、高低、虚实、明暗、开合、敧正、深浅、续断、曲直以及山水、

苏州拙政园波形廊绘形

花树、建筑景点、桥路安排等构成对比呼应，是富于节奏意蕴的有机空间体系。其中的廊，往往成为园林空间及其景观的重要组织手段。因为有了廊，全园才浑然一体，生气勃勃，意蕴流溢。廊是建筑环境特别是园林景观的有机因素。

从审美角度看，廊是交通与游览路线的升华。漫步廊下，其两侧或一侧的景观美韵尽收眼底，步移景迁，极具流动的美感。倘廊之一侧或两侧为半虚半实墙，则可透过漏窗，目接廊外的隐约、朦胧之美。廊往往不设墙，双排细柱亭亭玉立，上托轻盈的顶盖。这类敞廊具有虚而空灵的审美特征。若驻足廊下，此时廊则成为观赏的出发点，眼前空间豁朗，视野相对开阔。

与这种"流动之虚"的特征相联系的，是廊的阴柔之美。一般的廊都呈蛇行线形，直廊在园林景观中十分少见。曲，是廊的基本平面特征；曲，造成了廊的优美品格。在园林中，曲廊布局自由，好似血脉，流贯全园这一有机躯体。廊的体量与尺度一般不大，尤其在江浙一带的私家文人园林中，其宽度常在1.5米以下。北京颐和园宽度为2.3米的长廊，可称特例，意在渲染皇家园林的宏大气魄。苏州、扬州、杭州、南京以及上海、绍兴、宁波等地私家园林中的廊，以轻巧玲珑者居多，以典雅质朴见长，其立柱高度在2.5米上下，柱径约为0.15米，显得文雅而细柔。柱距在3米左右，有一种逶迤而不显急迫的韵律感。

廊一般都比较开敞通透，基本不作居室用途，空间造型无须封闭，亦不存在私密性问题。所以，廊的阴柔之美，并不是阴郁之美。廊是中国古代封闭文化心态在建筑营构中所开启的一扇"心灵窗户"。从这一点看，廊与亭具有相通之处。

百态千姿说回廊

廊的分类方法有多种。可从廊的整体造型划分，也可以按廊的横剖面形式划分。

按廊的整体造型，可以分为直廊与曲廊两大类。

直廊。多见于宫殿、庙宇、楼阁与宅第等建筑环境之中，其位置常贴墙而建，或处于建筑物的边沿上，廊道受主体建筑平面直线影响而呈直势，廊顶或为建筑物屋顶的一部分，或单独设为坡顶，以利泄水，也不乏作其他形状的。中国古代建筑物的平面，以正方形、矩形为常式，圆形或其他形状甚为罕见，所以这种依附于主体建筑方形平面的廊，以直廊为多，比如抄手廊等。

曲廊。多见于园林景观之中。尚曲，是中国园林审美文化的基本特征。在园林中，曲廊是随处可见的。《园冶》云："随形而弯，依势而曲。或蟠山腰，或穷水际。通花渡壑，蜿蜒无尽。"这当然不是说，中国园林中绝对没有直廊出现，但比较起来，中国园林基本是曲廊的天下。

曲廊可分为两类。其一是平面为弧形线（包括圆形线）。苏州拙政园的波形廊就是显例。它一方面固然受到地形的影响，另一方面也是造园家的刻意追求。其二是平面为折线形的。有些爬山廊、叠落廊、双面和单面空廊以及复廊等可属此类。总体上是曲线，局部短距离为直线，在小段直线之间的转折，不像平面为弧形线的廊那般平缓而呈渐进态势，它具有两段直线之间所构成的锐角、钝角或直角，这种曲廊的走向呈突进状态。

直廊与曲廊，在文化品格上显现出各自的造型特征。前者严正，更诉诸理性而显得简洁；如果处置不当，会给人以僵硬之感。后者自由，更诉诸情感而显得优柔，其中以弧形线曲廊更为疏放灵活；如果处理不佳，可能比较芜杂，拖泥带水。

从廊的横剖面形式即廊的结构看，双面空廊、单面空廊、复廊与双层廊，大体上是廊这一建筑类型的基本样式。

双面空廊，即两侧都不设墙的廊。这种廊，可以中国最长的廊——北京颐和园的长廊作为代表（后详）。

单面空廊，即一侧沿墙或附属于其他建筑物，一侧敞开，面向园景。它是双面空廊的发展，即在双面空廊的一侧列柱间砌成实墙或具有系列漏窗与门洞，便成单面空廊。这种空廊样式的妙处，在于半掩半透。进苏州留园，迎面是曲折的长廊和两重小院。长廊开敞的一侧，面向小院，院中古树苍劲而朴拙，古老幽深的文化气息扑面而来。廊的另一侧为园林主景，由于单面空廊的墙常为"虚"墙，游人通过一排漏窗，依稀可见园之另一侧的灿烂景观。单面空廊的设置，使得园之意境既含蓄又明丽，它具有序幕般导引的美感。人们在廊中漫步，通过窗与洞门窥景，景致时隐时现，若即若离，亦真亦幻，引人入胜。

复廊，也是双面空廊的发展，所不同的是在双面空廊的纵轴上设有一道墙体，形成两个独立的带形空间，构成复廊。为求相邻两个单面空廊之间的空间联系与交流，往往在墙体上饰以漏窗，姿态、样式各异。复廊也是组织园林空间、景观的重要手段。一个双面空廊在中间设此一道"虚"墙，使得廊这一游览线的长度增加了一倍。苏州沧浪亭的复廊可谓佳构。该园虽名"沧浪"，实则无水。为此，于园之东北部建一复廊，通过廊中的"虚"墙漏窗，将园外水景"借"进园来，达到丰富景观的目的。复廊的空透性成为

扬州寄啸山庄双层
折廊绘形

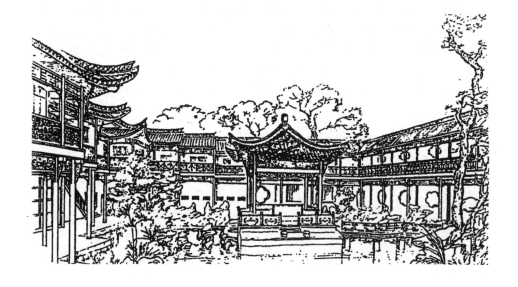

园之借景、对景的媒介。同时，复廊墙体上精致的漏窗，本身亦富观赏性，具有不可忽视的审美价值。在上海豫园，一段长度仅为12米的复廊，成了"会心不远"、万花楼与两宜轩三座建筑物的有机组织者。通过复廊与跨越山溪的白墙，将仙山堂前大假山与点春堂之间的庭院划分为三个空间，该廊平面三折，通过实墙的空窗，互可观赏对面的美景。

双层廊，因其为双层，又称楼廊。这是双面空廊的又一发展，在其中部横断面上建造二层层面，便构成双层廊。该廊之妙，妙在能从不同层面上观赏园景，尤其在二层，因抬高视点，给园景的审美增添情趣。这一点，扬州寄啸山庄的双层折廊比较典型。

北京北海琼华岛的延楼是双层廊之佳构。其平面呈半圆弧形，东自倚晴楼，西至分凉阁，有六十个开间，廊的外延，顺北海水沿建汉白玉栏杆，长度近300米。在审美上，北海水域开阔，沿水边建此长廊，更增添了水景疏放的美感，它的横向线形与琼华岛之巅高耸的白塔和山体，和谐构景，美不胜收。

在廊的整体造型划分中，还可因地形、地貌而分为爬山廊、平地廊和水廊等多种。

廊的文化审美属性很重要的一点，就是前文所说的"随形而弯，依势而曲"。这里所谓形、势，主要指地形、地貌。中国园林所追求的最高境界，是《园冶》所说的"虽由人作，宛自天开"。廊是人工建筑，亦须达到"宛自天开"的境界。为此，随形、依势是建造游廊的一个审美定则，目的是达到建筑与景观的完美结合。

园林的地形、地貌，有山坡、平地与水域之别，在这三处设廊，其形象可能大异其趣。

爬山廊，有的位于山陂斜坡，有的自坡底随山势蜿蜒而上，呈爬坡态势，或呈递进向上的阶梯式。这种廊在实用功能上是游人上下山坡的通道，是登高、下坡观景的"导游"。在观感上，则是山坡地段不同高层建筑或景点之间的纽带，是山坡与平地、水域之间的过渡性空间。它丰富了山景，使生糙的山坡转化为"人化的自然"。苏州拙政园见山楼西的爬山廊，苏州留园涵碧山房西面至闻木樨香轩的一段爬山廊，以及北京北海亩鉴堂爬山廊等，都是如此。文人私园由于尺度不大，爬山廊的气度相对小巧。在北京皇家园林中，爬山廊的建造，是园景平添雄伟气势的有力媒介。北京颐和园排云殿两侧与"画中游"两处爬山廊，由于山势较陡，如果缺少此廊，不同平面上的建筑物，将给人以不相连贯的感觉，建廊以后，审美效果则迥然不同：它使原来散在的建筑景观得以沟通。游人从排云殿两侧爬山廊登高至德辉殿，殿、廊连续徘徊，气度不凡。同样，在北海濠濮涧，爬山的折廊，在空间上将四座屋宇有机地组合成一个群体，曲廊顺着山势逶迤而下，以临池水榭为终结，与起伏的山坡浑然一体，仿佛从山体中"生长"出来，貌似巨龙入渊，有优渐之美，倘自水榭仰望，更有腾跃之趣。

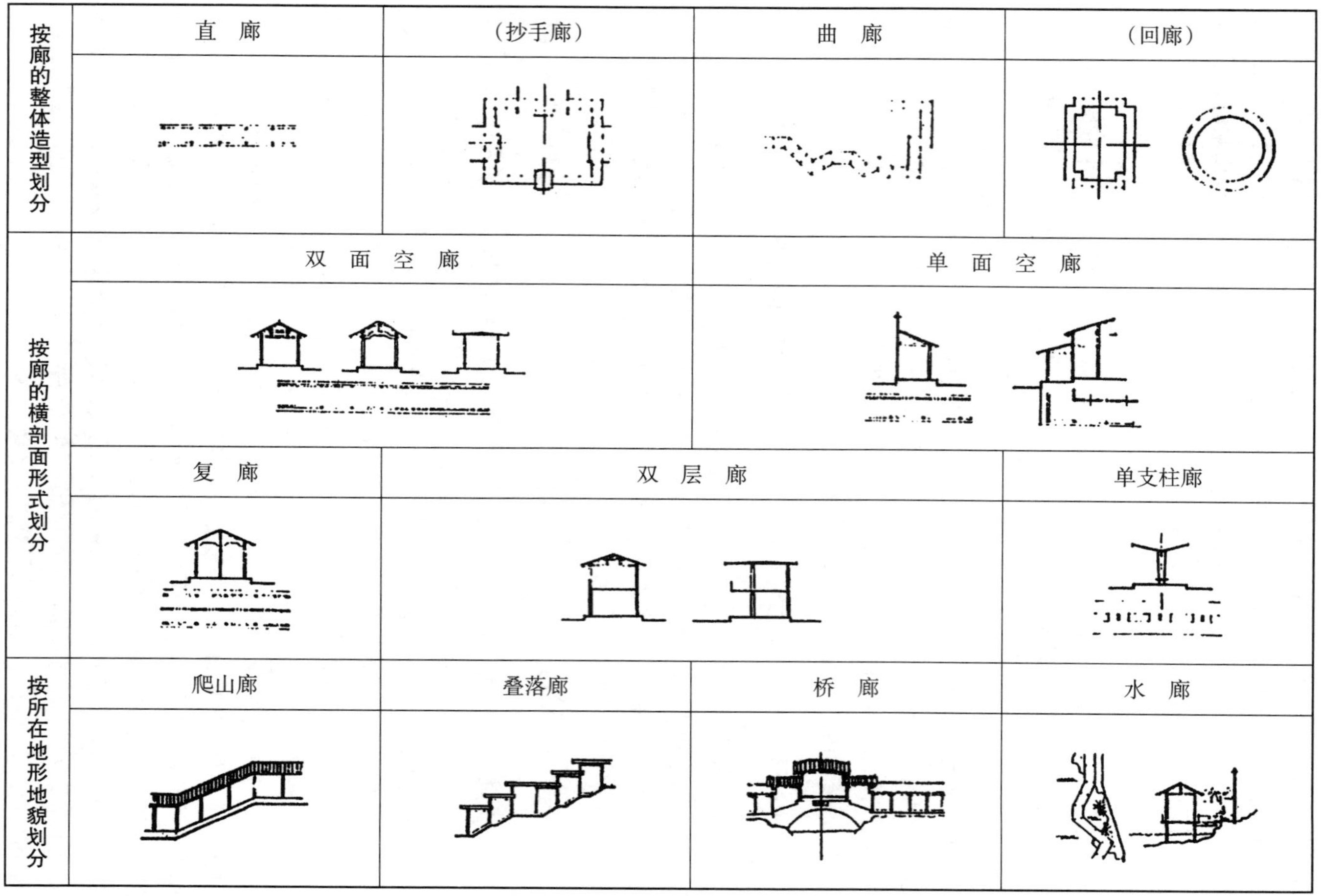

按廊的整体造型划分	直廊	（抄手廊）	曲廊	（回廊）
按廊的横剖面形式划分	双面空廊		单面空廊	
按所在地形地貌划分	爬山廊	叠落廊	桥廊	水廊

复廊

双层廊

单支柱廊

廊的分类

平地廊，其形制因地势平坦而呈现平缓的审美特征。在园林中，这种廊一般以曲廊形制为多见，也有曲中寓直、直中寓曲的。河北承德避暑山庄有一组建筑群，赐名"万壑松风"。其中五座单体，即利用折廊的手法巧加安排，匠心独运。平地廊，或为双面空廊，或为单面空廊，有的面向内庭，有的作外向布置，似有迎接外部景观之势。它连接、划分了诸多院落，空间尺度大小对应，平添了园景的意境层次与深度。平地廊的文化审美品格是舒缓。游人在其间行走或驻足眺望，心灵之轻松宁静犹如澄湖碧潭，没有紧张，没有急迫，徐徐而行，缓缓品味。它淡雅平易，与爬山廊各具格调，一般不会令人亢奋、惊奇。

还有一种廊叫**水廊**。顾名思义，这是一种与水相联系的廊，可供观赏水趣，连接、引渡两岸建筑和景观。其中又分临水而筑与凌波而建两类。前者建于岸边或泽畔，廊基一般紧连水域，具有亲水倾向，但不在水域之上。它立足于陆地，却"向往"着水趣。其中堪称佳作的当推苏州拙政园西部的波形廊。此廊始于"别有洞天"入口处，止于三十六鸳鸯馆，随水岸自然曲势而呈"L"形平面。所谓波形者，既指天然曲岸，又点出起伏水波，语意双关是不言而喻的。后者建于水域之上。它的特点，是以石台或石墩为廊基。廊基一般微露或略高于水面，令石台基础之间有水相通，以流域宽阔为佳。廊的底部贴近水面，使之成为卧波姿态。凡此，都是为了突出水廊的亲水特色。人徜徉于水廊之上，似有泛舟拍水之趣。

在水域上建桥，桥上建廊，遂成桥廊之制，这是水廊的一种变式。桥廊横卧水面，自有枕流妙趣。若桥廊贴水架于水面，亲水之美颇为强烈；倘高蹈于水域之上，又有凌空欲飞之美。广西桂林名胜风景区，一座距今七百余年的古桥名曰花桥，上部建有一木构桥廊。此桥设穹形桥洞四孔，其拱券结构以巨石为材，每逢风平浪静，或蓝天丽日，或月明星稀，此时花桥在水中的倒影尤显清亮，静趣横溢。桥廊上覆以平缓的双坡顶盖，铺以绿琉璃瓦饰，使得桥廊既朴实无华，又明丽别致，恰似嵌在青山碧水之间的一条翡翠链。

廊是一个十分丰富的建筑文化世界，它依功能、地形与材料的不同而变化，是一个多变的建筑门类。除非物质与精神上的特殊需要，廊的空间造型，一般都是秀逸而清丽的，它一般具有回曲的空间造型，阴柔是廊的基本审美品格。

天下独步

谈到长廊，最精彩的当数北京颐和园长廊。

长廊名副其实，全长达728米，共有273间。这长度可以说是天下独一，没有比这更长的廊了，无论在中国还是世界上。

颐和园长廊位于万寿山的前山南坡，这里是一个东西向的狭长地带。狭长地带的南缘，就是昆明湖湖岸。长廊东起乐寿堂，西到石舫，即一个由石头雕成的船形建筑为止。一路上长廊逶迤曲折，作为交通以及游园的导引路线，长廊首先是实用的。比方说下雨或是下雪的时候，人在长廊悠闲地漫步，可以做到不被淋湿，而内心从容熨帖。长廊的精神性审美功能由此出现。

颐和园作为中国名园，尺度巨大，它的面积有290公顷，分昆明湖与万寿山两部分。昆明湖面积200公顷，约占整个颐和园面积的三分之二，这样巨大的湖泊，在中国其他园林即使是皇家园林中也是没有的。万寿山虽然不算高峻，最高的地方，也只有60米左右的样子，但沿昆明湖畔延绵数百米，因此，在万寿山南坡的湖畔仅数十米宽的狭长区域建造一条长廊，在尺度上是很相宜的。如果是一条很短的廊，那么在如此尺度的湖山之间，就会失去气势，造成廊的玩具感与滑稽感。长廊"游走"在如此阔大的湖泊与山峦之中，正如一条游龙，活跃的是磅礴的生命。

长廊本身是颐和园里一个突出的景观，不仅是因其长、因其曲折逶迤得令人生羡，而且这廊是没有墙的建筑，只是两排立柱擎着廊盖，空间的通透性很强。由于通透，就不因其造型巨大而显得笨拙，相反，在其内外空间的交流中，独具涵虚之美。长廊平面呈蛇行线形，有依势回曲之趣，密密的立柱有尽而似无尽，每二立柱之间的距离都是相同的，造成了整一的、不断重复的因而也是不断得到强调的美的旋律感。琉璃廊盖又加强了旋律的统一。在廊的额枋与天花上，到处绘描的是精致的彩画，彩画数量之巨令人咋舌，共有2万余幅，其中单是人物故事画就有360多幅。

长廊是一个突出的美的景观，还是欣赏颐和园其他园景的出发点。长廊所经之处，是颐和园内建筑景观的荟萃之地。在林木掩映之间，有颐和园的主体建筑排云殿和佛香阁，周围散布十数个建筑群，自由地点缀在湖山之间，尺度宜人，气象万千。游人坐在长廊小憩，或是行进于廊中，对这众多壮丽而优美的园中景致，或静观，或动观。如果游人从长廊东头向西行进，右侧是苍茫与葱郁的山景，是瑰丽中显出皇家气象的亭台楼阁，美不胜收；左侧则是浩淼的湖水，湖中长堤、玉带桥、十七孔桥、湖对面的龙王岛以及玉泉山远景，令人目不暇接。

这便是天下独步之美。

有亭翼然

古人云："亭者，停也。"亭作为一种古老的建筑门类，是供人停下休憩的。古时交通不便，道路难行，旅人长途跋涉多靠步行、坐独轮车或是骑马，自是十分辛苦。所以，在驿站旁、道路边建造一种供旅人休息的建筑物，是情理中事。

亭这种建筑是比较晚起的。

但亭也是人们所熟知的。古往今来，名亭迭出，可以列出一长串名字，如安徽醉翁亭、丰乐亭、览翠亭，湖北黄州快哉亭、九曲亭，

有亭翼然

北京碧螺亭、陶然亭、渌水亭，江苏放鹤亭、沧浪亭、北固亭，江西一柱峰亭、南浦亭，广东飞泉亭、松风亭，陕西喜雨亭，等等。历代文人墨客为天下名亭留下了许多诗文，亭因文而增色，文因亭而传颂。造亭、修亭，记亭、述亭，从而抒寄胸襟，成为士大夫的一大雅事与雅趣。

那么，亭的建筑文化性格又是怎样的呢？

亭的原型

说起来可能不免让人感到有点突然。最早所谓亭是建于路旁供行人食、息的建筑，尔后是一种行政机构的名称。据有关史料，亭，曾是秦汉时乡以下的一种行政机构。《汉书·百官公卿表上》："大率十里一亭，亭有长，十亭一乡。"这种作为古时行政机构的

亭,有点相当于今天村这样的行政建制。

据有关史料,这种行政上的亭制,初设于先秦战国时代。当时有官职称亭长(zhǎng),在诸侯国之间的邻近地区设亭,置亭长,以管理防御敌方侵扰的政事。后来成了汉高祖的刘邦,就曾经是一位亭长。西汉时,在乡郊约每十里置一亭,设亭长;多以退役武人充任,从事乡野基层的治安警卫,也管理这一亭区的民事,包括驿旅等事宜。这种亭制也发展到都邑管辖区。西汉时设于城内、城厢的称"都亭",设于城门的称"门亭",也有亭长一职。东汉之后,这种亭制渐渐废止,作为古代行政的一种制度,以秦汉为其盛期。《浙江通志》云:"秦汉十里一亭。亭者,犹今之铺也,故有亭长、亭侯。"

可见,行政机构意义上的亭,与建筑文化意义上的亭,是有些关联的。可能在春秋战国时代,已有亭这种小型多姿、建于驿路与通道的建筑物,它曾经是一些行政管辖区域的标志。

文化功能

从建筑文化角度看,亭的功能,大致经历了从简单到复杂,又回归于简素的历史过程。

建筑类型中的亭,是供旅人休息的场所,它服务于行旅,古时大约每十里之遥建一亭,也许是从一般旅人的脚力考虑而为之的,亭一开始就具有实用性功能,兼备精神性功能,是人的身心在长途行旅之中获得休憩、调整和恢复的地方。

在历史陶冶中,亭的功能多种多样。

一是观兵。宋代有所谓观兵亭,《陕西通志·庆阳府》:"观兵亭在环县外古教场。宋种世衡建,以阅兵。"这是亭的军事功能,有类于古代阅兵台。

二是讲学。古时河北保定府有北海亭。据《畿辅通志·保定府》:"乾坤北海亭在定兴县东南十五里江村。明太常卿鹿善继筑。数椽结第,不髹不绘。园蔬几色,灌木两行。善继讲学,子化麟下帷之所。"又据《陕西通志·西安府》:"绿野亭在武功县南一里。宋张子厚讲学之所。子厚与武功簿张子甫善,故县中子弟从子厚游,因建此亭。明杨一清督学关中,改为绿野书院。"西安府太液亭亦为讲学之所:"蓬莱殿后有含凉殿、太液池、太液亭。穆宗时,令侍讲韦处厚等入此亭讲《诗》《尚书》。"

三是珍藏。筑亭以收藏珍贵文物。《江南通志·镇江府》："宝墨亭在府西北，以贮王焕之所集右军书、陀罗尼经及华阳真逸《瘗鹤铭》。"现保存乾隆御碑的北京卢沟桥碑亭，体现的也是这类功能。

四是避暑。《山堂肆考》云："平乐府仙宫岭有翔风亭，宋邹浩建，以为避暑之所。"

五是观瞻。《山堂肆考》云："衡州府治西有望岳亭，唐采访使韦虚舟建。以其东望清湘，北瞻碧岳，因以名亭。"

六是迎饯。《山堂肆考》："折柳亭在金陵城上，赏心亭下，宋张咏建，为饯送之所。"又，《江南通志·扬州府》云："南丽亭在府南门外。宋元丰七年，诏京东淮南筑高丽馆以待朝贡之使。绍兴三十一年，向子固重建，扁（匾）其门曰南浦，亭曰腾云，为迎饯之所。"

七是游宴。《畿辅通志·顺天府》："玉渊亭在府内玉渊潭，俗呼百官厅。元士大夫休暇游宴之所。"《河南通志·汝州》："修禊亭在鲁山县。唐欧阳詹为令，以三月三日集僚吏禊饮于此。"

八是祭祀。《畿辅通志·真定府》："春露亭在新乐县南四十里孔村。元祭酒苏天爵先垄在焉，因建亭为祭祀之所。"

九是贮水。《山东通志·兖州府》说，在古时兖州，有义浆亭"在平阴县南二十里。金大定间，邑人任翁作亭，贮水以济渴者"。《广东通志·韶州府》称有止渴亭"煮茶施众"。

十是流觞。《浙江通志·金华府》："涵碧亭有二：一在州衙甘露亭北，宋绍兴十三年，知州周纲重建。一在东阳县南五里昆山下，唐宝历二年，知县丁兴宗建。下穿方池，刻石作双鱼，引水贯其中，以为流觞之所。唐刘禹锡有诗，罗隐有记焉。"

十一是待渡。《广东通志·惠州府》："丰济亭在兴宁县南三里，萧璜造。为行人待渡之所。"

十二是庇护。《广东通志·广州府》："余莫亭在朝台，唐刺史李毗建。凡使客舟楫避风雨者，皆泊此。"

十三是风水。《福建通志·建宁府》："黄亭在丰阳里。宋时建亭，以黄石取土克水之义。"石属土，土色黄，故建黄石之亭，在阴阳五行说中，土克水。在此建亭，以镇风水。

十四是象征。一种是人格象征。《广东通志·雷州府》记有十贤亭。"咸淳九年郡守虞应龙建立，以祀寇准、苏轼、苏辙、赵鼎、李纲、王岩叟、胡铨、秦观、李光、任伯雨。"一种是观念象征。《山堂肆考》称古代有六劝亭："在宁国府东南。宋治平初，县令周景贤建。

作文劝民，其条有六：行孝弟，务农桑，向儒学，兴廉逊，崇信行，近医药。"《广东通志·广州府》亦云："劝农亭在顺德县阜西门外，知县吴廷举建。书农事要语于壁间。"还有一种是宗教意蕴象征。《齐东野语》："（张镃）尝于南湖园作驾霄亭于四古松间，以巨铁絙悬之空半，而羁之松身。当风月清夜，与客梯登之，飘摇云表，真有挟飞仙溯紫清之意"。

　　亭的功能还不止这些。归纳起来，不外乎物质性的实用功能与精神性的崇拜、认知与审美功能两大类。亭在中国文化史上曾经具有复杂丰富的文化功能。

"一上危亭眼界宽"

　　亭这种建筑越发展到后来，其文化功能越回归于简素。在明清时期的中国园林中，亭是相当多见的，在具有一定的实用性功能的基础上，尤为突出的是它的审美文化功能。

　　苏州有沧浪亭，并以此亭命名所在之园。该亭为北宋废臣苏舜钦所筑，始建于北宋庆历五年（1045）。其《沧浪亭记》有云："予以罪废，无所归，扁舟南游，旅于吴中。"见"其地益阔，旁无民居"，"坳隆胜势，遗意尚存，予爱而徘徊，遂以钱四万得之。构亭北碕，号'沧浪'焉"。以"沧浪"为名，盖取悦于自然、放归于自然之意，典出于《孟子·离娄》："有孺子歌曰：沧浪之水清兮，可以濯我缨；沧浪之水浊兮，可以濯我足。"李格非《洛阳名园记》记松岛之景观云："又东有池，池前后为亭临之。自东大渠引水注园中，清泉细流，涓涓无不通处。"想来这一临泉之亭，其景独秀。宋

苏州沧浪亭

人洪迈作《盘洲记》，言盘洲为别业有"一咏亭临其中"，人休憩于亭，有"水流心不竞，云在意俱迟"之慨。据周密《吴兴园林记》，园林大凡有亭，北沈尚书园有溪山亭，牟端明园有双杏亭、芳菲亭、万鹤亭，赵府北园有东南第一梅亭、桃花流水亭，赵氏菊坡园有极目亭，王氏园有临流三角亭，赵氏小隐园有流杯亭，赵氏苏湾园有雄跨亭，而孟氏园有"亭宇凡十余所"，有亭翼然，为园林之佳构。

最著名者，为山阴兰亭。王羲之撰《兰亭集序》，称"群贤毕至，少长咸集。此地有崇山峻岭，茂林修竹。又有清流激湍，映带左右，引以为流觞曲水"，有"仰观宇宙之大，俯察品类之盛"的雅趣。欧阳修有《醉翁亭记》，言此亭筑于林壑尤美之地，"峰回路转，有亭翼然，临于泉上者，醉翁亭也"。又撰《丰乐亭记》，称"得于州南百步之近，其上丰山耸然而特立，下则幽谷窈然而深藏，中有清泉滃然而仰出，俯仰左右，顾而乐之。于是疏泉凿石，辟地以为亭"。

苏轼撰《喜雨亭记》，文章一开头就云，"亭以雨名，志喜也"。又说"为亭于堂之北，而凿池其南。引流种树，以为休息之所"。又撰《放鹤亭记》，说云龙山人张君"迁于故居之东，东山之麓。升高而望，得异境焉，作亭于其上"。因此，山人有二鹤"甚驯而善飞"，"或立于陂田，或翔于云表"，"故名之曰放鹤亭"。《易》云："鸣鹤在阴，其子和之。"《诗》曰："鹤鸣于九皋，声闻于天。"此亭则寓"清远闲放，超然于尘垢之外"的深意。苏辙也写了《黄州快哉亭记》，说黄州"涛澜汹涌，风云开阖。昼则舟楫出没于其前，夜则鱼龙悲啸于其下，变化倏忽，动心骇目，不可久视"。在此筑亭，真乃人生一大快事，故云"快哉亭"。

亭这种建筑文化，与审美结合得尤为密切。它的文化特征，即融于自然之中，是一种与自然为一体的"有机"建筑。亭为历代文人雅士所独钟，除了上举名文外，还有不少与亭有关的诗词，借亭抒怀。李白有"天下伤心处，劳劳送客亭。春风知别苦，不遣杨柳青"的诗句，读之令人怦然心动。南宋大词家辛弃疾于宁宗嘉泰三年（1203）夏任绍兴知府兼浙东安抚使，第二年三月又改任镇江知府，登临京口（镇江）的北固亭，隔江北望，满目萧然，不禁感慨万千，遂有《南乡子》"登京口北固亭有怀"词一首，其云：

何处望神州？满眼风光北固楼。千古兴亡多少事？悠悠，不尽长江滚滚流！
年少万兜鍪，坐断东南战未休。天下英雄谁敌手？曹刘。生子当如孙仲谋！

宋代词人叶梦得自筑绝顶亭，宋高宗绍兴五年（1135）亭成而登临，作《点绛唇》"绍兴乙卯登绝顶小亭"词一首，其云：

缥缈危亭，笑谈独在千峰上。与谁同赏，万里横烟浪。
老去情怀，犹作天涯想。空惆怅。少年豪放，莫学衰翁样。

清代诗人沈畯见荒亭苍凉，立于古墓之旁，不禁吟《荒亭》一首：

> 荒亭古墓南，远见车尘灭。
> 墓前双石人，送尽人离别。

古亭以筑于高坡、高地甚至山腰、山巅为多见，有些古亭可能修在平地、水畔或山坳里，也总要高筑地基，以抬高亭的视点。园林中的亭，或伫立于坡地上，或依水而建，或在藤萝掩映之间。不管怎样，它总是高坡、平野或川谷间的醒目景点。大凡亭子，由于其空间的通透性，往往以三四根细劲的立柱撑持一个反宇飞檐的攒尖顶，造型显得清雅、飘逸与宁静。亭从来不是俗物，它的可人之处，在于古人所谓"一上危亭眼界宽"。亭的美妙之处，在于往往能提升人的精神，或喜或悲，或沉潜或奋发，或儿女情长或英雄拭泪，或一洗尘劳或踌躇满志。

亭是一种可以激发人的"内心独白"的建筑，有时到亭里坐坐，在此眺望四处景色，确实是调剂精神的好去处。"坐处不知身万仞，到来唯觉路千盘"，不由人不留连于亭这种别致的建筑样式。清代诗人厉鹗《冷泉亭》诗云："众壑孤亭合，泉声出翠微。静闻兼远梵，独立悟青晖。木落残僧定，山寒归鸟稀。迟迟松外月，为我照田衣。"那种因亭而悟禅的境界，则更令人深感亭的精蕴了。

英姿临风之美

亭在最早时为驿路旅人停留之所，由于这种供人休憩的文化属性，它渐渐成为中国园林的重要景观，造园家往往将亭巧妙地组织到美的园林境界之中。

在园林中，亭有半亭与独立亭之分。半亭常常与走廊相联系，依墙而建。如苏州拙政园的倚虹亭（东半亭）与"别有洞天"（西半亭），半亭给人以"依偎"之感，即融入于园林环境之中，时或探出檐角，十分灵秀，有半掩半露的含蓄之美。独立亭则常建于园林的池水之畔、小山之巅、花木丛中或是道路交叉之处，造型很注意与地形环境的协调。如苏州拙政园的雪香云蔚亭，独立于一个小坡之上，长方形的平面与平缓的坡地相协调。拙政园另有扇亭，建于水岸外凸之处，故亭也以凸面向外，这在建筑符号"语汇"上取得了统一。独立亭的文化审美特征是醒目，形象鲜明，美感强烈。

园林之亭的造型，以平面为圆形、方形、六角形、八角形等为多见，也有三角形、缺角形、梅花形、海棠形、扇形等。这大约可以归纳为两大类——几何形与自然形。苏州拙政园的梧竹幽居亭、怡园的金粟亭，平面为方形。在方形一类平面的亭中，还有长方形亭，如前文所说的雪香云蔚亭即是。在园林中,六角亭比较多见,如苏州留园的可亭与怡园的小沧浪亭等。圆形亭的代表作可推拙政园的笠亭。有的湖心亭为八角形,苏州西园湖心亭是也。又如苏州环秀山庄的海棠亭,平面呈海棠形,是颇为别致的一种造型。

从亭的立面造型加以欣赏,首先为人所注目的,大概要数亭的顶盖了。亭顶样式以攒尖顶、歇山顶为多见,有的采用宝顶式或卷棚式。就攒尖顶而言,又多种多样,有圆攒尖、三角攒尖、四角攒尖与八角攒尖等区别,呈现出一个多姿多态、有滋有味的亭的世界。亭盖又有单檐、重檐之分,单檐者倾向于轻盈,重檐者在轻盈中略见稳重。不同的亭的构造,造成了各异的亭之平面与立面效果。单檐方亭常为四柱、八柱或十二柱式。六角亭为六柱,八角形为八柱,圆亭的立柱数不限,一般以立柱造型疏朗为多见。重檐方亭可多至十六柱。

亭的立柱不宜过粗,为负亭盖重载,重檐亭增加立柱数,在结构上是必要的,这多少影响了亭的审美品格。亭的立柱高度与亭盖高度,造成了亭不同的审美风貌。一般方亭柱高,按亭面阔的十分之八、柱径按柱高的十分之一建造;六角亭柱高是面阔的1.5倍;八角亭柱高是面阔的1.6倍。这种尺寸比例通常都具有一定的美学依据。倘立柱过矮,使亭盖匍匐在地,显不出亭的凌然美韵;立柱过高过细,则细弱无力,过于飘逸而给人以亭筑摇摇欲倒的不适感;而立柱直径过大,会使亭的形象过于雄硕,甚而显得臃肿,破坏了亭的美感。园林之亭一般无需装设门窗,柱间下部设半墙或平栏,半墙可高约50厘米,上敷坐槛或鹅颈椅或"美人靠",用以坐憩,上部悬挂落。

园林中,亭的美学性格表现在三方面。

构景。亭作为一种建筑小品,是园林构景的重要手段。所谓亭台楼阁,亭在园林景观中是颇为活跃而空灵的一个审美因素。亭筑一般形体不大,起到组织空间和造成空间节奏与层次美感的重要作用。扬州瘦西湖小金山亭就是一个杰构。

休憩。亭的原始文化功能是供人歇脚休息,这一功能即使是后代园林的亭依然延续,这里是供游园者休憩的地方。亭,好比游园路线上的一个美的休止符,它使园林这整部乐章显得抑扬顿挫,张弛结合。亭是令人精神疏放的地方,同时可以供游人得到生理上的休息。

凭眺。亭本身是一个美的景观与审美对象,又是审美出发点。在这里,游人可以凭眺湖光山色、园林美景。亭一般建于园林的高地或水畔或花木扶疏之处,视点较高而视野比较开阔,凭眺园景,在此尤佳。江苏镇江北固山汲江亭即是一例。

总体来说,园林之亭的美学性格可以这样归纳:形体较小,所以一般为建筑小品;

造型秀美，有书卷气；空间开敞，内外通透，有交流与融和；具有空灵、飘逸的审美特征。亭有英姿临风之美。

涵虚的意境

古人云："小红桥外小红亭，小红亭畔，高柳万蝉声。"这里描述的亭的形象，与自然美相融合，十分优美。明人钟伯敬《梅花墅记》云："园于水，水之上下左右，高者为台，深者为室，虚者为亭，曲者为廊，横者为渡，竖者为石，动植者为花鸟，往来者为游人，无非园者。"这里提出"虚者为亭"，是一种精彩的见解。亭的文化审美性格，确在于一个"虚"字。虚是亭的空间特性，即空间通透与内外空间交流。空间特性的虚造成了亭的空灵之美。诸多亭例都具有这一特点。

在北京颐和园，有一湖山真意亭。我们且不说该亭的造型，仅就它的亭名而言，也富于文化意蕴。笔者以为，"真意"一词源自陶潜诗："结庐在人境，而无车马喧。问君何能尔，心远地自偏。采菊东篱下，悠然见南山。山气日夕佳，飞鸟相与还。此中有真意，欲辩已忘言。"这是一首具有玄学意味的好诗，其中有言真意者，指玄学之道（玄），是玄学所追求的宇宙和人生的本体、本真。亭之取名"真意"，寄托着人回归自然本真境界的要求与愿望。

同样，颐和园的谐趣园有洗秋、饮绿二亭，并列临建于泽畔，在审美上，有追求生命常青不到秋的象征性意蕴。颐和园的廓如亭，位于十七孔桥畔。该亭为攒尖顶，复檐，形体相对高大，这里长桥卧波，碧水荡漾，筑亭起到了构景、对景的作用。

在景山，有万春亭与观妙亭。亭址选于此也颇有意思。景山位于紫禁城中轴线的北端，以景山之高，可俯瞰全部宫城建筑。故筑亭名曰"万春"，喻皇家气象无限，有如四季常青，在亭凭眺，北京宫城尽收眼底，可谓"观妙"。

在故宫宁寿宫花园的大假山上，建有一座碧螺亭，此亭平面为圆形，二重檐，攒尖顶，亭顶的脊饰优美，小巧而具典雅之态，虽小而不失皇家风韵。

比较起来，北海静心斋的枕峦亭别具情趣。亭名用"枕峦"二字，一是由此见出它建于假山堆石之上；二则依所谓风水言，枕者，镇也，建亭有镇邪趋吉之功，古人迷信这一点。因而，枕指建亭以安然，是高枕无忧的象征。北海另有五龙亭，建于水边，平面为方形，攒尖顶，其中一亭的上层檐盖为圆形攒尖式，亭盖坡度较平缓，立柱偏矮，其造型具有颇为强烈的亲水倾向，赐佳名为"五龙"，象征龙之入渊也，是皇家政治伦理文化的表现。自然，五龙亭还是远眺琼岛及景山的极佳处。

江南园林以苏州最为集中，建亭之多为他处所不及。在苏州拙政园，水景丰富而亭筑尤美。该园水池中累土石构东西两山，起分隔南北园林空间的作用，西山建雪香云蔚亭，东山设六角待霜亭，有絮语互答之趣。两山以土植树，花卉扶疏，四时变换，丛竹相依，一片葱郁，岸边紫藤拂水，山水相吻。两山间又有溪水贯流，小桥引渡。桥东通梧竹幽居亭，该亭四面有圆洞门，在洞门内观池水，风景如画。桥西有荷风四面亭，亭位于水池之山上，如天生丽质、千娇百媚，宛在水中央。倘从小沧浪凭槛北望，透过小飞虹，可遥见该亭风姿绰约，景观层次煞是丰富。从枇杷园北侧云墙的圆洞门南望，可以欣赏以嘉实亭为主营构的一组景观；倘由此门北望，又可见掩映于林绿之间的雪香云蔚亭为主体的又一佳景。拙政园中的亭，具有活跃、玲珑的艺术生命。

苏州名园沧浪亭以该亭为园名，可见亭对于此园有多重要。此园在苏州园林中地势较高，而水面尤阔，素以"崇阜广水""积水弥数十亩"而著称。该亭历史悠久，始建于北宋中叶。清康熙三十五年（1696）重修沧浪亭于土阜之上，使其有亭亭玉立之态。亭位于土阜最高处，朴实无华，确具山野、沧浪濯缨与濯足之趣。

怡园有小沧浪亭、面壁亭、玉延亭、四时潇洒亭、南雪亭、螺髻亭，构成了多重胜景。这些亭的文化性格也颇有趣，其中"面壁"者，源于佛教禅宗初祖达摩于河南嵩山面壁苦修之说，以此命名，是佛教审美理想对园林、亭筑文化的渗透。而另一亭名"潇洒"，又是道家逍遥游思想的体现了。从这些亭筑，可见佛、道文化的影响。

在艺圃，以池水为构园中心，池之东西两岸以疏朗的亭廊作为南北空间的过渡。其东岸小径可至乳鱼亭，为明代木构遗存，弥足珍贵。

环秀山庄有问泉亭。拥翠山庄作为1949年之后虎丘公园的一部分，也建有问泉亭。然而，此亭体积过大，比例失当，曾经受到刘敦桢等学者的批评。

亭是文化古迹、游览胜地的优美符号。除苏州外，在杭州西湖、承德避暑山庄与上海等地的诸多古园之中，亭的英姿常常挺现在游人眼前。

扬州瘦西湖上的五亭桥，有五亭耸立于桥上，这是对北海五龙亭的模仿之作，又不仅是模仿，由于其造型统一于整个瘦西湖的"瘦"之意境中，令人观之印象深刻。在长沙岳麓山下，有爱晚亭，具有"老夫喜作黄昏颂，满目青山夕照明"的文化审美情调。云南昆明圆通寺桥亭，桥、亭二者结合，风姿绰约，十分动人。

四川成都西南青城山为道教圣地，这里于幽邃山景中点缀着座座山亭。雨亭为游览青城山风景的序曲，这里双峰对峙，空间狭长，巧妙地以亭桥分割空间，打破了单调沉

闷的景色，又借危岩作帷幕，让造型奇巧的亭徐徐亮相，造成悬念和诱导，增添了风景的魅力和幽深感，成为进山后第一个印象深刻的画面。进而是一山亭名"天然图画"，驻守山口，面阔三间，飞角翼翼，像张开双臂迎接客人，欢快生动。接着迎来了奥宜亭，这里山势陡立、古树森森，体现出深幽的自然美特征。奥宜亭建于山路急转弯处，在树间架空建亭，是别处所无的一大奇观。随着山路的延续，桥亭、听寒亭、慰鹤亭、泠然亭、翠光亭、卧云亭等依次亮相。这些亭筑色调素雅，正契合道教文化的韵味。

扬州瘦西湖五亭桥上的亭子与白塔遥相呼应

阙表危峻

阙与表的造型差别很大，但是具有文化意义的内在联系。它们都是纪念性、象征性意蕴颇为丰富的建筑，各自具有独立的文化审美意义，对整个建筑群体又同样富于一定的装饰性，而且它们往往建于城门、宫殿、庙宇与陵墓之前，所以将二者放在一起来说。

莫衷一是话阙表

阙是什么？许慎《说文解字》云："阙，门观也。"这一解说，有两点值得注意。一是阙与中国古代的门制相关，即所谓门阙之制，阙，从门从欮；二是阙并不就是门，它是门之观而不是门本身。这是东汉时人的解读。究竟在多大程度上说明了阙的本来意义，难以考定。

《名义考》云："古者宫庭，为二台于门外，作楼观于上，上圆下方，两观双植。中不为门，门在两旁，中央阙然为道。以其悬法为之象，状其巍然高大谓之魏。"徐锴《说文解字系传》："盖为二台于门外，人君作楼观于上，上员（圆）下方。以其阙然为道，谓之阙。以其上远视，谓之观。以其县（悬）法谓之象魏。"由此可以看出，阙是宫门之外台上所建的楼观，此其一。其二，阙并非属于任何人，而仅属于"人君"。在宫门之外可以建阙，在一般官宦家门之外就不得建阙。官宦之家前不能建台门，所谓家不台门，因而也就不能建阙了。其三，"阙然为道，谓之阙"，阙者，缺也。意思是说，阙是"两观相植，中不为门"，故阙者，缺中门之谓也。其四，阙的造型"上圆下方"，以象征天圆地方。其五，一般巍然高大。

不过，这是后人对阙这一特殊建筑样式的解说，未必符合阙的原型。

关于阙的文化原型，李允鉌《华夏意匠》指出：阙大概是从部落时代聚居地入口的两侧所设的防守性的岗楼演变而成，说得简单些，今日的"军事重地"也常见入口处两侧设有岗哨，它们就是"阙"的来源。

这一见解，至今尚未得到考古学上的有力证明，仅是由逻辑推理得出的结论。因为古时之阙，很容易使我们联想起今天军事重地入口处两侧的岗哨，或一般建筑群体、单位的门房。

所以，阙的原型是一定建筑环境、区域大门前所设置的某种关卡，却不一定是岗楼，它一开始就具有拒敌于门外的防御性，兼有迎友于门内的欢愉性。它在文化意蕴上是严肃性与亲和性二者得兼。

也许正因如此，中国城市建筑文化诞生之时，这种原始之阙就演变为城阙。城阙者，城门两边之楼观也。其文化意蕴与文化功能，开始仍表现为拒敌与揖友的双重性。

最早记载城阙制度的，大约是《诗经》："挑兮达兮，在城阙兮。"由于城墙高筑，起到了保卫城市的作用，城阙，则渐渐仅具有供人观瞻的意义。

表者，华表也。以华饰表，以示其华美也。

华表，又称恒表，中国古代设于宫殿、城垣、桥梁或陵墓前作为标志与装饰的大柱。何晏《景福殿赋》："故其华表则镐镐铄铄，赫奕章灼。"李善注："华表，谓华饰屋之外表也。"

表的原意，为外、为明。《荀子·富国》注："表，明也。"

考察华表的文化原型，大约始于中华上古的晷景（景，影之初文）。晷景，原是在原野上竖立一根标杆，八尺长，以测日影。立杆在阳光照射下，在地面投下移动的阴影，这便"表"明时间的流程。这种立杆以测日影的晷景，具有一定的原始神秘意义与巫术文化精神。

又有一说：表是原始部落的图腾柱。图腾，将一定的动物、植物、山水之类或虚构出的某种动物作为本部落的祖先来加以崇拜，立柱为图腾柱，以示象征。

这两种见解，究竟哪一种比较接近于华表原型，或者都不是，

华表造型

目前学界尚无一致意见。

还有一种意见认为，华表是古代王者善于纳谏或指路的建筑形象的象征，始于所谓诽谤木（或称为谤木）。所谓谤木，相传为上古尧舜之时，于通衢要道竖立木牌，让人在上面写谏言。其根据大概是《淮南子·主术训》："尧置敢谏之鼓，舜立诽谤之木。"这确实只能看作传说而已。因为相传尧舜时代，汉字是否已经发明就是个问题，即使文字已经发明，如何"写"在木牌上，笔与墨有没有也是一个问题。而且在当时，鼓是否已经发明，也有待考究。

汉阙种种

阙和表都有自己的历史轨迹。追寻其轨迹，对我们把握其文化意义是很有助益的。

在中国建筑文化史上，汉代是阙这种建筑类型的繁盛期。汉初，在秦代兴乐宫基础上，汉高祖修长乐宫，有"鸾凤集长乐宫东阙中树上"的神话，可见当初长乐宫修建有东阙。汉未央宫建造于汉高祖七年（前200），据《汉书》，"立东阙、北阙"。那么，为什么没有南阙、西阙呢？刘熙《释名》云："阙在两门旁，中央阙然为道也。门阙，天子号令赏罚所由出也。未央宫殿虽南向，而上书奏事谒见之徒，皆在北阙焉。是则以北阙为正门，而又有东阙东门。至于西、南两面，无门阙矣。盖萧何立未央宫，以厌胜之术理然乎。"厌胜之术，风水术也，一种巫术禁忌与巫术"解救"之法。当时朝野很相信这种厌胜之术。

汉代建章宫，建有阙这种装饰性建筑物。据《三辅黄图》，建章宫"东则凤阙，高二十余丈"。凤为祥鸟，建阙如此之高，看来也是汉人的风水观念使然。凤阙造型壮丽优美。建章宫左有神明台，门内之北筑别风阙，高五十丈。何为别风？陈直《三辅黄图》校注："以其出宫垣识风何处来，以为阙名也。"所言甚是。这阙，实际是风水建筑。《西京赋》云："圆阙耸以造天，若双碣之相望。"李善注引《三辅故事》亦云："建章宫东有折风阙。"建造此阙以镇风水，是古人建房造屋要求趋吉避凶的文化心理表现。阙，同时也是富于审美价值的建筑。

阙多以土木为之，岁月沧桑，天摧人毁，难觅历史之伟构形象，唯从一些古籍记载领略其当年情状。

在汉代，除了大量土木建造的阙，还有为数众多的石阙，为中国建筑文化留下了光辉的一页。木阙早已荡然无存，石阙则实例颇多，都是东汉遗构。从造型看，阙身形制

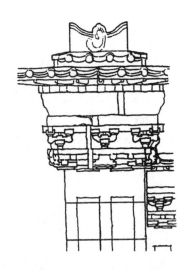

四川雅安汉阙造型

略如碑而稍厚，上覆以檐；有附有子阙者，则为较低较小之阙，另具檐瓦，倚于主阙之侧。这种阙的形制可称为子母阙。石阙虽为石制，但模仿木构造型，有的檐下刻有斗栱与枋额；有的不作斗栱，仅以上大下小的石块承接檐部。武后祠阙与河南嵩山太室、少室与启母三庙阙，都是有子阙的子母阙，但无斗栱。在画像石中，也有阙的画像。根据调查，四川西康诸阙都刻有斗栱木构形，其有子阙者，仅雅安高颐阙及绵阳平阳府君阙。其余梓潼诸残阙及渠县沈府君阙、冯焕阙及无铭阙，并江北县无铭阙，都是无子阙。

从现存资料看，石阙多为东汉遗存，未得西汉佳例，西汉多木阙。这种阙之材料的转换，固然与阙之建造地区多产石有关，却似乎不应将其看作一种偶然的文化现象。阙原为木构，不易长存。这一定使得古代中国人很"伤心"，遂转而取石为材，石不易腐损，正契合墓阙象征永垂不朽的文化心理。然而，中国人关于木构土建的建筑文化传统是刻骨铭心、难以舍弃的，所以石阙虽为石构，在形体造型上，仍以木构为基本文化模式，其上刻出阙檐、斗栱之类，是中国人土木情结的体现。

四川多汉代石阙，还与那时当地的葬风有关。川地在古时出入不便，形成较为封闭的自然环境，这种自然条件又影响文化的建构。汉代川人的葬礼，往往更注重"事死如事生"，并且尤重风水迷信。比如四川古代有悬棺葬这一葬制，令今人不解的是，古时没有空中运输与吊装工具,不知如何将棺木运抵于悬崖,遂成今日悬棺之谜。然而,渗透于悬棺这一葬制的文化观念,倒大概是可以理解的。此即祈鬼魂之飞升,为镇风水之用,以佑死者的后裔血脉延续,兴旺发达,也为了杜绝盗墓、掘棺、抛尸之难的发生。由此我们也就不难理解,四川多墓阙,尤其那些官宦、大户人家,筑墓必建高巨之阙,为的是表达生者对死者的崇拜,为的是光耀墓葬形象,也便是光耀其后裔的门庭与面子;当然也出于风水上的考虑,因为在汉代,人们以为阙是镇风水以求吉利之物。

考阙之形制,有的阙身略如碑形,这恰好透露出阙与碑在文化上的内在联系。墓前树碑,以标志也。碑是一种用于墓前的纪念性构筑物,简单的墓碑,只是竖立在墓前的一块题有墓主姓名及树碑者姓名和身份的石板甚或木牌,这种碑的发展与变化,便是墓阙。它是以建筑手段所树的碑,是碑的建筑化,所以阙不是构筑物而是建筑物。不同的是,阙往往有檐与斗栱之类,最原始的碑却没有。当然,碑发展到后来,也可能设檐样于碑顶,有屋顶之制,今天北京天安门广场的人民英雄纪念碑就是如此。然而它虽已被建筑化了,依然称作碑。无疑,在文化观念上,碑与阙具有一定的亲缘关系,这便是两者都具有一定的纪念性、装饰性与象征性,都在审美上具有一定的崇高感;不同的是,一座墓前,碑只立一座,而阙往往成双出现,成双的,有对称的美感,或构成子母阙,以示隆重。

这种双阙制度,多见于汉代宫门环境内。

中国人对阙的建造热情,自汉之后渐渐消退,但直至清代仍余绪犹存。唐代大明宫含元殿两翼设翔鸾、栖凤二阁,其建造观念,实取灵感于宫的双阙(两观)模式。北宋都城汴梁大内之正门宣德门,下列两个相对的阙亭。阙此时退化为亭,然而其建造文化观念与空间意识,还是属于阙的。

汉阙造型

华表拔地标立

说华表是一种上古传至近代的诽谤木，似嫌证据不足。然而，中国乃所谓礼仪之邦，伦理文化尤为发达，所以后人将华表的起源说成是伦理性的，实在是合情合理的。而且后人也的确把华表的建造及其欣赏与政治伦理挂起钩来。崔豹《古今注·问答释义》有云："'尧设诽谤之木，何也？' 答曰：'今之华表木也。以横木交柱头，状若花也，形似桔槔，大路交衢悉施焉。或谓之表木，以表王者纳谏也，亦以表识衢路也。"这是对华表文化意蕴的一般理解。

然而，在一些古籍与实物中，所谓交衢、识路的华表是比较少见的。华表一般建造于宫殿、陵墓、城垣与桥头等处，所用材料以石为多见。其造型的根本特征，是孤柱独峙。宫殿或皇家陵寝的华表，一柱耸立，其柱身往往以龙为饰，上为云板蹲兽，显得十分圣洁与崇高。

现存最著名的华表杰构，是北京天安门前后的华表。以石为构，圆柱体，通体灰白色，有净洁、沉着与崇高的质感。以整段石材建造，柱身云龙盘旋，有风云叱咤之概。其表身上部似生双翼状，为云状的造型。这增加了华表的造型美，有云霓飘涌的美感。其上为表之顶部，最上为蹲兽造型，抬头向上，称"望天吼"，显得崇高而神圣，有声震寰宇的气概。华表坐落在一个基座上，基座方形平面，四角建石栏杆，比较低矮，为的是突出华表的伟岸与刚健。栏杆四角柱上端各塑石蹲兽一，作低首状，恰与华表顶部的"望天吼"昂首向天者相反，在审美上作到了对比与呼应。在华表之侧，还有一座巨型作蹲势的石狮造像，以烘托华表的威武与雄壮。华表是政治清明之象征。

在明十三陵与清东陵中，也有华表立于神道两侧，即所谓墓表，它是帝王陵寝的一种标识，也只有帝王陵寝才有华表的竖立，足见其政治伦理意义。在审美上，墓表有丰富整个陵寝建筑空间造型的作用。

华表为长圆柱形，有拔地挺立的雕塑感和美感，其营构取势，是以其高危激发人的崇高感和神圣感。

牌坊典雅

牌坊，又称牌楼，中国古代一种别具一格的纪念性建筑物，用以宣扬皇威、忠臣功德、孝子或节女等道德风范，是浸透了伦理文化观念、标榜德功、善行的象征意蕴很强的建筑形象。牌坊多建于陵寝、祠庙、衙署与桥等建筑群中，或建筑物及构筑物所处的通衢、大道之处。所用建筑材料，多为木、石、砖与琉璃之类。为标举风范，歌功颂德，其上时有题字、设匾书楹。形制各异，风格多样，或华美或素朴，或轻盈或庄严。一般而言，属于王室宫廷者偏于光辉灿烂、肃穆凝重；属于民间功德坊、孝子坊、节女坊之类的，则偏于朴质、优美。

源头安在

牌坊源于何时？因资料缺乏，目前尚无确论。一般来说，明清时代是牌坊这种建筑的繁荣期。当时，在陵寝、祠庙、衙署等建筑环境或通衢要道处，多有牌坊耸立。北京十三陵长陵神道之最南端的石牌坊、江苏常熟言子墓道牌坊、北京白云观牌坊以及安徽歙县、福建等地的民间牌坊等，蔚为大观。

辛亥革命以来，牌坊之建造已渐终止，但关于牌坊的建造观念及其象征性的文化意义，尚不易在中国人的心目中立即消退。有时适逢庆典或举行文化集贸活动，民间有自发结扎牌坊的，施设于大道，以巨竹为柱，搭成构架，上缀松枝、翠柏、花卉之类，成为一景，以供观瞻，烘托隆重、热烈的气氛。但这种牌坊之筑，已无楼檐，亦非木、石所构，更不是永久性建筑物，它是临时的，失去了牌坊原有的伦理文化内容，可以看作牌坊文化的一种余绪。

梁思成认为牌坊为明清两代特有的装饰性建筑，由汉代之阙，六朝之标，唐宋之乌头门、棂星门演变而来。刘敦桢也认为牌坊自木造之衡门、乌头门演绎进化而来。这

里,两位建筑大师所言一致,认为牌坊的起源与中国古代的门阙之
制相关。考牌坊一名,牌者,题榜之意,有宣扬、标榜的意思。坊是
中国古代城市街市里巷的通称。如唐代长安有里坊制度,凡一百
零八坊,整齐排列于长安平面上。

　　由此看来,牌坊之制,与中国古代的阙、标与门有关,亦与坊相
联系。关于阙、表,前文已有细述。所谓乌头门,为门制之一种,即
汉代所说的伐阅,门柱之上有黑色之染,《营造法式》称为乌头门。
所谓衡门,是门制的一种。衡者,原指中国古代楼殿四周的横勾栏
杆。衡门,指上设横木的门。《诗经》云,"衡门之下,可以栖迟";杜

徽州牌坊

甫亦有诗云，"春农亲异俗，岁月在衡门"。所谓棂星门，棂者，指窗或栏杆上雕有花纹的木格子，或屋檐端部与椽相连的板。汉高祖时，帝命祀灵星，为崇天的表现。当时凡祭天，先祭灵星。这种祭天习俗延续至宋。宋仁宗天圣六年（1028），筑郊外垣，设棂星门，是祭祀性的象征性颇强的建筑设施。

凡此建筑形制，大致上都具有一定的象征性意蕴，正因如此，它们在文化观念上与牌坊不无相通之处。刘敦桢认为，有一类牌坊，其顶部立柱不出头，始于古之衡门。衡者，加横木于二柱之端。后来，在这具有上端横木之制的门上，置板以避风雨，防止其为雨水损蚀，进而设檐、楼甚至斗栱，于是成为牌坊，其文化意义随之改变。另一种牌坊，立柱之头高冲于上，可能是《史记》所说的伐阅。据《册府元龟》："正门伐阅一丈二尺，二柱相去一丈，柱端安瓦桶，墨染，号为乌头。"这便是宋人李诫《营造法式》所说的乌头门，即后来发展而成的棂星门。所以牌坊之原型，看来与中国的门阙制度颇具联系。

牌坊与里坊的关系也颇密切。中国古代城市民居所聚居的地方，称里。里，平面为方形。方形平面为土木营构的，称坊。所以可以说里即坊，是先有里这一名称，然后发展为里坊这个复合词。里坊是城市居民的居住单位，发展为市民的基层行政建制。有里坊自必有门，以供进出通行。里门称闾。倘某里坊之所居有所谓忠孝节义可歌颂的，则标榜于里门，此之所谓嘉德懿行，特旨旌表的表闾文化现象。这种制度已具有牌坊文化的基本因素，只是尚未从里坊门制中分化出来。刘敦桢认为，唐长安一百零八个里坊，虽大小不同，但每坊辟有二至八门，可能门上俱有楼观，亦未可知。他认为如果是这样，则门上榜书坊名，与悬牌旌表等事，依表闾之例，即世所应有，牌坊之名，或即缘此而生。其后踵事增华，枋上饰以飞檐斗栱，模仿木构建筑，故又有牌楼之称。

魂系何处

再来谈谈牌坊的种类。

牌坊的分类，有多种方法。从牌坊所用材料分类，主要可分为木牌坊、石牌坊与琉璃牌坊。还有砖牌坊，比较少见。

木牌坊，木架构，分立柱上冲与立柱不上冲两种。前者如北京原西交民巷牌坊，上覆悬山式顶盖，面阔为三间，中间一间尺度较大，为人流、车马的主要通道。四柱式，立柱顶端高出于顶盖。后者如原北海永安寺牌坊，庑殿顶，三间面阔，立柱顶端不冲出顶脊。

这种木构牌坊，一般下筑基础，为杨木桩，俗称"地丁"。立柱周围，以夹杆石包围，以铁箍紧束于外，有的立柱上端不上冲，上覆灯笼榫，直抵檐楼的正心，与檐楼及斗栱联络。

石牌坊比较多见。它的形制主要有以下几种。其一，一间二柱式，可分立柱出头的无楼与立柱不出头的一楼两种。其二，三间四柱式，可分立柱出头的无楼制、立柱出头的三楼制、立柱不出头的三楼制与立柱不出头的五楼制诸种。其三，五间六柱十一楼式，一般立柱不出头。在这种种石牌坊中，有的额枋上不设檐楼，外观简洁雅素，无支离不统一的装饰，有的是棂星门的变形，而柱上不设雀替。北京十三陵的长陵有一座石牌坊，立于整个陵区神道的南端，为明代所建，是中国现存最古的牌坊。面阔为五间，中间的明间最为高大、宽阔，左右两侧依次为次间与稍间。它高大雄伟，立于原野之上，有庄严肃穆的神圣感，作为十三陵的第一标志，不失为一大佳构。它的细部雕刻很是精彩，并不过分夸饰，有质朴的美感。武当山石牌坊也建于明代，古朴高大，气势非凡。

中国建筑基本为土木结构，以石为材者比较少见。石牌坊虽为石制，却模仿木构样式。由于以石为材，结构技术上遇到了一些新问题。比如在木牌坊中，木构接榫可以做到紧密而"天衣无缝"。石料可塑性较木料为差，难以勾连，故常以一石雕出立柱、梓框、云墩、额枋头、绦环头、小额枋与雀替等，观感上似由多个构件拼合，实际仅一石为之，反倒对提高石牌坊的稳固性有好处。

琉璃牌坊，顾名思义，这种牌坊在材料上因施用琉璃而得名，文化品位较高。北京地区的琉璃牌坊，以北海小西天的一例为著名。此为三间四柱不出头柱式，七楼之制。其构造系于石台上，筑砖壁厚六尺至八尺，以白石或青石为材，镂刻颇细，壁上各柱、枋、雀替花板、擢柱与龙凤板，及明、次间边夹诸楼，犹如木造式样，以黄、绿二色琉璃砖嵌砌壁间，与现今面砖相似。北京卧佛寺琉璃牌坊也是一座古代杰构。

从其性质上，可分为如下几种。

皇家牌坊，常建于宫苑、祠庙与陵寝等环境之中。北京雍和宫正门前牌坊群，三间四柱七楼式，琉璃瓦覆顶，红柱、额枋与雀替等部位彩绘绚丽，显示了皇家气象。其文化主题是"寰海尊亲"。前文多次谈及的明十三陵前石牌坊，则更显得雄浑不凡。这类牌坊一般型体高巨，有气宇轩昂之态，但南京明孝陵牌坊不甚高大。

官宦牌坊，多为官僚所建，是官宦治政业绩或人格楷模的歌功之作。一般由官宦人家建造于故乡交通要道，如安徽八脚牌坊，相传为历史上一宰相在故乡的得意之作。河北吴桥县有一座石牌坊，三间四柱五楼式，大概也是官宦所建。山东曲阜孔陵内洙水桥牌坊，亦属此类。另外，邹县孟子庙牌坊与汤阴县岳飞庙牌坊等，在文化性格与伦理次序上也可归入这一类。

平民牌坊，多为孝子坊和节女坊。在安徽、江西、福建、浙江、四川等地，有这种牌坊的遗存。它们至今屹立于田野阡陌、山间要道，静静地向今人"诉说"着当年的老故事，是伦理道德有力的宣传工具。尤其节女坊，虽为土木之构，实际沾满了旧时女子一生的辛酸与血泪，从历史的角度看，这种为节女树碑立传的文化方式是很残酷的。

从牌坊的文化属性分类，可以将牌坊分为世俗化与宗教化两大类。所谓世俗化牌坊，即上述皇家、官宦与平民类这三种。所谓宗教化牌坊，指那些建造在寺观环境中者，如北京碧云寺牌坊、西黄寺牌坊与白云观牌坊等。由于中国文化"淡于宗教"的性质，可以将这种牌坊文化看作世俗性建筑文化向宗教领域的渗透，或者可以说是世俗与非世俗，此岸与彼岸的互融、调和，然而它们毕竟建造于寺观环境中，故可称为宗教化牌坊。另外，泰山中天门实际是一种牌坊形制，石材，一间式。泰山为封禅之地，在此建牌坊，具有自然神崇拜的意味。

牌坊多为单体建筑，如安徽棠樾那样以连续七座牌坊为群体组合的平面布局比较少见。就牌坊单体平面来看，最常见的，是所谓一字形。在这一字线形的平面上，沿道路横剖面建一间、三间、五间等牌坊。由于牌坊不是居室，这种一字形的牌坊皆无进深，它实际是门制的变形。历史上所建造的以及现存牌坊实例，绝大多数的平面皆为一字形，如苏州文庙牌坊。

河南汤阴县岳庙牌坊的平面极为少见。在明间左右次间的枋及楼，与明间立柱之间构成45°角，即在明间立柱左右形成一头相交的夹角复线，并于两端各立两根柱子，这种牌坊立面的稳定性优于一字坊形制。

另一种牌坊平面，由两个四柱三间牌坊平行而建，构成八柱复式平面。这种牌坊的立面造型丰富多彩。从立柱造型看，有二、四、六柱式等，依次构成一间、三间、五间等。从面阔看，倘为六柱五间式，一般明间大，次间、梢间依次递减。其建筑观念与居室的立面观念是一样的，或者可以说，是居室立面观念在牌坊立面阔度上的表现。它表达了一种尚"中"的空间理念，又符合牌坊明间通人流、车马的实际需要。

就牌坊顶部造型而言，以悬山顶、歇山顶与庑殿顶为多见。河北易县清崇陵牌坊、济南千佛山牌坊、北京国子监前牌坊是悬山顶。歇山顶的，有辽宁沈阳黄寺牌坊。庑殿顶牌坊，多见于北京宫殿、皇家苑囿环境之中，原北京前门牌坊、北海小西天琉璃牌坊、雍和宫正门前牌坊等都属此例，北京明十三陵的石牌坊亦然。这类牌坊的伦理规格比较高，一般是皇家政治地位的象征。也有的牌坊顶部造型集两种屋顶形制于一体。邹县孟子庙牌坊的明间顶部为悬山式，次间为庑殿式，这种牌坊文化现象，象征孟子作为"亚圣"（孔子之后）的伦理文化地位。在牌坊建造者看来，该牌坊倘以庑殿覆顶则太隆重，倘以悬山式为顶，又显得对孟子不够尊重，故以悬山、庑殿复合，且以悬山为主。将次间顶部筑为庑殿式，似不伦不类。

从牌坊的装饰看，皇家牌坊一般讲究艺术装饰，往往设斗栱、雀替、彩绘与雕刻之类。北京北海琉璃牌坊上饰以龙纹、云纹等多种纹饰，雀替与大小额枋的花板雕镂满眼。碧云寺石牌坊也是通体雕刻，其立柱顶部饰以蹲兽形象，额枋上饰以龙等形象，甚是绚丽热烈。北海琉璃牌坊设须弥座夹杆石，颐和园琉璃牌坊亦设须弥座。台基的建造，首先是结构上的需要，也有装饰之功。一般的牌坊装饰都重视对其纪念性意蕴的表达，往往透露出一股欢愉情调。

由于中国牌坊的平面绝大多数为一字形，而这种平面与结构往往不利于牌坊的坚固耐久，故有时不得不在牌坊立柱前后设以撑木，这在一定程度上影响了牌坊的美观。

牌坊的文化意蕴是显然的，大凡不出"歌功颂德"之类。皇家牌坊，无非颂扬皇权显赫，"皇恩浩荡"；官宦牌坊，则是"官老爷"的一本"功劳簿"；孝子坊、烈女坊，"诉说"的是孝敬父母、三从四德、"好女不嫁二男"等道德伦理信条。孝敬父母固然不错，而要女子从一而终，实在也是违反人性、不免残酷的。至于举子及第，修造一座牌坊以昭示之，这就是在歌赞文运的昌盛了。

由此可见，大凡牌坊的文化之魂，倒是比较充分地体现了儒家诸如建功立业、荣宗耀祖、封妻荫子与宣扬君权、夫权与神权的那一套。但这不等于说，中国牌坊没有美，相反，牌坊的各种造型、质感与色彩等，在形式上，往往其美可羡，邀人青眼。

高台凌云

什么是台？《尔雅·释宫》说："四方而高曰台。"高是台这种中国建筑的基本造型特色。《释名·释宫室》又说："台，持也。筑土坚高能自胜持也。"说的也是这个意思。

《诗经·灵台》唱道："经始灵台，经之营之。庶民攻之，不日成之。"意思是说：开始要建造灵台，计划它，营造它。老百姓都来动手吧，干了不多几天灵台就建成了。诗中充满了建造灵台的喜悦之情。

那么，这灵台又是什么呢？

灵台者，祭灵而有"灵气"之台也。古人迷信，以为天地万物之间皆充满了灵气，灵气者，神灵之气也。既是神灵之气，当然是神秘而凡人不能亵渎与得罪的。台高而得天地之灵气，这一关于灵台的建筑文化观念，渗融着古人对于生命的认识与领悟，其间有强烈的迷信天帝、天神的文化意识。

古时灵台、灵囿与灵沼并提。《诗经·灵台》在歌颂灵台、灵囿、灵沼的同时，还提到了辟雍。所谓"王在灵囿，麀鹿攸伏"（文王来到灵囿观赏，见母鹿正在睡觉），"王在灵沼，于牣鱼跃"（文王来到灵沼游览，正好看见鱼在水中跳跃），"于论鼓钟，于乐辟雍"（有规律的钟鼓之声响起来了，让人心头大喜的辟雍大宫屹立在眼前）。在古人看来，这几种人工营构之物，都是具有神灵之气的，所以，古人对它们都怀着虔诚的心情。建造了灵台之类，精神上便有了依靠，大家便有了欢乐。

《孟子》说："文王以民力为台为沼，而民欢乐之，谓其台曰灵台，谓其沼曰灵沼，乐其有麋鹿鱼鳖。古之人与民偕乐，故能乐也。"这里的"乐"，与审美的愉悦还有些区别，"三灵"的快乐，是人崇拜灵台等所获得的悦乐。这说明，诗中所述文王到灵囿、灵沼去，并非纯粹地去游乐，而是去碰一碰运气，看看有无好兆头。

由此读者也就不难理解，作为古代"三灵"之一的灵台的建造，并不是为了纯粹的审美，而是古人以其迷信而虔诚的文化心灵，与天地神灵"对话"的一种方式。

　　灵台的文化意义是这样的让人感叹。古人艰苦卓绝的建造灵台，就是为了与天神"对话"，求得人与天的和解。

　　《诗经》郑笺说："天子有灵台者，所以观祲象，察气之妖祥也。"这意思是很清楚的，毋庸赘言，妖祥者，吉凶之谓。

　　《吴越春秋》称，"冠其山巅，以为灵台"，说明灵台造得很高，还嫌其不够高，就修筑在高高的山巅之上。

　　《水经注》说："起灵台于山上，又作三层楼以望云物。"云物，天之灵气之物。灵台高耸，为的是让人望天，就是对于上天的瞻仰。

　　西汉之时，灵台又称为"神明台"，《陕西通志·西安府》说："神明台在建章宫内，高五十丈，上有九室，又置铜仙人舒掌捧铜盘，以承云表之露。"神明台的功用，在于让人在感情上与天进行"交流"。

　　在漫长的历史发展中，台这种建筑的品类很多，不限于灵台一种。灵台只是很古老的一种台，以周到汉为盛。除了灵台，还有比如观象台、铜雀台、钓台、望日台、望月台与逍遥台等。台后来又发展为台榭。"台有木曰榭。"台还有其他种种变形，在此不一一细说。

唐代壁画所表现的高台形象

　　然而不管怎样，台这种建筑的一些基本方面还是很清楚的。首先，台是与老天"打交道"的建筑物，筑台是为了与神灵、神秘之天进行"对话"；其次，台具有审美功能，为的是眺望四处、四时景色，台本身也是一种审美对象；又次，台具有一定的实用性，可用以藏物，后代的烽火台、敌台等还用于军事；最后，台以土筑成，《老子》曾说："九层之台，起于累土。"实际以土木为构者众多，也建有石台。

　　台的建造观念，涵融着古人关于山岳崇拜的意识，并且影响中国古代其他一些有高度建筑的形成。

"念天地之悠悠"

　　唐代诗人陈子昂有一首传颂千古的《登幽州台歌》，一共四句：

前不见古人,后不见来者。念天地之悠悠,独怆然而涕下。

文学家或文学爱好者研读这首著名诗篇,似乎有一个疏忽和遗憾,便是诗中所出现的幽州台这一意象,一般并未引起注意。

据考证,陈子昂诗中的幽州台又名燕台。《史记》称燕昭王曾经建造一座高台,传说因"置黄金其上"而又名黄金台。当年陈子昂所登的黄金台,在今北京市内,"金台夕照"旧为燕京八景之一。

在陈子昂另一首诗即《蓟北览古》的《燕昭王》中也提到黄金台。其诗云:"南登碣石馆,遥望黄金台。丘陵尽乔木,昭王安在哉? 霸图怅已矣,驱马复归来。"该诗为追慕诗人心目中的"英主"燕昭王而作。可见所谓幽州台,即由燕昭王时代所传承而来的黄金台。

问题是,为什么诗人要待到登"台"而感怀而赋诗,如不登"台"便不能赋诗么? 当然并非如此。然而,古时诗人登高望远,遂诗意勃发,进而吟诗撰文,乃是常例。这可以说明台作为一种古代建筑的精神意蕴,它与其他一些高耸的建筑物如楼、塔之类一样,是接引诗意的一种媒介,是观瞻或俯视人生的一个视点。

"候日观云倚碧空"

这里,让我们来谈谈观象台,它也是台的一种。

观象台的功能,在于以迷信天象的观念与视角,观瞻天象变幻,以测定人事的吉凶。

《易传》说,远古的时候,圣王伏羲氏治理天下,最重要的两件大事,便是抬头观察天象,俯下身子来察看地理,所谓仰观俯察,这在后代叫作"看风水"。据《史记·天官书》说,中国人的观象之术源远流长。高辛氏以前善于观瞻天象(星宿)的,是重、黎。唐虞之时是羲、和。夏有昆吾,殷则巫咸,周代是史佚与苌弘。到了春秋年间,观象"大师"就更多了:宋国为子韦、郑国为裨灶;战国之时,则有齐国的甘公(甘德)、楚国的唐昧、赵国的尹皋和魏国的石申。到了汉代,太史令是国家"一级"文人,通历史之余,还懂得且擅长观察天象。

《汉书·艺文志》说:"天文者,序二十八宿,步五星日月,以纪吉凶之象,圣王所以参政也。《易》曰:'观乎天文,以察时变。'"古时各种占术,所谓日占、月占、星占以及望气与风角之术,都是离不开观象的,这说明,所谓观象,并非只是看风水。

比方说所谓望云气，《史记·天官书》这样描述："故北夷之气如群畜穹间，南夷之气类舟船幡旗。大水处，败军场，破国之虚，下有积钱，金宝之上，皆有气，不可不察。海旁蜃气象楼台；广野气成宫阙然。云气各象其山川人民所聚积。"从天人感应观念出发，古人把天象的变幻与人事祸福、政治清浊之类联系起来，企图通过观察天象来把握人的命运与国家的前途、天下的兴衰等。

因此，观象是中国古代的一种巫术方式。

最早的观象活动，一定与建筑没有关系，也许只是登高仰望苍穹之类而已。随后观象活动越来越完善、复杂、隆重、神秘，于是便有观象台之类建筑的建造。

据有关资料，中国汉时已有观象台。汉人很迷信，尤其热衷于天人感应之术，什么算卦、风水与望气之术等，朝野大有相信的人。建造观象台不为别的，就为了"通天"。

天如何得通？在生理上，当时生产力低下，人不能上天、不能腾云驾雾；而在心理上，人总是"想入非非"，以为自己无所不能，并且相信可以通过巫术，达到精神上通天的目的与境界。也并非人人都有通天的资本与通天的精神素质，只有帝王与大巫之类才具有通天的特权。张光直《考古学专题六讲》指出，通天的巫术，成为统治者的专利，也就是统治者施行统治的工具。"天"是智识的源泉，因此通天的人是先知先觉的，拥有统治人间的智慧与权力。《墨子·耕柱》："巫马子谓子墨子曰：'鬼神孰与圣人明智？'子墨子曰：'鬼神之明智于圣人，犹聪耳明目之与聋瞽也。'"因此，虽人圣而为王者，亦不得不受鬼神指导行事。

这样说来，帝王等统治者虽有通天的特权与异能，而其"智慧"到底不及"鬼神之明"，在鬼神面前，帝王、圣人等是"聋瞽"。正因如此，帝王、圣人之类，才更需通过观象与天对话。

中国现存观象台的典型之作，是位于北京东城区建国门内立交桥西南的北京观象台。该台始建于明代正统七年（1442），为砖筑。台下四近设有关建筑，其中以紫微殿、晷景堂为主。该观象台上，现有的大型天文仪器都是清初铜制品，共有八件，主要有赤道经纬仪、天体仪、象限仪与玑衡抚辰仪等，它们默默地伫立在苍穹之下、大地之上，向人"诉说"往日的辉煌与神秘。

"此凌虚之所为筑"

陕西有一个远近著名的凌虚台，筑于宋仁宗嘉祐八年（1063），筑台者是陈希亮。陈是苏东坡同乡,他在陕西凤翔知府任上时,筑凌虚台以寄雅趣,邀请大文学家苏东坡撰《凌虚台记》。

凌虚台到底怎样,它在建筑技术与艺术上有何特点?这恐怕已永远无法得知。但有苏轼所撰的美文流传至今以至于不朽。苏轼说,台之存或不存都不要紧,万事不能永固,"物之废兴成毁,不可得而知也",故"不在乎台之存亡也"。但凌虚台刚筑成,却不执着于"台之存亡",岂非大煞风景,似乎也有点"触霉头"、不吉利的意思。苏轼这里所说的不希冀于物之永存的道理,确是真正的"凌虚"之思。

凌虚者,道家出世之思也。筑凌虚者,所寄托的就是这一情思,它告诫人们,不要把物质与功利看得太重。太执着于物,是靠不住的。因为人工之物总有一天会消亡。比方说这凌虚台,今日建造得好好的,说不定明天就会毁于战火,或是为天火所焚也说不定。即使万幸得以保存良久,但也在不断地变为陈旧之物,最后荒弃而不为后人所知。"废兴成毁,相寻于无穷,则台之复为荒草野田,皆不可知也。"由台之兴废而不可知,苏东坡又进一步以人事为比:"夫台犹不足恃以长久,而况于人事之得丧,忽往而忽来者欤?"苏东坡算是大彻大悟了。《凌虚台记》不在于记"台"而是在于述"思"。

不过,从这一篇《凌虚台记》,读者还是可以见出当时凌虚台的一些踪迹,其文云:"四方之山,莫高于终南,而都邑之丽山者,莫近于扶风。以至近求最高,其势必得。"凌虚台筑于终南山区的扶风,这里是离终南山最近的一个都邑。苏文又写道:"使工凿其前为方池,以其土筑台,高出于屋之危而止。"凌虚台的前面开掘了一个方形水池,台本身以土堆累(想必为土木营构之物吧),其实它并不高。可是,"人之至于其上者,恍然不知台之高,而以为山之踊跃奋迅而出也"。妙的是,台筑成,一旦登台远眺,终南景色一齐奔涌于目前,这便是由台所激起的美感。

凌虚,精神超拔之境界,筑台与述台者深诣此境。

"铜雀春深锁二乔"

据《三国志·魏志·武帝纪》,曹操曾经热衷于筑台,筑成铜雀、金虎与冰井三台,以象征"海上三神山"。其中以铜雀台最为著名。

铜雀台的著名,自然与曹操的名字联系在一起。铜雀台也称为铜爵台,筑于今河北临漳西南古邺城的西北一隅,即今临漳县三台村。三台村这一称谓的来历,是与曹孟德所筑"三台"相关的。唐代诗人杜牧有"铜雀春深锁二乔"的名句,使得铜雀台在中国人的印象中更深了。

曹操筑铜雀台是在建安十五年（210），十年之后曹操病殁而曹丕称帝。曹丕执行曹操的"遗命"，将其遗体葬于邺之西冈，并让其妾伎仍旧住在铜雀台上，像当年曹操活着那样，早晚供食（只是一日改为两餐）。又在每月初一、十五于灵帐之前奏乐欢歌，看来，"铜雀春深锁二乔"的人生悲喜剧还没有演完哩。

据有关史料，铜雀台的规模有十丈来高，殿宇百余间。十丈高的台是个什么概念呢？中国古代的度量尺寸，大致上愈古愈小。先秦时，一尺相当于现制0.23米。曹魏时代去先秦未远，一尺相当于现制0.24米，那么，这铜雀台的高度在24米左右，在当时能筑这么高的台也不容易了。台筑成之后，曹操心情不错，酒酣之间，命其子曹丕（后来的魏文帝）同登台而赋诗，于是曹丕有"飞阁崛其特起，层楼俨以承天"的赞叹。据说到了后赵石虎统治的时代，又在台上建造五层之楼。

在历史的沿革之中，与中国其他诸多建筑物一样，铜雀台也曾数度兴废。

宋人刘子翚撰有《铜爵（雀）》一诗，其词云：

> 金碧销磨瓦面星，乱山依旧绕宫城。
> 路人休唱三台曲，台上而今春草生。

至明末，漳河发了一次大水，终于把铜雀台冲毁了。现在只存残址，静默地面对着春日秋月、西风残照。据实际测量，铜雀台遗存，南北长为60米，东西宽达20米，而残高仅有5米的样子，已经尽失往日之高峻了。

名桥卧波

　　桥梁算不算建筑门类之一？建筑学界是有争论的。一种意见认为，桥梁是构筑物，它不是建筑。建筑主要是一种人居方式，是围绕着人的居住问题而"展开"在大地之上的一种文化。而桥梁呢，它虽然也一般地"展开"于大地之上，但桥梁是属于人之衣、食、住、行四大生活内容中"行"这一部分的。比方说，同样属于"行"的各种道路，如田间阡陌、山区小道、通衢大街、公路铁路等，都不在"建筑"之列，凭什么说同属于"行"的桥梁偏偏是建筑呢？另一种意见则以为，桥梁固然属于"行"这一生活"家族"，但行与居并不是可以决然分开的。在人居环境中，往往包含了行的因素。比方说在园林空间中有廊，尤其是长廊，它的主要功能是供人行而不是居。北京颐和园有天下第一长廊，它主要是供人走路的。这样的廊，你总不能说它不是建筑吧。又比方说，北京天坛的圜丘，连屋顶都没有，说它具有居的功用，是无论如何说不过去的。又如华表，也不是用来居住的，长城及烽火台之类，居住的功用极其次要，它是军事工程，如果认为只是具有居住功能的东西才算建筑，那么，这些天坛圜丘、华表以及长城等，大概只好把它们从建筑大家族中驱逐出去了。然而谁都知道，这样做，是违反一般常识的。

　　因此我们只能说，在一般意义上，建筑是人类所营构于大地的人居环境，但是却不能说，只有具有居住功能的构筑物才是建筑而其余都不是。建筑是如此复杂，不能以绝对、简单的逻辑去裁剪它。对所谓人居环境这一点，也应作宽泛一些的理解。虽然桥梁之类并非直接用于居住，但也是广义的人居环境的有机部分，它们与人居相联系。

　　那么，桥梁是什么呢？

　　《说文解字》解释说："桥，水梁也。"桥一般是与水道、水泊联系在一起的。桥是一种用于渡水的建筑。之所以说是"一般"，因为有时为了交通的需要，在两崖、两楼之间，也可能建造一种"桥"，使天堑变通途，或是便于行人从此楼走向彼楼。不过这种情况比较少见，这样的"桥"，是本义之桥的变种与发展。一般意义上的桥，总是建在两岸之间的。古人云："高而曲者曰桥，以通两岸之往来也。""疏水惹无尽，断处通桥。"

北京颐和园玉带桥

中国的桥发展得很充分，品类丰富。大致上有平桥、拱桥、亭桥、廊桥、索桥等。

所谓平桥，即是桥梁为直线形或折线形，桥的高度尤其是桥面，大致在同一水平面上。这是平桥的基本形态。

拱桥的桥面呈拱形，有陡拱、坦拱、长拱与多拱的区别。拱桥承受力较强，便于桥下水道船舟的通行，造型也较为美观，因为拱形能给人以力度感，并且其曲线、弧线往往还有优美感。比方说，北京颐和园的玉带桥、十七孔桥等，都很优美。

亭桥是那种桥上设亭子的桥。最有名的例子是扬州瘦西湖的五亭桥，造型比平桥、拱桥更丰富，功能上除了供人渡水，还有在桥上坐憩、驻足赏游的作用。

廊桥者，桥上建有廊的一种，即桥上覆盖廊顶，可遮蔽雨雪，供人休憩，所谓桂林花桥就是一种廊桥。

所谓索桥者，以铁索横跨江上，无桥墩，索上铺板，如泸定桥。

此外,还有所谓吊桥,这是古代城池城门前的桥。中国古代城邑,四周有护城河,城墙设城门,城门前设活动的吊桥,人出入城时,将吊桥放下;闭城时,将桥板吊起,使进城、出城与攻城者不得通行,徒唤奈何。这是一种活动的桥,当然,一般的桥都是固定的。

从材料看,桥也有多种。木板桥最多见,温庭筠诗"鸡声茅店月,人迹板桥霜",此之谓也。遥想当年三国蜀将张飞英勇无比,面对曹孟德的无数追兵,扼守于长坂坡,《三国演义》上说,这老兄居然"喝"断了一座木桥,使敌军闻之丧胆。这是小说虚饰夸张,而小说之中所写的木桥,却是真实的。

除木桥外,比较多见的有石桥,又称为石梁。石桥较木桥坚固,大型的石桥多为拱桥,这是因为石材重量大的缘故。

还有竹桥,以竹为材,一定是小型的,在南方的乡野多竹地区,时有竹桥横跨在小河、小溪之上,河、溪之水中有静静的桥的倒影,在倒影与水草浮沉之间,有小鱼、小虾浮游。还有砖石结构的桥,桥墩以石或砖砌而成,桥洞砌作拱形,一般跨度不大。

在造型上,还有一种别致的曲桥,有三曲、五曲、七曲与九曲之分。曲桥之曲,意在柔美、优渐也。这种桥以在园林中为多见,基本功能在于实用,但由于造型重在曲,便强调了它的审美功能,即人在桥上,并不急于直达对岸,而有悠闲、留连与徘徊的心情。这种桥的曲折,崇尚的是三、五、七、九这样的奇数(阳数),而偶数(阴数)如二、四、六、八是不用的,这种关于桥的文化意识,是受了《易经》"尚阳"的影响。《易经》最推重的阳数是九,故这类曲桥,以九曲桥为最高品级。上海城隍庙的九曲桥很有名。北京颐和园里一座十七孔桥,虽不是九曲桥,但也是崇九的桥,因为无论从桥的这头还是那头数起,其中间最大、最高的一个拱形桥洞(孔),都是第九孔。

无论长桥如虹,凌空飞渡,还是小桥静卧于溪流之上,都各有各的美。杜牧《阿房宫赋》关于"长桥卧波,未云何龙"的啸吟,杜甫《西郊》关于"市桥官柳细,江路野梅香"的歌唱,还有元代袁士元《和嵊县梁公辅夏夜泛东湖》所谓"小桥夜静人横笛,古渡月明僧唤舟"之类的诗句,都在传达中国古桥的壮雄与优逸之美。

天下名桥数"赵州"

我国华北地区有一则著名的民谣,唱的是所谓天下四宝:"沧州狮子应州塔,正定菩萨赵州桥。"

河北隋赵州桥，世界现存最古石拱桥。

　　这说的是河北沧州古城的铁狮子、山西应县（古称应州）的佛宫寺释迦塔、河北正定隆兴寺大悲阁宋代铜铸大悲菩萨造像，以及河北石家庄东南赵县（古称赵州）的安济桥。安济桥又称赵州桥，始建于隋开皇十五年（595），建成于隋大业元年（605）；另一说笼统称建于隋大业年间，即605—616年。在年代上，比沧州铁狮、应县木塔与正定菩萨造像都要早，可称"四宝"之首。

　　赵州桥，世界现存最古老的石拱桥，世界著名古桥之一。我们读唐代张嘉贞《石桥铭序》，知道这一天下名桥出自名匠李春之手。其文曰："赵郡洨河石桥，隋匠李春之迹也，制造奇特。"提到李春其人，只说他是一位"隋匠"，没有记述其生卒年、家世与事迹生平，历史在这里，实在是太吝啬了，也不公平。试想中国自古以来多少伟大建筑都出自能工巧匠之手，但历史上有记载的，唯独李春一人，还算有点儿幸运的，这是历来菲薄建筑这类"匠艺"的文化意识的反映。

　　那么赵州桥有什么值得一提的建筑成就呢？

　　赵州桥全长50.83米，净跨度为37.02米，拱矢净高达到7.23米，其主拱（古人称为曲梁）由28道拱券纵向并列砌成，拱顶宽9.0米，拱脚宽9.6米。其总体造型，主拱如波，在弧形平坦的主拱两侧,对称地各砌两个圆弧形小拱,倘遇洪水,可扩大流量,减小水流对桥的冲击力,又可减轻桥身重量,在审美上,又收到以小拱烘托主拱的效果。

这种主拱接近于半圆的敞肩拱桥,在人类桥梁史上是一个创举。研究中国桥梁的同济大学教授潘洪萱曾经指出,赵州桥的建桥技艺远在古代欧洲之上。在欧洲,到1321—1339年,才由法国人建成赛兰特敞肩拱桥,比赵州桥晚了七百年左右。虽然赛兰特敞肩拱桥净跨达到45.5米,比赵州桥多8.48米,但是其桥的宽度却只有3.9米,比赵州桥少5.1米。真正的敞肩圆弧桥,在西方直到19世纪才出现。因此可以说,赵州桥的跨径记录,在人类造桥的历史上领先了七百三十多年,在国内的领先记录保持了一千三百余年,直到1959年湖南黄虎港石拱桥建成才被打破。

卢沟晓月

卢沟桥在北京西南约15千米的永定河上,今属丰台区。它是北京现存最古老的石构拱桥。所谓联拱,即是多拱,卢沟桥共有十一个拱,相应的有十一个涵孔。它始建于金大定二十九年

卢沟桥

（1189），数度废兴。

卢沟桥始建时，敕名"广利"（有佛教"普渡众生"的意思），包括两端桥堍在内，总长度达到266.5米，净宽7.5米。如果把栏杆与出挑于桥面的仰天石也算在内，最宽处达到9.3米。此桥粗看以为是平桥形态，实际桥面中部稍有些逐渐的隆起，据桥梁专家测量，大约高隆达近1米。卢沟桥有十座桥墩，十分坚固，为减小水流阻力，桥墩的迎水面做成尖锐形，以锐角迎水，在技术上很合理。

卢沟桥的造型特色更显著的，表现在桥面的望柱与石狮造像上。这座名桥的桥面两边望柱数目是不对称的，仔细一数，南为140柱，北为141柱，望柱之间的栏板也参差不齐，长者可达1.8～1.9米，短的只有1.3～1.4米，说明两望柱之间的间距不甚齐一，有密有疏。这种不对称、不整齐，可能并非有意为之，也不是一种美学上特殊要求的体现，而是造桥者为石料所限的结果。

卢沟桥闻名于天下，主要是由于桥上的石狮造像。桥上满雕石狮，这是一个很好的石桥艺术的"创意"。我们迄今已不清楚这创意到底为了什么，最浅近的意思，大概不外乎艺术审美吧，或者巫术上趋吉避凶的需要，也未可知。狮为猛兽、瑞兽，整座桥上都是石狮造像，在理念上，有镇洪潮、保大桥平安的诉求。不过从现代眼光看，卢沟桥反倒成了一座露天的石狮艺术"展览会"。也正因石狮云集于桥，才使卢沟桥从无数天下名桥中"脱颖而出"。

那么，卢沟桥的石狮到底有多少尊呢？

有一句歇后语说："卢沟桥的石狮子——数不清。"大概是吧。早在明代的《长安客话》里，就记载着这样的话："左右石栏刻为狮形，凡一百状，数之辄隐其一。"不是石狮有什么灵性，有调皮捣蛋的脾气和神秘，故意"隐其一"，而是数目之众，不免令人眼花缭乱的缘故。潘洪萱《中国古桥》说，1962年有关单位采用登记编号、来回复查的办法，数出桥上有大小石狮485个。按它们的位置可分为四类：一是栏杆望柱头上的大狮子，281个；二是栏杆望柱头上大狮子身上的小狮子，198个；三是桥东端顶着栏杆作为抱鼓石用的大狮子2个；四是桥两头华表柱头上的石狮子4个。1979年，又在河中靠中心墩处发现1个大石狮，并复数小狮子为214个。这样，大小石狮子总数应为502个。这里所言，是比较准确的。

卢沟桥，心中的桥。它也因为发生过"七七卢沟桥事变"而让人追忆历史，感慨系之。它是历史的见证。

飞梁遥跨

在众多中国古桥中,跨海的桥梁很少见到。因此,洛阳桥这跨海大石桥就尤为突出了。洛阳桥又名万安桥,在福建泉州东北约10千米的洛阳江入海之处。

洛阳桥是与赵州桥齐名的桥,所谓"北有赵州,南有洛阳",它是中国最早的海港石桥。

洛阳桥始建于北宋皇祐五年(1053),由蔡襄主持,建成于嘉祐四年(1059),共花去六年八个月时间。该桥原长1 200米,宽5米,是一座有四十六个桥墩的大石桥,桥上原有扶栏五百个,石狮二十八个,石塔九座,石亭七座。

洛阳桥工程浩大,规模宏伟。自北宋至今近一千年间,曾多次重建或修缮。明宣德年间(1426—1435)将桥面增高三尺;万历三十五年(1607),因遭地震,洛阳桥严重损坏而不得不重修。现存

泉州洛阳桥

桥梁，基本形制是清乾隆二十六年（1761）修筑的，现桥长度为834米，宽7米。四十六座船形的古桥墩依然，1932年由于泉惠公路通车，而添铺了钢筋水泥桥面。

洛阳桥的技术成就值得写上一笔。

这座石桥的基础采用了现代桥梁史上被称为"筏形基础"的技术，属首创，即在水道沿桥梁中线以大石块筑成水底石堤，以此为桥墩之基。洛阳桥的"筏形基础"宽约25米，远远超出桥梁宽度，坚如磐石，长度有500多米，可谓万无一失。

同时，为了加强桥墩的坚固性，洛阳桥的桥墩以整条大石规整地纵横垒筑而成。最有意思的，或者可以说别出心裁的是，洛阳桥的建设者们在条石、块石之间种养大量海生牡蛎，用来加强桥基、桥墩石料之间的拉力。《福建通志》说，洛阳桥"以蛎房散置石基，盖胶固焉"。牡蛎的繁殖力很强，成片成丛的牡蛎无孔不入，在海边岩礁间密集繁殖，把松散的石块胶结一体。为了维护洛阳桥的安全，桥梁附近地区禁止捕捉牡蛎，在明清就成为代代相传的乡规民约。这种以生物活动来加固桥基、桥墩的做法，实在绝无仅有。

洛阳桥是千古名桥，泉州一景。桥上有亭，亭四近历代碑刻林立，最有名的是一壁摩崖石刻，上书"万古安澜"四个大字。桥南有蔡襄祠，以记、拜蔡氏造桥之功。蔡襄是大学士、著名书法家，石碑《万安桥记》就是他的手书。宋代诗人刘子翚《万安桥诗》有句云：

> 跨海飞梁叠石成，晓风十里渡瑶琼。
> 雄如建业虎城峙，势若常山蛇阵横。

极言洛阳桥气势。明代诗人徐𤊹作《咏万安桥》，其中四句有云：

> 路尽平畴水色空，飞梁遥跨海西东。
> 潮来直涌千寻雪，日落斜横百丈虹。

也把洛阳桥的壮美景色渲染得淋漓尽致。清代凌登亦有"宇宙神物能有几，如此大观称奇绝"的啸吟浩歌。可见，洛阳桥的技艺与造型，的确是动人心魄的。

雕梁画栋：中国建筑构件

屋顶制度

从建筑物个体看，中国建筑的最大形态特征，不能不首推大屋顶。毋庸赘言，建筑文化形象之尤为感人的，当推中华大屋顶的反宇飞檐。《诗经》所谓"如跂斯翼"，"如翚斯飞"，形容大屋顶的轻逸俏丽、"飞"意"流"韵，不由得令人怦然心动。中国建筑屋顶的基本形制，有庑殿、歇山、悬山、硬山、卷棚、攒尖以及盝顶、盏顶、单坡、囤顶、平顶、圆顶、拱顶、穹隆顶、风火山墙式顶与扇面顶等多种，其中具有反宇飞檐特征的大屋顶，是中国建筑屋顶文化的典型代表。一座建筑物，主要由屋顶、屋身与台基三部分构成，屋顶给人的直观印象最为深刻，并且在历史的陶冶中颇多变化。所以甚至有人这样说，屋顶尤其是反宇飞檐，是中国建筑的伟大"艺术"。

成因的讨论

凡宫室，一般都有屋顶。建筑之始，无论巢居、穴居，为挡风、避雨与防晒，其上部总需有一个类似于后代屋顶那样的东西。巢居的上部略加整理或加工的树冠，穴居的上部土层，都可以看作屋顶的雏形。当人类从巢居与穴居中走出，来到平地建造房舍时，无论其庐舍怎样原始、朴素而简陋，在其上部，以茅草、树枝之类编扎顶盖，一般都是不可或缺的。《易经》云："上栋下宇，以避风雨。"屋栋在上，而立柱撑持人字形两檐下垂的屋顶，是中国建筑的基本要素。这里所谓宇，即指屋顶。

最原始的中国式屋顶，其侧面一般为人字形，称为两坡顶。后世大屋顶的一些基本形制，多由人字形发展而来。大屋顶的反宇飞檐造型，在科学技术与艺术美学上是中国大屋顶形制成熟的表现，并非屋顶的原始面貌。最原始屋顶的文化品格，是"老实"而淳朴的，它专注于实用。所谓反宇飞檐的浪漫情调与诗化智慧，则是在满足屋顶实用功能前提下后人的美的创造。

北京内城角楼

北京圆明园万方安和

北京圆明园天地一家春

贵州侗族民居

浙江民居

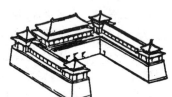

北京宫殿午门

西藏日喀则扎什伦布寺

福建泉州奎星楼

内蒙古百灵庙大经堂

宋画金明池图中的临水殿

宋画龙舟图中的宝津楼

河北承德普宁寺大乘阁

宋画黄鹤楼

宋画滕王阁

大屋顶不同组合形制

中国建筑大屋顶文化的形成,是中国文化自我酝酿、发展的产物。长期以来,一些中外学者对这一问题多有探讨,种种关于屋顶反翘曲线的成因说,可以为这一建筑文化课题的进一步研究,提供颇为丰富的思想资料。

第一,自然崇拜说。

有的西方学者认为,中国建筑大屋顶反宇的形成,是受到了山岳崇拜文化观念的影响,认为山峰的高耸,必然激发中华初民的文化灵感,故以屋脊耸起的造型模仿崇高的山岳。关于这一见解,因为缺乏考古与史料记载的有力证明,而毋宁将其看作一种富于灵感与想象的猜测。中华初民对山岳的崇拜起源很早,并且确也对中国建筑文化,比如先秦、秦汉的灵台(高台)建筑的建造深有影响,然而,这种山岳崇拜文化观念是否与中国大屋顶具有必然的联系,还是值得研究的一个问题。

这一自然崇拜说中的另一见解,是日本伊东忠太《中国建筑史》所例举的"喜马拉雅杉形"崇拜,认为这种杉树"其枝垂下",成了中国大屋顶两翼下垂的一个自然模型。关于这一观点,正如李允钗《华夏意匠》一书所言,不过是歌德式建筑受到欧洲森林形貌影响说法的同一方式的推论而已。

第二,天幕(帐幕)发展说。

西人研究中国文化,有人曾主张"欧洲中心"说,持中国文化包括建筑文化"西来"的观念。在他们看来,中国大屋顶,是对西方经中亚细亚或塞北游牧部落原始天幕(帐幕)的模仿与改制,认为原始游牧部落原先住在帐幕之中,来到中原定居,于是就将帐幕改为大屋顶。这一观点在理论上必然会遇到这样一个难题,即必须证明原始游牧部落天幕(帐幕)的发明较中国建筑大屋顶的诞生为早。这一观点至今没有获得考古实物的有力支持。据考古与史料记载,中国建筑大屋顶形制早在春秋战国就已成熟。可以这样说,所谓天幕发展说,小看了华夏初民的文化创造力。

第三,实用说。

英国学者李约瑟在其《中国科学技术史》中指出,且不论我们对帐幕学说(tent-theory)的想法是怎样的,中国建筑向上翘起的檐口,显然是有其尽量容纳冬阳照射整体的实用效果的。它可以降低屋面的高度,而保持上部陡峭坡度及檐口部分宽阔的跨距,由此而减少横向的风压。因为柱子只是简单地安置在石头的柱础上,而不是一般地插入地下,这种性质对于防止它们可能的移动是十分重要的。向下弯曲的屋面另外一种实用的效果,就是可以将雨雪排出檐外,离开台基而至院子中。关于这一见解,我们也许可以说,首先从实用角度考虑大屋顶反宇飞檐的诞生,不能不说是一种颇为值得参考的思路。然而，此说忽视了屋顶檐角起翘的精神效果，因为檐角起翘不利于雨雪的泄泻，单从实用角度无法解释这一现象。

第四，技术结构说。

刘致平《中国建筑类型及结构》指出，中国屋面之所以有凹曲线，主要是因为立柱多，不同高的柱头彼此不能划成一水平直线，所以宁愿逐渐加举做成凹曲线，以免屋面有高低不平之处。久而久之，我们对于凹曲线反而以为是美。这一见解是从技术结构着眼的，值得参考。中国建筑文化的物质之根是土木材料。这种材料特性决定了建筑开间不能过大，否则，由于负重而必使梁柱变形，为避免变形，就须增加立柱数量。立柱过繁，其高度又不易处于同一平面，所以索性以主脊为最高，成两坡或四坡顶等，并使檐口、檐角反翘。这一推理，在逻辑上似亦可通。

第五，美观说。

认为所以呈反宇飞檐式，其心理根源是追求美观。伊东忠太就持这一观点。国内有的学者也如是说。他们总的看法，是以为中国人更喜欢建筑曲线美的缘故。笔者以为，反宇飞檐确实很美，尤其在南方，一些建筑屋顶的反翘和屋角飞动的幅度更大，而且总体上，中华民族作为东方民族，确是更钟情于优美，而优美往往与曲线相联系，所以对反宇飞檐在审美上确实颇为推重。但是，这仍难以将反宇飞檐的成因仅仅归之于审美。

应当说，屋顶形制的起源，具有复杂而深刻的文化根源，它与人类的实用、崇拜、认知与审美可能都有关系，不能仅从某一方面去看。而且，其中追求实用这一点，无疑是基本的。从实用这一基本点出发，土木这种特殊建筑材料的性能与局限，决定了大屋顶种种技术、结构的形成，由此造成其独特的审美风貌。

大屋顶之所以在中国而不是在世界其他民族建筑中诞生，首先是由中国建筑一般所运用的"土木"这种特殊材料所决定的。土木可塑性强，但易被损蚀，所以大屋顶笼盖屋身，出挑深远，对屋身的墙体、门扉之类以及夯土台基等可起一定的保护作用，其功效在于防止风雨、日照等自然力量对屋顶之下部的侵害。这不等于说中华古人此时没有审美上的敏感需求，在大屋顶的实用功能基本实现之后，又深感这种人字形两翼下垂的大屋顶在观感上显得过于沉重，于是设法让它"飞"起来，随着斗栱等建筑木构件的发明与运用，檐及檐角起翘、垂脊亦呈反翘之弧线多了起来。这在实用上加强了檐部下方与室内的采光效果；在审美上，减少了檐部下方的阴影，获得了大屋顶乃至整座建筑的优美曲线与欢愉情调。

文脉轨迹

大屋顶的历史十分悠久。据考古，河南偃师二里头早商时期的宫殿建筑，平面布置以廊庑院落，而立面之屋顶，可能已是《周礼·考工记》所说的"四阿重屋"，即庑殿重檐式，是一种成熟的大屋顶形制。由此不难推想，大屋顶的诞生，必远在商代早期之前。而反宇飞檐的出现，看来也在遥远的中华古代，否则，《诗经》怎会有如此精彩、优美的文学描写："如跂斯翼，如矢斯棘，如鸟斯革，如翚斯飞，君子攸跻"，"筑室百堵，西南其户，爰居爰处，爰笑爰语"，"殖殖其庭，有觉其楹"。建筑高敞，宇"飞"如翼，令居者身心大快。

简言之，大屋顶历史悠久，在各个历史时期又有不同的发展与变化。

最早的大屋顶，一定是十分朴素的。据古籍所言，即所谓两注。两注者，就是指双坡人字形屋顶，注是屋顶溜水之意。主脊居屋顶的最高部，双檐在下，坡面斜落，有利于落水。《周礼·考工记》有关于"四阿"的记载，四阿指四面坡屋顶，阿为垂脊之意。又有"四霤"之说，霤即流或溜，都说明了屋顶用于落水、泄水的实用功能。为了使屋顶下落的雨水不至于损蚀墙体、门扉与台基，使檐部出超于屋身是必要的。

这种只求满足其实用性目的，对审美、伦理或宗教崇拜等功能还来不及讲究的大屋顶，应该说是较早出现的。

殷周之际，随着宫殿的日趋成熟，大屋顶形制也在"成长"。殷末，商纣广作宫室，益广苑囿。《史记·殷本纪》："南距朝歌，北据邯郸及沙丘，皆为离宫别馆。"这些宫馆，大凡离不开大屋顶。

春秋战国时期崇尚"高台榭，美宫室"，此宫室之美就包括大屋顶。故宫博物院藏采猎宫室图，据梁思成《中国建筑史》，其图所绘之"屋下有高基，上为木构。屋分两间（指面阔），故有立柱三，每间各有一门，门扉双扇。上端有斗栱承枋，枋上更有斗栱作平坐。上层未有柱之表现。但亦有两门，一门半启，有人自门内出。上层平坐似有四周栏杆，平坐两端作向下斜垂之线以代表屋檐，借此珍罕之例证，已可以考知在此时期，建筑技术之发达至若何成熟水准，秦、汉、唐、宋之规模，在此凝定，后代之基本结构，固已根本成立也"。在《楚辞》中，《诗经》所谓"翼飞"之反宇飞檐亦隐约可见："筑室兮水中，葺之兮荷盖。"显得很美观。

秦汉之世，大屋顶风行天下，在宫殿、陵寝、园林、祠庙与阙等建筑上，几乎到处可见其踪影。汉阙之造型，上覆以略为起翘的檐。从四川、湖南一些崖墓看，大者堂奥盛饰，外檐多已风化，但堂之内壁隐起枋柱，上刻檐瓦，出挑起翘之状，隐然在目。或门楣之上刻出两层叠出之檐部，作出挑式。此时，屋顶以悬山式、庑殿式为多见。庑殿式正脊很短，其屋顶为上下两叠之制。班固《两都赋》、王延寿《鲁灵光殿赋》等都有关于反宇的记载。从广州出土的汉代陶屋看，这种汉代明器的屋檐呈反翘之势。尽管秦汉多数明器与画像石中所表现的屋面、檐口都是平直形的，但它们的正脊与戗脊的尽端已微微翘起，以筒瓦与瓦当、滴水加以强调。此外，汉代的大屋顶脊饰已十分丰富。

　　魏晋南北朝，反宇飞檐式大屋顶成为屋顶常式。这在石窟遗制与画像石上可以看得很分明。洛阳龙门古阳洞的窟檐有庑殿式，其屋脊有曲线反翘；也有歇山式，用鸱尾，使屋脊有曲线"生成"。大同云冈第9窟窟檐也用鸱尾生成曲线之势。洛阳出土的北魏画像石，屋角起翘形象十分明显。而从河北涿县北朝石造像碑看，其屋角之反翘被表现得十分夸张。据《晋书》，北朝石虎于邺地"起台观四十余所，营长安、洛阳二宫"，有"穷极使巧""徘徊反宇"之态。石虎于铜爵台上起五层楼阁，作铜爵楼巅，此楼"舒翼若飞"。

　　隋唐时代的大屋顶厚重而舒展，大气磅礴。除现存佛光寺大殿为四阿顶外，还有九脊与攒尖等屋顶形制。隋代建筑已有歇山顶形制。九脊顶收山颇深，山墙部分施悬鱼。当时筒瓦之施用已极普遍，一般屋顶正脊、垂脊多以筒瓦覆盖，垂脊下端微微上翘。从唐懿德太子墓壁画可见阙楼屋角有"生起"，唐大明宫麟德殿亦呈屋角、屋檐起翘之势。敦煌壁画所绘唐代民居的屋檐之反翘十分明显。山西五台山南禅寺正殿檐口呈优美的反翘弧线，表现出技术结构与建筑空间形象的统一。同样，佛光寺大殿屋檐和缓的反翘，与造型遒劲之鸱尾的使用，使这座著名建筑显得十分庄重稳定。同时，斗栱与柱高之比达到1∶2，整个屋檐向外伸出近4米，如大鹏展翅，雄浑而稳健，并使斗栱成为立面的注意中心，这是唐代建筑檐部及檐下斗栱的形象特征，装饰性丰富强烈。

　　起翘的屋顶翼角，具有欢愉情调。

　　宋代大屋顶由唐风的浑健、雄大，向雅致、优美、秀逸方向发展。各种建筑构件除立柱与砖等，避免使用生硬的直线，使用弧线时也设法加以美化。此时，屋顶的坡度有了变化，从唐之平缓向陡峻方向渐变，规定房屋开间与进深愈大，屋顶坡度愈陡峻，使得宋代大屋顶在优美之中透露峻肃之气。宫殿屋顶琉璃铺砌，灿烂而辉煌。瓦饰丰富，造型秀婉，正如斗栱那样，建筑构件趋于小型化。我们将天津蓟州独乐寺观音阁的大屋顶，与唐代大屋顶比较，已见其檐口变软，有飘逸之气。河北正定龙兴寺摩尼殿的大屋顶主立面檐角缓缓上翘，其坡度比唐代屋顶形制略有加大，而檐口厚度及斗栱与柱径变小了。山西太原晋祠圣母殿也具有这一特点。河南登封少林寺初祖庵大殿更具这一特色，它是中国禅宗初祖菩提达摩的祭殿，三间、九脊、单檐，建于宋徽宗宣和七年（1125），檐柱有显著的"生起"，檐角反翘明显，有民居情调。又如宋塔，比如福建泉州开元寺

山西太原晋祠圣母殿,其双重大屋顶,有《诗经·小雅》所言"如跂斯翼""如翚斯飞"的美。

塔、上海松江方塔,均为檐角反翘之佛塔。宋代以四阿顶为最显贵的屋顶形制,其余各式屋顶亦已大致发育完备。瓦饰琳琅满目,正脊两端鸱尾、垂脊兽头与蹲兽等,都崇尚精细制作。

元明清时代,总的趋势是大屋顶造型向更为峻严、耸起的方向发展。经过宋代《营造法式》的理论总结,整个中国建筑文化趋向于理性与有条理,但有时也不免有些僵直,大屋顶的伦理色彩更强烈了。琉璃瓦的采用十分讲究等级,以黄色为最显贵之色,故北京紫禁城大屋顶构成了一片壮阔的黄色琉璃瓦海。此时以庑殿式为最尊,歇山(九脊)次之,悬山又次之,硬山为下,而攒尖顶为末。清代庑殿顶向两山逐渐屈出,谓之推山,使垂脊于45°角上的立面不作直线而为曲线。但清代大屋顶的有些饰件往往过于理性而少生气,如脊饰之制,宋代称为鸱尾者,清代改称正吻。其造型,由富于生趣的鸱尾形变为方形上卷起圆形的硬拙装饰,成为某种几何形体的堆砌。所以梁思成《中国建筑史》认为,清代大屋顶之雕饰虽极精美,然皆极端程式化,其艺术造诣不足与唐宋相提并论。

可见,大屋顶形制在中国建筑文化史上沿袭了数千年,走过了一条由简入繁、又由繁化简的道路。起始比较质朴,这是一种文化接近于原生的状态;向前发展,因过分推重人工智巧而必导致进入繁丽的历史阶段。过分繁丽则必导致夸饰虚华,于是又向原朴回归,这在科学与美学创造上,可以看作一种文化思想的净化。由于中国文化非常倚重伦理，所以这种大屋顶的思想净化在一定程度上变成了伦理意义上严格的规范化，在逻辑清晰与简洁的同时，又不免有些僵化的趋向。

美妙的"旋律"

中国建筑的大屋顶形制多种多样，在历史、文化的发展中，不同形式具有不同等级的伦理品格。其中具有代表性的是如下数种，它们弹奏出不同的旋律，都相当美妙。

庑殿顶

这是中国建筑文化伦理品位最显贵的大屋顶形制。在《周礼·考工记》中称为"四阿"顶，又称"四注"，即此顶可供四边溜水，从而有此命名。这种屋顶的平面为四边形，有五条脊，故宋时

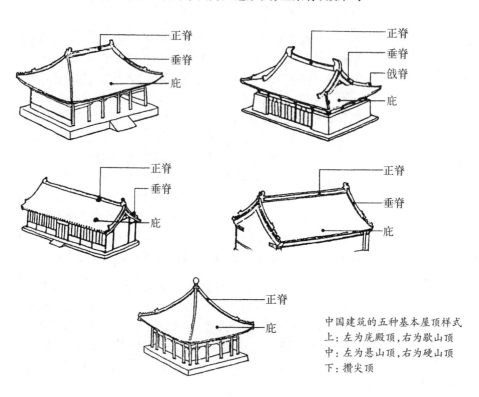

中国建筑的五种基本屋顶样式
上：左为庑殿顶，右为歇山顶
中：左为悬山顶，右为硬山顶
下：攒尖顶

另称"五脊顶"。有一条正脊（主脊）高临、横卧于顶部；四条垂脊分别向四个檐角缓缓下垂，脊端即檐角之所在微微上翘，使垂脊呈优美的弧线。正脊两端分设正吻（鸱吻），源起于风水意识，后发展为审美饰件。垂脊下部可复续角脊，装饰以走兽、"仙人指路"等雕塑品。屋面为四坡式，它是人字形坡顶的发展。其造型的最大特征是略有凹曲之势。檐角与檐口向上反翘，在欢愉情调之中透露出庄重、雄伟之感。这类屋顶由于伦理品位最高，而多见于宫殿、帝王陵寝与一些大型的寺庙殿宇之上。可以北京紫禁城太和殿庑殿顶为代表。

歇山顶

这是中国建筑文化中伦理品位仅次于庑殿顶的大屋顶形制。其结构实际较庑殿顶为复杂。它有九条脊，包括一条正脊、四条垂脊、四条戗脊，故宋代俗称"九脊顶"。所谓戗脊，即垂脊下端岔向四隅的脊。整个屋面造型，上部为双坡型，在双坡的左右是两际山花，富于装饰美感。下部为四个坡面，前后与上部双坡自然连接，呈凹曲形，下垂到檐口略有起翘。左右在两际山花之下，与山花的连接呈折线状，檐口与屋面前后的檐口连接并处于同一平面。这一大屋顶之脊曲直多姿，形象华美。有的歇山顶为复檐式，也有两歇山顶垂直相交，成十字脊型。这可以北京紫禁城四隅的角楼为代表。

大屋顶形制及其相应平面

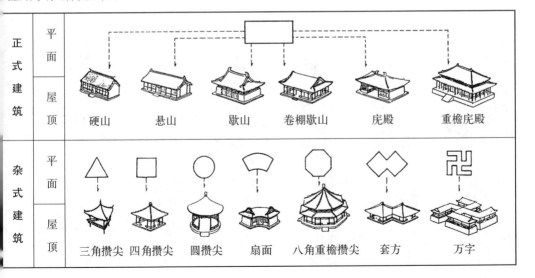

悬山顶

这是人字形屋顶的另一种形制，其基本造型为两坡式。由于山墙两际屋面挑出，所以也称为"出山""挑出"。单脊，位于两坡交界之处，往往以片瓦或砖铺砌。脊上常以走兽、宝瓶或花卉（比如万年青）为饰，脊两端做成鳌头、象鼻子或燕尾等形象。为挡隔雨雪，两际山墙檩枋头部多钉有博风板。北方明清官式悬山顶建筑在山墙檐际之垂脊上设仙人、走兽等雕塑装饰。有的悬山顶两山际出檐深远，加上檐角起翘，使大屋顶造型显得轻灵而舒展，这多见于江南民居。

硬山顶

这是人字形两坡顶的又一形制。屋顶两坡交界处常以片瓦或砖铺砌成单脊。两侧山墙与屋面齐平或略高于屋面，使得山墙形象颇为突出。山墙两际有时砌作方砖博风板。近屋角处以砖叠砌做成墀头花饰。北方明清官式建筑的硬山顶大多数沿山墙设置垂脊，脊上以"仙人指路"、走兽等雕塑造型为饰。这种大屋顶形制多见于伦理品位比较次要的官式建筑与北方民居。

攒尖顶

多见于亭。大型者亦可见于宫殿与坛庙殿宇，如北京明清紫禁城的中和殿与天坛祈年殿。基本造型为一顶尖高高在上，为尖

仙人指路，一种屋脊装饰，兼具风水与审美意义。

锥形大屋顶形制。其平面随整座建筑的造型而各呈其态,有圆形、方形与正多边形之别。圆形平面的屋面用上小下大的竹子瓦铺砌,其余一般以筒板瓦铺盖。正方形与正多边形攒尖顶在各角梁位置上设以垂脊,最上顶端多以金色宝顶、宝瓶与立鹤等为装饰。这是一种审美形象比较活泼的大屋顶形制。大型的攒尖顶富于高耸势昂之趣。

卷棚顶

将歇山或硬山顶的正脊做成圆弧形,便是卷棚顶,有歇山卷棚、硬山卷棚两种,可以看作歇山、硬山顶的变形,是无脊的一种大屋顶形制。在外观上,少耸起之感,屋面比较平缓,给人以温和、圆柔的美感。多见于北方民居与园林建筑。南方园林中常见的轩,其室内天花亦称卷棚,是在弧形椽子上钉以薄板或置望板。砖面常施白灰,以绛红色椽条相配,有俏丽的美感。

中国建筑大屋顶具有以下几个特色:一是高耸而形成坡面;二是屋盖宽大,一般出檐深远;三是檐下斗栱成为力学结构上必不可少的构件,在伦理与审美上,斗栱是一种重要饰件;四是屋顶有弧形曲线之美,檐角、檐口呈起翘之势,有翼飞之趣;五是建筑环境中较少雕塑之装饰,如有装饰,则多集中于大屋顶之上。正脊、垂脊的鸱尾、"仙人指路"、走兽、宝瓶、悬鱼与惹草之类,在文化观念上源于风水术,后发育成为中国建筑大屋顶的美的象征之一。

惹草

悬鱼

屋山装饰——惹草、悬鱼

屋架营构

与屋顶联系尤为密切的，是屋架。以木构为主要结构"文法"的中国建筑，屋架是其承重构件。它是造成建筑外立面屋顶高耸，檐口、檐角反翘之优美曲线的骨架；在建筑物内部，柱间上部一般以梁与矮柱之类重叠巧构，营造了中国建筑所特有的内部空间韵律，渲染了强烈的木构氛围，这是一种彼此交接营构、复杂有序的木构群组形象。

构成这个木构群组形象的角色，主要有梁、檩、枋、椽、驼峰与雀替等，而使这些角色各得其所，则又有赖于举折之法。屋架，是中国土木建筑的特有"语汇"。

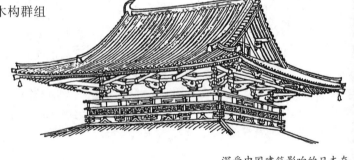

深受中国建筑影响的日本奈良法隆寺金堂屋盖：并厦两头不收山

特有的"语汇"

屋架的构件很多，它们都是构成屋架必不可少的角色，其形制并非一成不变。其演进过程，构成中国建筑技艺不断发展的重要方面。屋架涉及中国建筑的一些专门知识，也许对一般读者而言，显得有些冷僻，然而一般地了解这些相关知识是有必要的，它可以加深读者对中国建筑空间意象的认识与审美。

这里，我们先来说说屋架中的梁。梁，《尔雅·释宫》称之为

"疆梁"。疆有疆界之意,这说明梁是屋架中的一种横跨构件,与立柱成垂直角度。从文字学角度看,梁字从水、从木,原指架凌于小河的木桥,即所谓河梁。又,疆者,强也。梁之功用,为承受由上部桁檩转达的屋顶重载,再下传到立柱与地基之上。

屋架必具有主梁。主梁造型相对粗壮,它的两端接设在前后两个金柱之上。如果是无廊建筑,主梁就安设在两个檐柱之上。梁的长短依建筑物的进深程度来定。进深大的,屋架的梁必长。反过来也一样,梁的长短决定了建筑物的进深(按:这里指"间"的进深)。同样,梁的粗细程度,一方面是由木材本身的粗细来决定的,另一方面也由建筑物屋顶的负载量来决定。

问题是,在严格规范的建筑上,梁的尺度并非可以随心所欲地设置,它受到模数制的制约。建筑的屋架由主梁之上用两短柱或短墩再支一短梁,逐层叠架而上,成叠梁式梁架。最下一层最长一梁称为大柁;次者较短,称二柁;倘有三层,则最上最短者为三柁。各柁按本身所负桁或檩子总数,称为"几架梁"。梁思成《清式营造则例》指出,按梁在屋架中的位置,有多种分类。其一,单步梁,即抱头梁。这是其在小式中的名称,在大式中称挑尖梁。其二,双步梁。在有廊之建筑中,如廊太宽,挑尖梁上复增一瓜柱、一梁、一

唐代至明清屋盖曲线变化

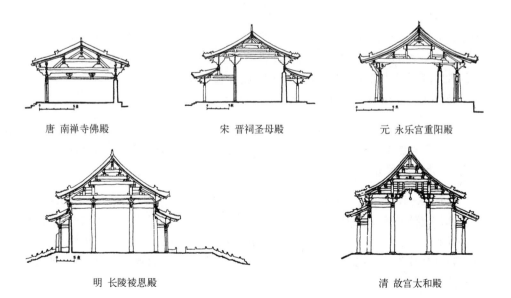

唐 南禅寺佛殿

宋 晋祠圣母殿

元 永乐宫重阳殿

明 长陵祾恩殿

清 故宫太和殿

桁，此时，其下层者称双步梁，宋时称乳栿。其三，三架梁，即为平梁。其他还有五架梁、七架梁、九架梁、顺梁、扒梁与角梁之别。比如所负共有七檩，则称为七架梁，其上一层即五架梁。还有四架与六架的，这双数架的梁多没有屋脊，脊部做圆形的叫卷棚式，亦称元宝脊，这种屋顶形制顶层的梁即为月梁。

原始木构架的梁多为圆形断面，而成熟木构架的梁断面以矩形甚至方形为多见。宋代大梁断面的高宽之比为3∶2，明清之时接近于1∶1。这种断面的梁制显得条理清晰，形象整齐一律，线条纵直，看上去与整个梁架一起，显得简洁美观。然而在实用功能即在承重上，由于对木料的加工改造破坏了它的原生态，负载力因而降低。有的学者据此认为，这也是造成木构建筑不易长存的一个原因。在明清时期，江南民居及园林建筑常以圆木为梁，这种"圆作"制度并不能说明建筑技术的倒退，而是蕴含着"回归于自然"的象征意义。自然，这样做在加强木构屋架的承重能力上也是可取的。而月梁的做法，也在直线形中加入了曲线与拱形的因素，这无疑增加了梁负载的刚度，而且在审美上，改变了凡梁皆为绳直的单调一律之感。

东晋郭璞有"云生梁栋间，风出窗户里"的诗句，杜甫有诗云："山河扶绣户，日月近雕梁。"由此，可以领悟中国建筑的木梁之美。

中国建筑屋架中的另一构件是檩，也许是读者所不太熟悉的。檩，也称为桁，或者称桁檩，它安设在屋架各梁头之上，上承椽子。

按桁檩所居位置，有脊桁、上金桁、中金桁、下金桁、正心桁与挑檐桁等多种形制。如在设有斗栱的较重要的建筑物上，正心桁位于正心枋之上，桁径为四点五斗口（清式）。在重檐金柱上有老檐桁，它就是上檐的正心桁。脊桁是屋架最上方的檩，它是屋脊的骨架，在脊桁与正心桁之间设以金桁，有上、中、下三桁之制。从最高之脊桁随坡顶斜落，桁檩构成了平行的序列。

檩有出山与不出山两种。出山者即檩之两端伸出于山墙，称为"出际"。它的长度一般取决于屋椽数。宋代《营造法式》规定，两椽屋出二尺至二尺五寸（营造尺）；四椽屋者为三尺至三尺五寸。

枋是又一种构件。它是木构建筑主要设于檐柱之间的一种联系性构件。因其多位于檐部，又称额枋。从立柱角度看，是屋柱的附件，但又是屋架的一部分。枋上常满饰雕塑或彩绘，似屋架之面额，有标示作用。初期之枋多为一根，称阑额，发展到后来，在这根枋下又增设一个较细的枋，构成大小额枋形制，即上为大额枋，下为小额枋，二枋之间用垫板。

枋也有某种承重作用。有的枋设于内柱之间，称内额；还有的设于柱脚处，叫地栿。梁思成《中国建筑史》说，唐代阑额断面高宽比约为2∶1，侧面略呈曲线，谓之琴面，阑额在角柱处不出头。辽代阑额大致同唐制，但角柱处出头并作垂直截割。宋金阑额断面比例约为3∶2，出头有出锋，或近似后代霸王拳的式样。明清额枋断面近于1∶1，出头大多用霸王拳。枋的断面高宽之比的变化是历史性的，从2∶1、3∶2到1∶1，枋之断面越来越显得方正了。

椽是屋架上的一种方形或圆形小木条，一般密密而平行地排列于檩与檩之间，都与檩构成直角，直接承受屋顶重载。按所处位置与功能分，最上一排与扶脊木接触的叫脑椽。卷棚式屋顶不设脊桁，在两根顶金桁之间设椽，称作蝼蝈椽或顶椽。在各金桁之上又各设花架椽，随地位不同而有上下或上中下的区别。最下的椽子称为檐椽，一端设于金桁之上，一端伸出于檐檩之外，称为"出檐"。檐椽的外端往往加设一排飞椽，而出檐的长度，大约在檐柱高度的十分之三到三分之一之间。还有，椽在屋角近角梁处有平行与放射形两种排列，这在东汉石阙上已能见出。在汉代石阙、石室及崖墓上，可以见到檐下使用一层圆断面的檐椽。椽档间距早期者略宽，约为椽径的4倍，后来愈来愈趋向于1∶1。

还有便是驼峰与雀替。

所谓驼峰，顾名思义，似骆驼之背峰的建筑构件。有所谓全驼峰与半驼峰之别。前者形制发展得颇为丰富，有鹰嘴、掐瓣、笠帽与卷云等多种，这些名称都很生动而富于形象感，从这些名称中可以品味其造型。半驼峰比较罕见。

所谓雀替，指的是梁枋与柱交接处的托座。在中国建筑文化发展初期，雀替形制比较简单，仅为一方形替木挑出于柱头之上，其功用在于增加梁端剪力，并且使梁枋跨距缩小。后来形制渐丰，主要是向装饰方向演化，但其物理力学上的实用功能不变。雀替下沿尽端做成鸟翼之状，有曲势之美，这便是雀替之雀的意思，而且往往施以彩绘，有绚烂之美，明清时期尤为盛行。当时的宫殿建筑外檐之下普遍使用雀替，其长度大约是

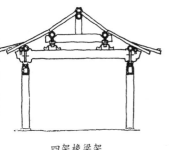

四架椽梁架

阑额长度的四分之一。有的建筑柱距较小，两柱间的雀替尽端甚至连为一体，这便成了所谓"骑马雀替"。雀替的实用功能是潜在的，它的显在的审美功能是装饰，以求美观。

举折形象

什么叫举折呢？举折是宋代《营造法式》的一个术语，也便是清式营造"则例"所说的"举架"。举者，指屋架高度；折者，指屋

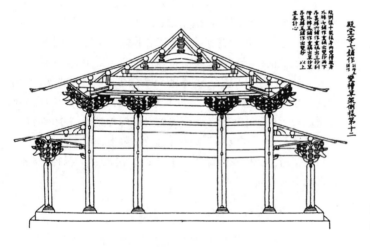

宋《营造法式》所附
木结构图样

木构建筑横剖面一例
图示

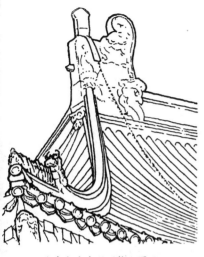

北京太庙庑殿顶推山图示

面坡度并非由一根直线而是由若干折线所构。所以举为举屋、折乃折尾之谓。

举折之法，决定了屋架的高度与屋面的坡度。

中国木构举折的历史发展规律，大体上为时代愈古，举高程度愈小，即造成的屋顶坡度愈显平缓，如山西五台山唐代南禅寺大殿的梁架举折，因举折程度小而使屋顶坡度很平缓。南禅寺建于唐代中叶。唐代末年所建的现存佛光寺大殿，实际测得的结果，其屋顶坡度已经比南禅寺加大了。此后，屋架的举折程度进一步加大，发展到清代，一般屋架的举折程度已形成大屋顶峻严、耸起的态势。倘从立柱之趋于细长、斗栱尺寸渐小、屋檐出挑有所内收及屋架举高加大等因素一起综合审视，则清代建筑形象具有在严谨之制中显出挺拔风韵的特色，有时给人以人体一般耸立而紧张的感觉。

木柱耸峙

就中国土木建筑而言，木结构一般负载整座建筑的重量。其中，屋架与立柱是木结构的基本"骨骼"。立柱，作为中国建筑的重要构件，支撑沉重而庞大的梁架与屋顶，是不可或缺的承重之物。《释名·释宫室》云："柱，住也。"立柱是建筑物稳固不移、风雨难摧的"根"，它的持久直立向上的力学性格与挺拔风姿，给人以强烈的印象。有人说，在中国建筑的所有构件中，由于立柱扮演着独特的荷重角色，因而"腾不出手"来修饰、"打扮"自己，所以立柱的文化审美品格往往是平易而朴素的，千百年来立柱的形制也难以有许多变化。这种看法自然有合理的因素，但实际上中国的立柱也是一个绚丽多彩的世界。

立柱千姿

从建筑内部、外部空间加以区分，木构的立柱（包括少量仿木构的石柱）可以分为三类：内柱，室内之柱；外柱，室外、檐下之柱；内外柱嵌入墙体，在室内、室外同时可以看到其局部的墙柱，即所谓亦内亦外之柱。

按结构、功能加以区分，可分为金柱、中柱、童柱、檐柱、门柱、山柱等。

从断面看，木柱一般为圆形，尤以早期木柱与某些民居立柱为多见。圆形断面的木柱虽一般地进行过加工，却保持了木柱生长的自然形态，在文化审美上表达了人们对自然美的向往与回归。其次多见的是方柱（方形断面之柱），四棱纵直，人工因素强烈，它所表达的是人力对自然的改造。另外还有八角柱、束竹柱、凹楞柱、人像柱等多种，这些断面形式多见于仿木构的石柱。

从柱身看，既可分为直柱与收分柱，又可分为素柱与彩柱。直柱，即全柱圆径基本一律之柱，或是断面通体相同的方柱与八角柱等。收分柱，即柱的上下段都可以有收

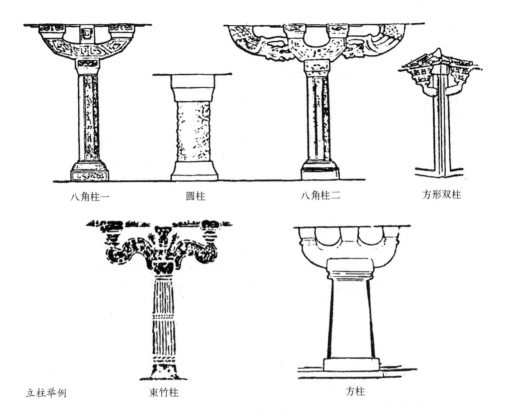

八角柱一　　　圆柱　　　八角柱二　　　方形双柱

立柱举例　　　　束竹柱　　　　　　　方柱

杀,上下圆径并不一律。如在河北定兴,北齐义慈惠石柱上端所刻绘的檐柱形象,就是一种收分柱。素柱素朴,不加任何修饰,有时连油漆也不涂。彩柱华丽,或油漆,或彩绘,或雕刻,或书楹。

　　从立柱整体看,还有无础柱与有础柱之别。最原始的立柱,也许既无柱础,也无柱头上与柱相构连的额枋、平板枋与雀替之类,它直接与梁相构。后来梁架形制发展成熟,立柱成了梁架的下部基础,并由斗栱架设于柱头部位。斗栱是分力、承重构件,从柱的角度看,可看作屋柱的"装饰"。原始屋柱,一般不设柱础。屋柱直接植立于夯土台基之上。由于立柱承重很大,或因接触地面的压强过大而导致下陷,影响房屋的稳固,而且下陷的柱根因是木质而受潮易腐,影响屋柱的使用寿命,于是便有柱础的发明与施用。

　　中国建筑的立柱文化,在历史演替中,逐渐形成了种种制度,这里择其概要,分三点来谈。

第一，柱径、柱高之比。

一般为1∶10，即十个立柱柱径长度之和，约等于同一柱的高度。在唐代及受唐风影响的辽代初期，中国建筑崇尚雄健，一般柱径与柱高之比，约在1∶8至1∶9之间，这使得立柱粗度增加，有雄壮之感。宋代开始，立柱趋向于细长，虽然此时外檐柱的粗度基本仍袭"唐风"，但内柱已明显变"瘦"，柱径与柱高之比大约在1∶11至1∶14之间，使得宋、金一般大殿的内部空间形象由于内柱细长而显得秀逸高广起来。元、明至清，外柱的粗度亦渐变小，元、明多在1∶9至1∶11之间，清代规定为1∶10。清工部《工程做法则例》严格规定：檐柱之高与径之比，为六十斗口比六斗口，但其余一些立柱的柱高与柱径比例各有不同。

这种立柱柱径或边长（指方柱），立柱高度与整座建筑各部分的尺度，由宋代《营造法式》加以理论总结，规定不同类型建筑的尺度关系。《营造法式》所说的殿阁立柱最为粗壮，厅堂的立柱次之，其余建筑类型的柱径则更小。如果是内柱，其立柱高度还受到屋梁、举势的影响。假如内柱柱径同样尺寸，则柱高者显得瘦长，低矮者显得粗硕。

第二，柱"侧脚"与"生起"。

所谓立柱的侧脚，指建筑物的立面列柱微向中心内倾，这在宋代称侧脚。《营造法式》规定："凡立柱并令柱首微收向内，柱脚微出向外，谓之侧脚。"那么具体尺度是多少呢？"每屋正面随柱之长每一尺即侧脚一分，若侧面每长一尺即侧脚八厘，至角柱其柱首相向各依本法。"这是说，宋代大木作制度规定外檐柱的向内倾斜度，为柱高的百分之一，倘是十尺之柱，向内倾斜度为十分即一寸，倘为百尺之柱，则为十寸即一尺。在两山者内倾度略小，为千分之八即百分之零点八。至于角柱，在纵横两个方向上都应有所倾斜。这样做的目的，首先是技术上的考虑，因为一座四边之立柱都微微内倾的建筑物，柱的相互撑持的力度增加了，可以使建筑物更稳固，不易摇晃与倾覆。同时，也为了纠正视觉上的偏差。由于光影关系，倘檐柱绝对垂直于地面，在视觉上反而显得是不平直的。屋之四角位置的檐柱的侧脚，是人对建筑空间意象的错觉的"艺术"。

这种立柱侧脚曾普遍施用于单层宫殿等檐柱、角柱和山柱的做法上，也在楼阁的立柱上施用，方法相同，即《营造法式》所谓"侧脚上更加侧脚，逐层仿此"。不过，这在明清时已基本不再采用，其原因，可能是当时的建筑匠师们认为不必如此讲究的缘故，是技术结构上的一种退步。

所谓生起的具体做法是，以当心间（即中心间）平面为基准，当心间柱脚不升起。次间柱升二寸，梢间柱再升二寸，尽间柱再升二寸，依次递增。如建筑面阔三间者，柱脚升

开间与柱立面"生起"
简示

起二寸,五间者四寸,七间者六寸,九间者八寸,十一间者一尺。这种生起之法,由《营造法式》加以总结,实际施用并不很普遍。一旦生起,有助于檐口向两端微微翘起,形成和缓、优美的曲线。

在技术与审美上,中国建筑的柱侧脚与生起的做法,使建筑物更为稳固,有稳定的美感。

第三,"移柱"与"减柱"。

梁思成《中国建筑史》指出,在宋、金与元代的建筑中,为了求得更合理、更美观地组织室内空间,常采用移柱之法将一些内柱加以移位。如山西大同华严上寺金代所建的大雄宝殿,其中央五间前后檐的内柱都向内移了一椽长度,这改变了内柱组群的空间韵律,也是为了腾出空间以利于安置佛像。或者适当减去一部分内柱。如山西五台山佛光寺建于金代的文殊殿,这座面阔七间进深四间的殿宇,将内柱减少到只剩两根,这不能不说是建筑大木作的一项创举。移柱与减柱有时同时施用,出现于同一座建筑。比如山西大同善化寺三圣殿,为面阔五间进深四间之制,它将后檐次间内柱内移一椽长度,又减去前檐全部内柱,亦是大胆之举。移柱与减柱在技术上无疑是革新、创造,同时也带来风险,因为柱子是承重构件,如此"偷梁减柱",虽然可以有效地扩大室内实用空间,强调某一倾向的审美效果,然而在建筑大木作技术上的要求无疑更高了。移、减某些立柱,使得不得不设以大跨度的额枋,造成梁架的不规则,安全系数减小了,往往会遇到不少设计与施工上的难题。可能因为这种"移减柱"法在中国建筑史上曾经出过纰漏,影响建筑的牢固程度,甚至酿成悲剧,所以在明清建筑中已难见到。然而,这可能也是一种建筑技术的失传,不免令人感到惋惜。

演替的史影

中国最原始建筑物的立柱究竟是什么样子的？目前尚难提供确凿的实物例证。既然中国最原始的建筑是巢居与穴居，那么，在这最原始居住样式中似可寻觅到立柱的原型。

在人类原始巢居文化中，初民原先以一株大树为栖身之处，如果说以稍事加工的树枝为"梁架"，以树叶与茅草之类为"屋顶"，那么，这树身自然就是最原始的"屋柱"了。同样，在穴居中，先民于平野之上挖掘洞穴，穴口向上，为避阳光、雨雪，其上加一个可以启闭的顶盖，以木本、草本植物的枝叶结扎，在顶盖之下用一根木棒之类支撑，这木棒不就是中国建筑屋柱的雏形吗？

毫无疑问，在原始半穴居中，已经使用了成熟意义上的屋柱。半穴居建筑既然有一半露出地面，而且又是木构形制，没有屋柱是不可想象的。这种立柱与其他构件以粗朴、简陋、原始的绑扎法相构连，形成居住空间。

新石器时代晚期，中国木构建筑已出现。如约七千年前的浙江余姚河姆渡建筑遗址，已有木构件及榫卯出土，而且数量很多。这个建筑遗址总面积约4万平方米，出土的大量木构件品类多种多样，构件上有加工（虽然非常粗糙）而成的榫卯，其中包括屋柱，这

浙江余姚河姆渡建筑遗址出土的木构件榫头（杨鸿勋复原）

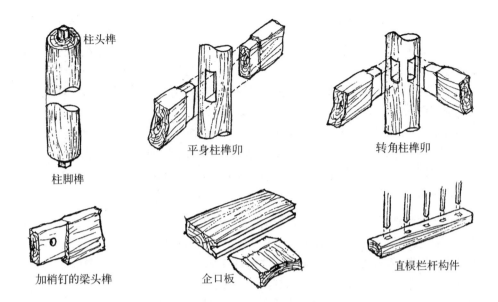

柱头榫

柱脚榫

平身柱榫卯

转角柱榫卯

加梢钉的梁头榫

企口板

直棍栏杆构件

河姆渡建筑遗址出土的多种木构件（杨鸿勋复原）

是中华先民以石斧、石刀之类原始工具所创造的木构杰作。

在约六千年前的西安半坡居住遗址，有方形、圆形的居室基址出土。方形者一般为半穴居式，圆形者多建造于地面之上，门多向南开，且发现一座大房子遗址，为氏族公共用房，自然是少不了立柱的。

早期木柱大多数为圆形断面，这是因为当时技术原始，尚无力进行深加工的缘故。最初立柱不用柱础，仅直接植立于夯实的地基上。正因如此，由于木柱易腐，目前考古上难以发现其所在。从殷墟看，当时立柱下已有柱础，常以卵石为材，卵石可以长存，成了立柱所在的标志。

著名的河南偃师二里头建筑遗址，可依遗址发掘及有关资料，想象为一座早商宫殿，夯土台基面积达到1万平方米，台基中央建造大殿，面阔八间（这是很少见的）进深三间，台基四周有廊庑围绕，大门南向。对这座宫殿形制何以了解得这么清楚？其中所据，就是木柱腐损之后所留下的柱洞与柱洞底部的石质柱础。

秦代是宫殿建设的第一个高潮期，当时木构技术的进步，很大程度上是由于战国以来铁器工具的大量采用，所以在秦代建筑上已经出现了经过深加工的方柱。

汉代更甚，不但木柱样式丰富起来，且有仿木构的石柱出现。八角、凹楞、束竹甚至人像柱等都被创造出来，这是中国柱式的技术进步，而且柱础露明，运用倒栌斗式，柱径出现"收分"现象。梁思成《中国建筑史》指出，汉代"彭山崖墓中柱多八角形，间亦有方者，均肥短而收杀（即收分）急。柱之高者，其高仅及柱下径之三点三六倍，短者仅一点四倍。柱上或施斗栱，或仅施大斗，柱下之础石多方形，雕琢均极粗鲁"。一般汉代立柱之所以如此粗壮浑朴，首先与柱式材料观念有关，也许当时的建筑匠师尚未科学测出柱的负重力度，择粗柱为建，以保重载安全；也因为汉风重朴硕，立柱粗矮，正是汉人所欣赏的。且看汉代石雕，不是以雄健、粗壮为美么？从审美上看，这种柱式与雕塑风格具有一致性。

魏晋南北朝时期佛教大盛，立柱形象也开始染上佛理色彩，比如立柱、柱础的莲花之饰，就是受佛教影响所致。莲为印度佛教之洁净佛性的象征。莲花形象，首先大量出现在中国佛寺、佛塔的装饰上。向中国柱式的渗透，便是束莲柱与高莲瓣柱础的出现。北魏、北齐石窟柱多呈八角形断面，柱身收分明显，但无卷杀。当心间平柱以坐兽或覆莲为柱础之饰。有的柱脚以忍冬或莲瓣包饰四角，柱头施以覆莲饰，柱身中段束以仰覆莲花形象。

隋唐时中国柱式进一步发展。从现存山西五台山佛光寺大殿看，它的内、外柱同等高度，柱高与柱径之比约为9：1。柱身上端略有卷杀，柱头为覆盆形，可以很明显地见出侧脚与生起现象。一般柱础形制都较平短。柱高约等于明间面阔，面阔在5米上下，所以明间空间的立面形象显得方正而壮阔。唐代一些佛塔偶尔有"假柱"出现，净藏禅师塔为八角柱，形体粗矮，大雁塔与香积寺塔等都显得极为细长。这不是唐柱典则，因为既为"假柱"，就是为了强调某种装饰与象征意义，可作夸张与变形。

宋代是贯彻《营造法式》柱法比较得力的时代，物与遗构往往可与文字记载、营造理论相印证。如柱身趋于修长，明间开间可能变为长方形，斗栱相对缩小，使柱头变得轻盈起来。柱的表面往往刻雕花饰，以增其秀丽。有直柱、梭柱之别，以直柱为多见。如杭州灵隐寺及闸口白塔，柱身之下部三分之二大体垂直，上段卷杀明显，与《营造法式》所规定的梭柱之法大体符合。整个用柱制度，比较严谨地体现出侧脚与生起之法。《营造法式》所规定的柱础之制，以柱径为础径之半，覆盆高度为础径十分之一，盆唇之厚度可为覆盆高的十分之一，凡此之规，均可在现存实物上测出。

宋代建筑包括柱式，颇为严格地执行《营造法式》的种种规矩；但根据今人研究，却没有一个建筑实例是绝对按照《法式》一书办事的，这是中国建筑文化"有法无法"、要求变革、富于生气的表现。

元明清时期，直柱与檐柱两种屋柱类型在北、南方发展不平衡。北方以直柱为常式，南方除直柱外，尚保留着梭柱形制。这种柱式的分流现象，是地域文化的表现。北地人豪放、刚直，偏重于欣赏直柱之美；南方人崇尚优渐之美，故对梭柱的曲线较能接纳。宋代《营造法式》的一些条文规定在这一历史时期影响深远，清式营造则例是宋式的发展。在清代，北地多宫殿、皇家建筑，以柱高与柱径之比为 10∶1。柱身略有收分，柱础雕为"鼓镜"。这是一个比例常则（指柱高、径之比为 10∶1），却不等于说天下一律，所以各地域立柱的长短、大小实际上没有绝对的定则，因地制宜。比如柱础，江南、巴蜀等地气候潮湿、多雨，为了防潮护柱，柱础必然趋于高起之制，这又为柱础的装饰提供了发展的空间。

柱的符号与文饰

中国建筑的种种立柱，首先是一种建筑技术样式，同时也是一门艺术。从文化审美角度解读，中国建筑立柱的技艺形象符号，具有鲜明的特点与独异的品性。

其一，檐柱、角柱、山柱或廊柱，是中国建筑立面形象的重要构成。建筑的大屋顶是很触目的，它的檐口一般为略呈反翘之弧形的横线条，台基较高广，所以，建筑外立面立柱高耸，作为大致垂直的线条，恰与横阔的大屋顶与露明构成对比与和谐。我们常说，大屋顶反翘，使中国建筑整体形象显得轻盈而灵动，而外立面纵直的立柱在造成这一整体审美效果中也是具有重要作用的。因为凡立柱形象，审美上多少都有奋起、向上的动势。

同时，檐柱与角柱的有序排列，构成了建筑物立面的韵律。中国建筑檐柱与角柱之和一般为偶数，它们与它们所分隔、连续而成的间的奇数构成谐调。如一间二柱、三间四柱、五间六柱、七间八柱、九间十柱、十一间十二柱，是一种整齐的韵律。由立柱所划分的间，以明间面阔最大，居于立面的中部。向左右两边递减，次间为次，稍间又次，尽间再次，柱距从中部向两边逐间减小，这是中国特殊的柱式形象。

其二，从内柱形象看，中国建筑内柱林立，是木构使然，因为是木构与坡顶，内柱间的跨度就不能太大，不像希腊之石构平顶或罗马之石构拱顶跨度较大，这造成了中国建筑尤其殿、堂之类内部空间植柱高耸与林立的深邃意境。北京紫禁城太和殿殿身立柱众多而有序排列，大大增强了这座著名宫殿昂然向上的动势。尤其殿内中间六根巨硕的沥粉蟠龙金柱凌然挺拔，在观感上极大地渲染了金銮殿的崇高感与深邃感，要是没有这些室内金柱，人们反而感到不习惯，总觉得殿内空空，感情无所皈依。当然，如果内柱过密，也会造成拥挤的不适之感，中国古代曾经采用移柱与减柱法，就是为了克服这一

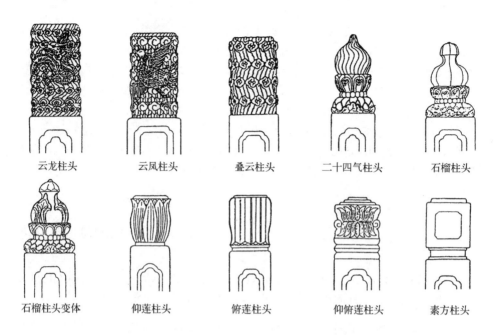

云龙柱头　　云凤柱头　　叠云柱头　　二十四气柱头　　石榴柱头

石榴柱头变体　　仰莲柱头　　俯莲柱头　　仰俯莲柱头　　素方柱头

弊端。不过，有的内柱确是有意建造得颇为拥挤的，以渲染森然与　　各种柱头装饰
神圣的美感。比如明十三陵之长陵祾恩殿内有大柱七十二根，巨
柱如林，最巨大的四柱为楠木柱，高为14.3米，柱径达到1.17米，这
是陵寝建筑文化主题的象征。

　　其三，从屋柱的整体美学性格看，中国建筑的立柱形象总的来
说是偏于素朴的。但这不等于说凡柱都不加装饰或不具有多少象
征意味。单是柱头的装饰就多种多样。从柱的装饰看，其绚烂程
度，从皇家、官宦到平民建筑呈递减现象。北京故宫宫殿的立柱一
般染为红色，太和殿等的立柱饰以蟠龙形象，显得至尊至贵，象征
帝王威风八面，君临天下。山东曲阜孔庙大成殿前有巨硕的云龙
石柱，也是歌颂王权的。孔子被尊为圣人，自唐代起又被尊为"文
宣王"，立柱装饰以龙象，说明中国古代钦定的尊孔倾向。官宦之
建筑立柱装饰自然要比皇家低一级；而老百姓居屋的立柱多半是
不事装饰的。宗教建筑的立柱也很有特色，如河南济源阳台宫大
殿石柱就精雕细刻、气势不凡。

　　在一些文化类、纪念类、宗教类与园林类建筑的立柱上，装饰
的主要方式是楹联。它直接表达于建筑物楹柱之上，是集书法、雕

刻、诗词、建筑与园林审美为一体的立柱装饰。上海天然居酒楼有一回文楹联:"客上天然居,居然天上客。"相传上联乃乾隆帝所题,文人墨客搜索枯肠豁然开悟而成"回文"绝对。杭州孤山有"西湖天下景"亭,亭柱上一联有云:"水水山山处处明明秀秀,晴晴雨雨时时好好奇奇。"文采风流,婉约华章,无论顺念倒诵,都极为上口。昆明有天下闻名的大观楼长联,可为楹联之最:

> 五百里滇池,奔来眼底。披襟岸帻,喜茫茫空阔无边。看东骧神骏,西翥灵仪,北走蜿蜒,南翔缟素。高人韵士,何妨选胜登临!趁蟹屿螺洲,梳裹就风鬟雾鬓;更蘋天苇地,点缀些翠羽丹霞。莫孤(陆树堂原书作"辜")负四围香稻,万顷晴沙,九夏芙蓉,三春杨柳。

> 数千年往事,注到心头。把酒凌虚,叹滚滚英雄谁在。想汉习楼船,唐标铁柱,宋挥玉斧,元跨革囊。伟烈丰功,费尽移山心力。尽珠帘画栋,卷不及暮雨朝云;便断碣残碑,都付与苍烟落照。只赢得几杵疏钟,半江渔火,两行秋雁,一枕清霜。

楹联使中国建筑的立柱形象陡增人文美感。

在整个立柱发展过程中,柱础的装饰也很有讲究,各种石刻纹样,将这一本身纯粹实用的柱式构件提高到艺术水平。

柱础多种多样。从目前考古发现,其发展大致经历了四个阶段。其一,在柱下铺垫卵石,不露明,同时有的立柱兼以"人牲血祭"为观念的"柱础",这在对殷墟建筑遗址等的考古发现中,已经得到证明。其二,在柱脚下放置一块大石,不露明。其三,让础石上升到地面上来,成为整个立柱的外观形象部分。其四,在础石上再安装一个柱架,唐代柱座多采用覆盆式,清代变作"古镜"与盆形,由鼓曲形变为内凹反曲形,进化为磉墩,形状与层数丰富多样,或柱础通体雕刻纹样。有的在柱身与支座间设一个古代称为"质"的构件,最早的质,以青铜为材。

比较起来,中国建筑的立柱形象一般与人体美观念无涉,所谓人像柱仅偶一为之。这是与古希腊那种象征男女人体美的陶立克、爱奥尼与科林斯等柱式不同的地方。

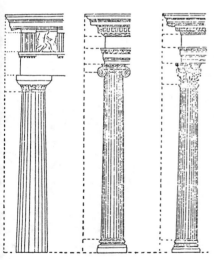

希腊柱式比例的对比关系(从左至右):陶立克柱式,爱奥尼柱式,科林斯柱式

斗栱错综

说起斗栱，人们也许就不陌生了。斗栱是中国建筑所特有的支承构件，在现存一些大型而重要的古代建筑物上，几乎随处可见斗栱的身影，斗栱是中国建筑的一种"颜面"，它的知名度很高。斗栱的结构错综复杂，它直接关系到中国建筑文化的模数制度，对此，人们又可能不是很熟悉了。

灿烂的形制

斗栱这一重要构件，一般是建筑物立柱与屋架之间的一种过渡，在较大型、较高品位、较重要的中国建筑上，斗栱是常见的。斗栱是与立柱相联系的梁架（屋架）的有机构成，是中国建筑文化一项突出的技术与艺术成就。

斗栱由方形之斗、升和矩形之拱、斜向之昂所构成。

从整体造型来看，它重重叠叠，甚为复杂；而将其拆卸分析开来，可见其结构有条有理，是一种符合一定规律的错综。斗栱，是中国建筑由木材所造就的灿烂而有条理的建筑形制。

斗栱的所谓斗，指其上面凿有槽口的方木垫块。从位置关系看，位置在一组斗栱最下方的，称坐斗，也叫大斗。汉代时称为栌，到了宋代，又称栌斗。栌斗的原型，在构造上是作为柱头的"栌"而出现的，后来发展为斗栱之斗，尺度相对缩小了些。因此，有的学者根据这一点认为，斗栱也可以看作中国建筑柱头上的一种"装饰"。

江苏铜山东汉画像石所表现的"一斗二升"斗栱形象

最初的栌，可能较大，呈斗状。由于斗所在位置不同，所以有多种名称，比如所谓十八斗，宋代称为"交互斗"，位于挑出的翘头之上；三才升，宋代称为"散斗"，位于横栱两端之上；齐心斗，又称"槽升子"，位于翘头与横栱等交叉位置之上。而所谓翘头，也称为翘，即那种方向与栱成直角的构件。

栱是置于坐斗口内或跳头上的短横木。斗栱就是这样一种构件，它的特点是结构的错综，作为中国传统的木构工艺，尤具特殊的伦理品格与美感。斗栱原本是支承与荷重构件，在历史发展中富于伦理意义，同时形成了错综的美。

文化意义的诉求

斗栱是中华民族建筑史上的杰出创造，也可以说是中国建筑文化的重要标志之一。它是中国建筑以土木为材、以木构架承重的一个必然的产物。

在物理力学功能上，斗栱是作为承重构件应运而生的。中国建筑多为木构，木构架承载全屋重量而墙体一般不起支承作用，这就造成立柱负载过重、过大的现象。要解决这一矛盾，一是加大立柱的粗度；二是缩短横梁、额枋等的跨度。然而这样做是有困难的，首先是木柱粗度有限，因为它是自然长成的；其次，如过分缩短横梁、额枋等的跨度，必然导致开间变小，室内空间因立柱过密而显得狭小、拥挤。为求矛盾的解决，于是便有了结构技术意义上的斗栱的诞生。它对屋的重载具有一定的承托作用，加强了柱子与梁、枋、檩的结合，使木构接榫处不因过重的压力而受到损害，在物理力学上具有分力之效。由于斗栱（外檐斗栱）具有逐层挑出支承荷载的分力作用，才能使沉重的屋面出檐深远。

在伦理意义上，斗栱是中国传统社会伦理品位、等级观念在建筑文化中的象征。

斗栱的发明，原为物理力学意义上的需要，无疑具有一定的实用功能。而一旦被发明出来，大家便惊叹其技艺的高超、匠心的独运，而且它一般总是出现在较大型、重要的建筑物上，久而久之便成为统治者、权贵们的"私有物"，成为等级、地位、身份的一种建筑文化符号，到后来，便发展为只有宫殿、寺庙及其他一些高级建筑才允许在立柱与内外檐的枋上安装斗栱，并以斗栱层数的多少来表示建筑的伦理品位。就宫殿这一门类建筑而言，所施斗栱也并非一律。北京明清紫禁城太和殿，以及明十三陵之长陵祾恩殿上的斗栱，在伦理品位上无疑是最高级的。紫禁城其余一些配殿的斗栱，虽然也是整个宫殿的一部分，其尺度与层数就不能与太和殿斗栱相比了。一些寺庙上的斗栱，也渗透着等级观念，大雄宝殿上的斗栱就比寺庙其余配殿的斗栱显得复杂与雄伟。这在文化观念上，是象征"献给主佛释迦"的斗栱。印度佛教本来不重视伦理等级这一套，当初释迦牟尼创立佛教时，就包含着对婆罗门等级观念的蔑视，然而当佛教传入中国成为汉传佛教时，就沾染了中国伦理文化的鲜明色彩。不过，表现在中国寺庙斗栱上的伦理等级，无论如何不会，也不能超过皇家宫殿。这是因为中国古代是一个以王权为至尊的社会，推崇王权，也是斗栱文化的一个强烈主题。

在审美功能上，斗栱是独具风韵的美的构件，它的美由技术转化为艺术，是技术与艺术的完美结合。斗栱的结构错综多姿，具有错综之美；逻辑清晰，具有葱郁的理性之美；作为整座建筑的装饰，又具有装饰之美。由于斗栱的出现与施用，大屋顶更可出檐深远，在檐下造成大片阴影，外檐斗栱隐显于屋顶阴影之下，构成了独特的审美氛围。

斗栱作为悬挑构件，不但用于外檐，而且用于内檐。大体而言，斗栱一般总是出现在檐部、楼层平座与天花藻井等处。斗拱成为建筑的模数之则，称为"斗口"。

斗栱文化缘起

中国建筑的斗栱文化何以如此？

第一，由中国建筑主要材料之一的木材的性能所决定。木材是自然形态的建筑材料，它具有与石材等不同的韧性，但木材的长度、粗度与刚度是有限的，这就造成了木材这种建筑材料的性能与整座建筑荷载之间的矛盾。正是这一矛盾的存在，推动了斗栱的发明。斗栱的施用，首先可以分散所承受构件节点处的剪力。

第二，由中国建筑的空间造型所决定。中国建筑的传统是大屋顶形制，而且是以大屋顶为主要空间造型的土木结构的建筑样式。关于这种民族建筑特点，杨鸿勋说："特别是对于高大的宫殿来说，要求屋盖出檐深远，因为只有这样才能保护夯土台基和外围木柱、土墙免遭雨淋损坏。世界上有不少地区和民族的建筑也是要求屋盖有较大出檐的，因之有的也使用了类似中国早期插栱（弯曲斜撑）的构件，然而主要是由于发展了不怕雨淋的砖、石材料的墙体，屋檐无需太大，所以承檐结构没有进一步的发展。而中国古典建筑体系，作为代表性的土木合构的建筑类型，则始终要求较大的出檐，这便促使承檐结构大发展，而成为组合复杂的斗栱。"（《建筑考古学论文集》）

第三，据专家的研究，中国斗栱的前期形态是所谓插栱，插栱即弯曲的斜撑，而所谓斜撑，是由擎檐柱蜕变而来的。

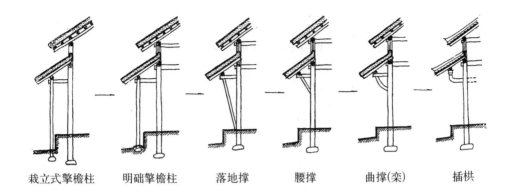

栽立式擎檐柱　明础擎檐柱　落地撑　腰撑　曲撑(栾)　插栱

由擎檐柱发展到插栱
（斗栱之一种）简示

擎檐柱,可以说是斗栱的文化与技术原型。

由于中国建筑具有出挑深远的出檐,而出檐的"臂力"不够,为解决这一本然的矛盾,擎檐柱的发明与运用成为必然。第一步,是所谓栽立式擎檐柱的发明与运用,该柱支撑了深远的出檐。第二步,是明础擎檐柱的出现,明础者,即柱础显露于地面。第三步,由明础擎檐柱发展为落地撑。第四步,落地撑缩短支撑的距离,向上收缩,使支点定位在立柱适当的位置上,成为腰撑。第五步,从腰撑(直线形)发展为曲线形的曲撑(也称为栾)。最后,第六步,变曲撑为插栱。

杨鸿勋由此得出结论:"承檐的高级结构——悬臂出跳的斗栱,是由承檐的低级结构——落地支承的擎檐柱进化而来的,即斗栱的前身是一根细柱。"(《建筑考古学论文集》)这结论是很有说服力的。

潇洒的步履

斗栱究竟发明于何时? 目前尚难考定。考古发现,属于周代青铜器的令毁器足之上,有栌斗之造型。这可以证明,至少在周代,中国建筑上已有斗栱的施用。栌斗是后代成熟斗栱的雏形,它为我们带来了中国斗栱文化的古老信息。令毁四足为方形短柱,柱上置栌斗造型,又在双柱之间,于栌斗口内施横枋,于枋上安置二方块,类似"散斗"。

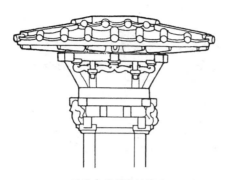

四川沈府君阙斗栱图示

汉代之时，随着宫殿之类大型建筑物的大批建造，斗栱的施用渐趋普遍。虽然斗栱实物因是木构而荡然无存，然而在汉代画像砖、画像石、建筑明器、壁画及文字记载中都有反映。斗栱形制渐丰，有一斗二升、一斗三升、一斗四升与单层栱、多层栱等多种模式。在东汉石阙、崖墓上也有斗栱的踪影。此时的斗栱，既用以承托屋檐，也具有承载平坐之功。当然，此时的斗栱，形制比较简朴，如广州出土一件明器上的"实拍栱"、四川冯焕石阙、沈府君石阙一斗二升斗栱以及山东平邑石阙之一斗三升斗栱等，造型并不复杂，具有中国早期斗栱的质朴风貌。

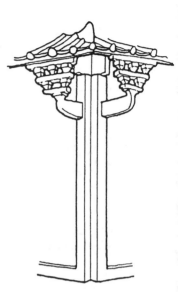

河北望都汉墓明器上的斗栱样式

魏晋南北朝，随着中国木构技艺的进步，斗栱也繁复起来。敦煌石窟的窟檐保存数个此期单栱遗构。另外，河北南响堂山第7窟、山西大同云冈第1窟与第9窟，以及河南洛阳龙门古阳洞等处，都有斗栱的美好形象。值得注意的是，龙门石窟古阳洞的一个斗栱造型为呈出挑之势的人字栱，而人字栱造型也出现于甘肃天水麦积山第5窟中。还有的是人字栱与一斗三升形制的结合，说明当时的斗栱技艺正由简朴向丰富多变发展。

隋唐是斗栱发展的重要历史时期。从山西五台山南禅寺大殿、佛光寺大殿以及石窟、壁画等有关史料分析，这一时期的斗栱具有雄大、明丽与走向理性、规范的特点。

佛光寺台基低矮，立面每间接近于方形，立柱具有生起与

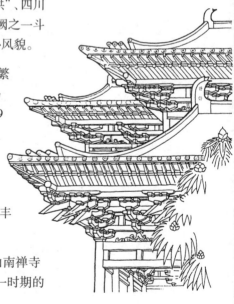

盛唐斗栱与屋角具有雄放的文化品格

唐代建筑立面上
的雄大斗栱

侧脚，使得整座大殿显得规整与严谨。尤其在各个柱头之上，无论檐内、檐外，都直接安置众多斗栱，形体硕大。尤其是檐外斗栱，它一方面承托着出挑深远、舒展而雄浑的屋檐；另一方面又在宽大、呈翼飞之状屋檐的庇护之下，展现出浑厚、壮丽的风姿。

无疑，这里是斗栱的世界。斗栱不仅有独立、特具的美，而且它在组织空间、创造空间气氛与整体建筑形象方面，具有不可忽视的作用。由于唐代建筑屋宇坡度较小，显得比较平缓，所以外檐巨大的斗栱组群，外露倾向明显、视感强烈，成为整座建筑的注意中心；内檐的斗栱组群也琳琅满目，创造了一种丰富、灿烂的空间韵律。唐代佛光寺大殿的斗栱与柱高之比竟达到1∶2，这种巨大的尺度感，将斗栱推到了耀目的境地，反映出唐代宏大的文化魄力与境界。

唐代斗栱除了其形制不断丰富之外，还在向有比例、规范化的方向发展。从初唐壁画中斗栱造型看，此时栌斗上安置水平栱，出挑其上；在盛唐壁画中，出现了双抄双下昂出挑的斗栱。在隋与初唐，补间铺作沿袭旧制，多采用人字形栱，但盛唐时出现了驼峰，并且当时已相当完善地使用了下昂。技术的进步，必然带来斗栱的理性化与规范化倾向，佛光寺大殿檐外斗栱与柱高之比就是如此。这同唐代中叶所建的五台山南禅寺大殿一样，都以栱的高度为建筑其余构件的基本比例尺度。

宋代是斗栱文化的真正成熟期。

首先，以斗口为模数，确定斗栱与整座建筑木构架之间的比例关系。《营造法式》一书规定材分八等，各有定制："各以材高分为十五分，以十分为其厚。"故以六分为栔，斗栱各件之比例，都以此材栔分为度量标准。所以斗栱各部的尺寸以及出挑长度等，不能自由发挥与更改，一切按《营造法式》所总结的材栔制度执行。这是理性、伦理观念在建筑文化上的体现，这种理性与伦理之规影响到明清时期。

其次，与唐代相比，这一时期斗栱的尺度趋于小型化了。就实例而言，独乐寺观音阁、山西应县木塔、奉国寺大殿等，可能由于地处偏僻，仍宗唐风，其斗栱与柱高之比依然在1：2左右。宋初的榆次永寿寺雨华宫、晋祠大殿等，其斗栱已见缩小。北宋末年，有的建筑物如少林寺初祖庵，斗栱与柱高之比仅为2：7。发展到南宋，斗栱尺寸更见减缩。这不是斗栱技术的萎颓，而是审美口味的转变。如果说唐代巨大的斗栱形象正契合唐人雄放的文化心境的话，那么到了宋代，这种巨大的斗栱形象已令人深感灼目了，人们宁肯弃重拙、雄健而推崇秀丽、婉约，由阳刚之美向阴柔之美转换。如果说，唐代外檐的斗栱形象以其巨大形体炫耀于世，那么，宋代斗栱则缩小其尺度，以便掩藏于屋檐之下。

木构建筑立面斗栱
一例图示

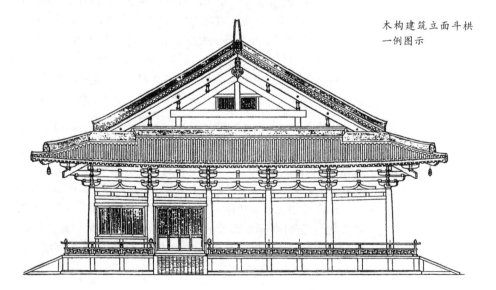

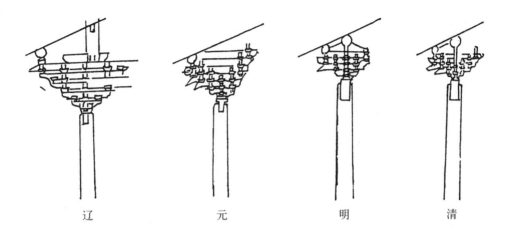

辽　　　　　元　　　　　明　　　　　清

斗栱小型化趋势

　　时代发展到明清,中国人对斗栱的巨大热情渐渐消退。随着屋顶逐渐高耸,出檐变小,立柱趋于细长,斗栱的尺度也变得更小了。斗栱的高度,此时只及柱高的五分之一,甚至六分之一、七分之一。相反,补间铺作日见增多,明初所建北京社稷坛享殿增至六朵,而后建的长陵祾恩殿为八朵。此后,明清宫殿中陵寝殿宇当心间所用补间铺作都为八朵,成为一个"清规"。清工部《工程做法则例》进一步将斗栱文化制度化了。这种斗栱技艺的退化,也在一定程度上说明中国木构技术总体的发展与进步。

　　斗栱,中国建筑技艺的瑰宝,其漫长的发展历程,留下一连串潇洒的脚印。

墙壁高筑

墙壁，中国建筑的围护结构，分为外墙与内墙两类。外墙是一般建筑物屋身的主要构成，在外墙体上开门、设窗，造成了建筑物外部屋身虚实相间的空间效果与立面韵律。内墙一般是间与间之间的分界，墙上门窗之类的有无或多少，造成了或封闭或开敞，或隔断或连续的室内空间形象。在文化上，墙壁是人类身心的自我保护，是人类占有、梳理自然空间的手段，是一种独特的建筑审美文化。

"墙倒屋不坍"

壁立的高墙，是砖的世界。

中国历来有"墙倒屋不坍"的说法，这正反映了木构建筑的结构特点。木构是承重构架，墙壁一般只起围护作用，因而墙壁在组织空间时是相当自由的。

《释名·释宫室》云："壁，辟也，所以辟御风寒也。墙，障也，所以自障蔽也。"避御风寒，就是壁的功用。壁这个汉字，从辟（避）从土。很显然，壁者，以土筑的手段与方式来躲避风寒或其他侵害。至于墙，从土从啬，从功用上看，无疑是一种围护的障壁。可见，壁与墙的功用是一样的。古人将墙、壁分别解说，实际两者是一致的，都在于围护。

《尔雅·释宫》又云："墙谓之墉。"疏云："墙者，室之防也。一名墉。李巡曰：谓垣墙也。"所谓垣，依《释名·释宫室》："援也。人所依阻，以为援卫也。墉，容也，所以蔽隐形容也。"墙壁的这种障蔽风寒和隔阻、援卫之功，是其基本功能。结构上，墙壁与屋架、屋顶、门窗之类相结合，构成了一个人为的居住空间，它将一切有害于人类的自然力量，比如风雨、寒热与兽害等推到墙外去，也在一定程度上阻挡人为的侵害，营构一个属于自己的安全空间。《诗经·小雅·鸿雁》："之子于垣，百堵皆作。"墙壁在古代也称为堵，堵塞众害之谓也。

《诗经·大雅·绵》描述周王朝营造宗庙的情景,十分生动:

> 乃召司空,乃召司徒,俾立室家。其绳则直,缩版以载,作庙翼翼! 捄之陾陾,度之薨薨。筑之登登,削屡冯冯。百堵皆兴,鼛鼓弗胜。

这一段翻译成白话,大意便是:于是召来职掌营造都城的司空,召来管理奴隶劳役的司徒,让他们建造安居的宫室。施工时,丈量地基与建筑构件的绳尺拉得很直。版筑为墙,筑土墙时两边的模板竖立起来了,营造那像鸟翼一样飞檐的宗庙。施工中,盛土的筐装得满满当当,用了好大的力气,才把模板中的泥土夯实。模板拆除后,用力拍打新筑而未干的土墙,以便使它坚固。还用瓦刀削平土墙上隆起的土疙瘩。一堵一堵的高墙同时建造起来了。庆祝竣工的时候,大鼓小鼓一起敲响,让人喜不自胜。

古代版筑为墙,十分坚固,立面因削而平整。一边投土于版,一边夯实,劳动号子此起彼伏,相互呼应,建筑场面相当宏大。墙筑成后,还擂鼓以示欢庆。这诗句很有意思。鼓在中国古代被认为是一种具有巫术意味与魔力的乐器,擂鼓以祝墙壁的建成,还有驱邪而祈愿墙立不倒的神秘文化观念在里面。

中国建筑之墙的用材主要是泥土,可分生土与熟土两类。生土者,未经烧制,所谓版筑,就是将具有一定湿度与黏度的生土按人的需要夯实为墙,这是一种古老的筑墙之材与筑墙之法。为求坚固,在生土之中适当地掺入小石、植物纤维之类。古长城的有些地段,版筑为墙,生土中掺以小石与芦苇等。熟土者,即经过窑烧制而成的砖,以砖垒砌为墙,或在墙表面涂以石灰之类,或其表面不作涂染,让砖砌结构暴露在外,成清水墙。

除了土墙,自然还有以石为墙等的做法,不过这在中国建筑文化中不唱"主角"。

古代墙壁之饰是颇为丰富的。或是以泥灰抹墙,或是以石灰浆粉刷,或是在墙上绘制壁画,或是在墙上悬挂字画、饰件,或是在墙的底部做出线脚、安设挡板,或干脆是清水墙一堵,不要任何装饰,而不要任何装饰,其实也是一种别致的"装饰"。

墙壁的装饰大致有四种功用。

其一,为居室洁净,有益于生理健康。所谓椒房,是以胡粉与椒涂壁,或用沉香和红粉泥壁,使室内香气弥漫,创造一个使居者在生理上获得快感的居住环境。

其二,美化居室,满足文化审美上的需求。如将香草之类舂之为屑,涂壁使其"洁白如玉",或以水湿的滑石粉拂拭,使壁"光莹如玉"。

其三,在审美之中体现伦理品位观念。高级殿宇、府第、坛庙与陵寝建筑之类,因居者政治地位高显,从而豪侈装饰墙壁。如果说,平民百姓以石灰涂壁求其素朴的话,则巨豪必使墙壁绚烂之至，所谓"以麝香乳筛土和为泥"，"以金银垒为屋壁"，"峻宇雕墙"等，都在表现这类建筑在政治伦理上的显贵。

其四，避邪以保平安。古人如果体弱多病，往往以为有妖孽在居室作祟，迷信朱砂有辟邪之功，故以此饰壁。虽然建筑是人对盲目自然力的一种"战胜"方式，然而人类在建房造屋时，仍不免战战兢兢，心理上总感到不安全，尤其遇到病灾之时，相信有一种与己敌对的力量作祟，于是想通过一定的建造方式达到辟邪的目的。所以古人饰壁有时倒并不一定是为了审美。

不过就墙壁的基本功用来说，墙壁之饰，辟邪也好，美化也罢，都不是最主要的。墙壁是否实用，即是否起到了围护作用，是根本的。墙壁是组织空间的一种手段，它作为建筑实体的重要构成，起到了分割空间的作用。

这种组织是相对灵活与自由的。其原因在于：一，由于中国建筑的木构架是负重的构件，墙只起围护作用而不负重，所以在营造中砌筑一堵墙，或是推倒一堵墙，相对而言是比较方便的；二，中国建筑的墙以土墙为绝大多数，无论生土墙还是熟土墙，整个建造过程是逐步的版筑或是逐层的砌筑，不像一些石墙，石块作为构件显得比较巨大与沉重，操作不便。"墙倒屋不坍"这句话，正说明了中国建筑的墙与整座屋舍之间在技术与美学上的联系。

围墙、影壁及其他

墙壁形制多种多样、多姿多彩。其材料、位置、大小、长短、走向、装饰、功能与文化属性等方面多有不同，可以多角度加以分类与欣赏。

以材料区分，可以分为土制墙与非土制墙两类。前者为主，后者为次。后者之中的原始"风篱"之类，如以植物枝叶、茅草等捆扎的"篱笆墙"等，实际是最古老的墙。古代所谓"茅茨不翦"，不仅指茅屋之顶，也指墙。篱笆就是农舍的一种原始墙。石墙的起源，不一定晚于土墙，只是在中国不太流行罢了。还有木墙，也曾经出现过。

土制墙可分为生土墙与熟土墙。前者或版筑，或为土坯墙，后者以灰浆垒砌，是一种砖结构，这是前文曾经说过的。除了极考究的房屋内壁以石灰浆粉刷，做护壁板外，一般墙体的砖结构都是暴露的。这种墙有自然、净素之趣。倘加以粉刷，则以熟石灰饰墙面者为多见。

从位置角度，每座房舍可分外墙与内墙两种。就外墙言，与庑殿、歇山、悬山、硬山顶等的建筑前、后檐墙相对的，是其两侧山墙。与山墙相应的，是所谓廊心墙，指山墙里皮檐柱与金柱之间的部分。

后檐墙也是外墙的一种。有露椽子者，称"露檐出"（俗称"老檐出"）；不露椽子者，称"封护檐墙"。

值得注意的是，大型建筑无论"老檐出"或山墙，凡临柱之处，应砌置一块有透雕花饰的砖，称"透风"，以便使立柱根部附近空气流通，而不使柱根腐蚀。这是想得很周到的。

内墙是室内空间的分割手段，在宫殿之类室内金柱之间亦需砌墙。与檐墙平行者，称金内扇面墙；与山墙平行者，称隔断墙，或称夹山。

从空间组织角度看，凡墙壁，又可分为具有室内空间与不具有室内空间两类。一般房舍、居室的墙壁与屋顶、梁架等构件一起，构围成一个室内空间。但有些墙壁虽有围护之功，却不由其构成一个室内空间，如一般院墙与城墙等。它们是庭院、建筑群与城市区域划分或围护、防卫的障壁。

在古代，建筑组群不管大小与地域，一般均设有院墙或围墙。城墙是一种大型围墙，长城也是一种墙，其大无与伦比。院墙结构分下碱、上身、墙帽（包括砖檐）三部分。其高度与宽度，以难以翻越与坚固为基本标准。有的院墙上设浅檐式屋顶。此时，墙帽必低于屋檐。北京天坛等坛庙建筑的围墙较低矮，为的是突出圜丘的壮阔与祈年殿的崇高。

有一种墙称为女儿墙，其高不过齐胸，多见于城墙、平台或楼台之上，其功能有类于栏杆，起护卫作用，实际是一种小型的矮墙。可以做成实体，也可以花砖或花瓦砌就。李渔《闲情偶寄》说：

> 《古今注》云："女墙者，城上小墙，一名睥睨，言于城上窥人也。"予以私意释之，此名甚美。似不必定指城垣，凡户以内之及肩小墙，皆可以此名之。盖女者妇人未嫁之称，不过言其纤小，若定指城上小墙，则登城御敌，岂妇人女子之事哉？至于墙上嵌花或露孔，使内外得以相视，如近时园圃所筑者，益可名为女墙，盖仿睥睨之制而成者也，其法穷奇极巧，如《园冶》所载诸式，殆无遗义矣。

这确是有趣的一家之言。

还有一种便是见于东南地域的马头墙，为房上之墙，堵堵低墙形成序列，似马头奔腾之势。护身墙常筑于山路、马道、楼梯两侧，其高不过齐胸，作法同于女儿墙。至于金刚墙，显然受到佛教文化的影响。金刚者，永垂不坏之属性也，它是中国建筑物隐蔽在结构深部的墙体。建筑物博缝砖里面数层砖所构成的墙，起脊瓦屋的瓦陇，天沟交界处代替连檐、瓦口的数层砖筑墙体，以及陵墓中被土掩埋的墙体等，都称金刚墙，它是墙文化中的特殊角色。

　　城墙也是一种特殊的墙体，它规定了中国古代城市的大小。中国古城崇尚方形平面，是由壁立于四周的城墙来限定的。

　　城墙的主要功能是防御来犯，它高大坚实、稳固森严。"固若金汤"这一成语，道出了城墙的文化性格。城墙给人以高不可攀、望而却步之感。《空城计》中的诸葛亮在城头安闲地抚琴，吓退司马懿大军，固然出于孔明的运筹帷幄之功，也与城墙的威武、壁垒森严有关。

　　一般城墙不设下碱，在城门一段加砌几层条石。宫城城墙、皇城城墙使用石质须弥座。普通城墙以土衬石（或砖）为基，上建墙体。由于防御需要，城墙较宽，如西安古城墙底宽12米。为求防御有效，城墙之高一般在10米以上。城墙常以砖砌就，少数城墙使用开条砖等小砖。城墙正、背面具有一定的倾斜度，称为收分。就是说，城墙越往上，越往里收，一般用于防御的城墙宽度大于两辆辎重马车的宽度。一般来说，城墙内檐墙收分约为城墙高度百分之十三左右，外檐墙约在百分之二十五。太陡直有利于防御而不够坚固，太倾斜又不利于防御。

　　城墙的基数称为"雉"。《诗经·小雅·鸿雁》传云："一丈为版，五版为堵。"《春秋》传说："五板为堵，五堵为雉。"每雉高一丈，长三丈。

　　城墙是战争的产物与工具，城门为通道，角楼用以瞭敌，墉、堞、楼、门以及供登城的墁道等构成了城墙的整体。早期城墙无疑为版筑，以后发展为砖筑或是石筑，或里版筑，外包砌砖以成。石筑城墙称"石头城"，很少见。四周城墙的外侧有护城河，一般为人工挖掘，也有自然形成的护城河某一段，对城墙与整个城市起到防护作用。显然，长城也好，城墙也罢，在建筑观念上，它们实际上是一种围墙，是一座建筑物外墙的扩大。

　　影壁也是一种有特殊功能的墙壁。它是宅院、园林建筑等门楼的附属部分，它的名字实由"隐避"二字衍化而来，设于门内者称"隐"，设于门外者称"避"，合称为影壁。影壁往往是一堵跨度不大、屋檐很浅的墙，光影的变化往往影照于壁面，有素朴、雅致、层次感很丰富的美，别具情趣，这也是影壁之称的来由之一。

　　影壁的主要类型为一字影壁、八字影壁、撇山影壁与座山影壁数种。前两种都以平面造型为名。影壁基座往往为砖筑或石筑须弥座，基座上静静地屹立着一堵青砖影壁。在北京四合院或江南园林的入口处，往往设立影壁，十分讨人喜爱。它是建筑的屏风，在白粉墙面上可静观光影变幻，实在是极富于想象力的一种建筑文化创构。

最著名的影壁莫过于北京皇城内的北海九龙壁。它位于西天梵境西原大圆镜智宝殿（已毁）南真谛门外，是一座全部以琉璃砌成的影壁。长约26米，高约7米，下设须弥座，上置挑檐很浅的顶盖，壁饰十分细腻，以龙为主题。檐下彩绘绚丽，有九龙形象跃然于壁面，衬以云水，飞跃腾挪，充满了无限生趣。九龙形象是预先烧制完成后镶砌上去的，有浮雕的美感。九龙姿态各异，为一字形排列。其中一、三、五、七、九的奇数龙象为金黄色，二、四、六、八偶数龙象主要为浅紫色，而作为背景的水波与云纹染为青绿之色，使整个九龙形象金碧辉煌，富有审美与伦理意味。这座影壁的双面都饰以九龙形象，体现了清代乾隆"盛世"建筑、雕塑与琉璃烧制工艺的高超水平。同样文化意味的九龙壁，还可以在故宫皇极门外见到，但技术与艺术水平稍逊。

墙壁的"解放"

确切地说，中国建筑的木构架形制，使得墙壁一般不起荷重作用，这无疑"解放"了墙壁本身，使其有"闲暇"腾出手来，做它自己的事情。

中国建筑的墙壁，是文化意蕴丰富的物质载体。

其一，综观人类建筑文化现象，一切的建筑墙体都具有围护作用，从这一点看，似乎看不出中国建筑的墙文化到底有什么特别之处。其实，墙壁之围合，是中国民族文化趋于封闭、向心、内敛与含蓄的文化心理的表现，而不仅仅是一种建筑结构问题。

英国人沙尔安《中国建筑》说，城墙、围墙构成每一个中国城市的框架，围绕着它划分住宅，成为地段和组合体，它们比任何其他建筑物更能标出中国式社区的基本特色。在华北，任何年代和规模的乡村几乎无一没有一堵泥墙或者残垣，围绕着其中的泥屋。这是说，即使一座古城的城内建筑已是片瓦未剩，今天也往往在空旷的原野上，残立着几堵残墙断壁，具有"西风残照，汉家陵阙"般的韵味。这是沙尔安在20世纪20年代所见到的中国建筑文化现象，现在的情况当然正在改变。中国古人究竟为什么那般热衷于长城、城墙与院墙之类的建造，除了求其实用外，还为了满足某种文化心理上的需要。

对一个家族、一个聚落、一个诸侯之城来说，围墙之内，就是他或他们的"家"，一种以血缘维系的属于自己的"世界"。这个家与世界是向心的，最好是封闭的。一座典型的城市，城门很少，交通自然不便。但这一切中国人历来能够忍受，因为他们相信，城门开设太多，是会破坏风水导致"泄气"的，气可聚而不可散。中国古人筑城，先规划城的范围，筑起城墙，再建宫殿之类，是一种自外向内的文化构思。典型的北京明清四合院以房舍外墙四边连构为院墙，除了东南隅仅设一门外，再无门窗可言。这样做，是文化心理封闭、内敛的缘故，也出于北方防寒的需要。

　　四合院除了垂花门外，所有主要的门窗都向着中庭，可以说在中国人的文化心理中，具有强烈的居中、崇中观念。古时中国北部的长城屡废屡建，在军事上有阻挡异族南下之功，然而在明代，中华实际版图早已远出关外，汉人仍重修长城，这在文化心理上即兼有居中、内向的特点。直到如今，人们常将一个人出国远游称为"出国门"，有门自然有墙，可见在中国人的心灵深处，或曰潜意识中，中华之国，四周是有一道无形的围墙的。围墙多见，可以说是

上海豫园云墙（局部）

中国文化的一道风景。一个家庭、一个单位、一个社区，往往都有围墙。除了求其生理上的安全之外，主要是求其心理上的安全。大家都画地为牢，自筑围墙，这在古代是很典型的，其间渗融着以血缘维系的"家"的文化观念，或是变形的、扩大的"家"的氛围，的确，围墙是一种"中国特色"。

其二，从文化审美与伦理角度看，对墙壁的美化与装饰，同样显示了中国墙文化的生命活力。

从考古看，现存的古代壁画，大多为墓室壁画、石窟与寺观壁画以及宫殿壁画等。西汉时期的洛阳墓壁画、卜千秋壁画，东汉的密县、望都墓壁画，嘉峪关魏晋墓壁画以及唐代李寿、李贤、李仙蕙与李重润墓壁画等，都是献给所谓阴宅主人的艺术。表现在石窟与寺院中的壁画，更是数不胜数，其中唐代画圣吴道子是绘制壁画的高手。无数壁画表现了佛教教义、佛本生、西方净土与涅槃境界等，成为中国传统所特有的墙文化、壁文化。

在北京紫禁城，大片红墙也是一种美化与装饰。红色热烈，为《周易》所谓"离为火"之色、生命之色。在古代，墙的敷色严格地讲究伦理等级，红色为帝王专有之色，平民百姓休得染指。红色也具有审美意义，中国人是很喜爱红色的。据考古发现，早在山顶洞人的葬制中，已有将红色的赤铁矿粉末洒于尸骨近旁的习俗，是观念中认同红色乃鲜血之色、生命原色的缘故。

在中国园林中，墙壁这种形制也显示了活跃的生命力。江南文人园林中的云墙，造型曲柔可人，墙上开着窗洞，是一系列花饰不一的漏窗的造型，云墙上往往爬满了藤蔓，确实惹人喜爱。

千门万户

有人认为，中国建筑文化是一种门制文化，是"门"的艺术。这话听起来似乎有点不好理解。其实，从门洞在建筑个体与群体组合中的重要地位与文化意义来看，这样说并不过分。

很少有哪一种中国建筑门类是不辟门的。除了亭子、华表、经幢之类一般不设门扉外，城有城门，宫有宫门，院有院门，庙有庙门，墓有墓门……就连万里长城，也在山海关、嘉峪关等关隘处设定了座座关门。有的建筑门类，比方说牌坊吧，好像是不设门的，但实际上，牌坊一般建造在大路上，它横跨道路，人从牌坊下通行，就好比经过一道门。有的佛塔，也建造在道路上，它也横跨道路，人从下面经过，好像是人进了佛门，等于是礼佛一次，这称为塔门。佛塔一般是不必设门的，但是大量的塔例，在每一层的立面上还是做出门的造型。

门是中国建筑文化的一种十分活跃的因素。虽然在文化品位上，似乎不及窗那般优美或典雅，但除了明显的一般实用意义外，门的文化精神意蕴也是丰富而深邃的。

古籍中谈到的门

门的原型蕴含在初民关于巢居与穴居的建筑形制与生活方式之中。由于建筑的第一而基本的要素是供人居住，凡居住必不免有人通过，这便产生了门的原型。所以可以这样说，建筑的起源，同时也是门的起源，门的文化资格几乎与整个建筑一样古老。

既然中国建筑基本上是一种东方土木文化，从材料角度看，中国最早的门，大概多以植物枝条编扎而成。《诗经》有云："塞向墐户。"这里的"向"，指窗；户，即门之谓。注曰："庶人荜户。"指一般老百姓的门以荆竹编扎，也可称为柴门。门窗以简陋的荆条之类编成，自然难以挡风御寒，故窗（向）须以某物暂时堵塞。墐，泥涂之法，即以湿泥

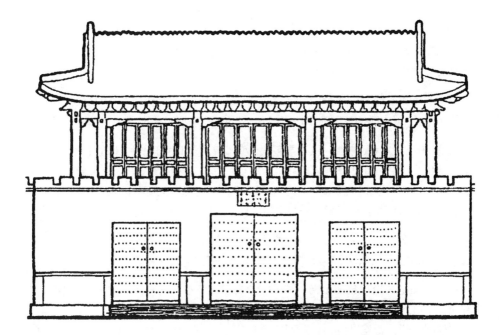

壮丽的避暑山庄正门。
因是皇家避暑胜地，
建造得很讲究，是重
视"门面"的表现。

涂于柴门。柴门是古老的门，后世成为山野村夫、贫寒之士的家的
象征。唐代诗人杜甫《羌村三首》之一云："柴门鸟雀噪，归客千里
至。"宋人叶绍翁有诗云："应怜屐齿印苍苔，小扣柴扉久不开。"以
"门"入诗，蛮有情趣。《礼记·月令》："(仲春之月)耕者少舍，乃修
阖扇。"郑注："用木曰阖，用竹苇曰扇。"也是这个意思。

《尔雅·释宫》关于古代门制有颇为丰富的解说："枨谓之阈，
根谓之楔，楣谓之梁，枢谓之椳。枢达北方谓之落时，落时谓之戾。"
又说："阇谓之门，正门谓之应门，观谓之阙。宫中之门谓之闱，其
小者谓之闺，小闺谓之阁，衖门谓之闳。"又说："橜谓之阃，阖谓之
扉，所以止扉谓之阁。"

胡奇光、方环海《尔雅译注》解说道，古人把门槛称作阈，阈便
是门限的意思。门的两旁所竖立的木柱称为楔，实际指门框。门
框上的横木叫梁，实际指门楣。门上有转轴，叫椳，椳是支承门户
转轴的门臼。"落时"，指"古代宫室撑持门枢之木"。落时又名
戾。古代宗庙的门称为阇。王宫的正门叫作应门。宫门之外有高
台，高台上有望楼，称为观，观便是阙。而宫中的门自然比整座宫
城的门要小。这宫中的门称为闱，闱是宫城中供皇族女眷所居宫

殿的门。比闱门更小的是闺，比闺门更小的，是阁。还有一种门，叫作衖（巷）门，它的别称，叫作闳。又说，门之内所竖的短木称为阑。阖指门扇，也叫作扉。当门打开后，插在门扉两旁以固定门扉的长木桩叫作阁。

这些关于中国门制的解读，指明了如下几点：中国木门的大致构造与名称，中国宫门形制大概，中国古时的巷门即里坊之门等，门的文化功能与制度。

门者，户也；户者，护也。门有"谨护闭塞"之功。门关闭之时，室内外之人不能相互看见，但可以相互听见声响，故有"门，闻也"之解。门制曾发展为一种政治管理制度，这便是《周礼》所谓"五家为比，五比为闾"，"二十五家相群侣"，组成一个行政单位，这便是古人所谓闾，后来就发展为里坊制度，以唐长安为最规范，衰于北宋。

门的基本功能自然在于防卫以求居者安全。《门铭》："门之设张，为宅表会。纳善闲邪，击柝防害。"《云仙散录》亦云："凡门以栗木为关者，可以远盗。"

门具有一定的伦理象征意义。《白虎通》有云："门必有阙何？阙者，所以饰门别尊卑也。"门的有些构造，也具有一定的伦理色彩。如有一种被称为"行马"的门就是如此。《演繁露》说："晋魏以后，官至贵品，其门得施行马。行马者，一木横中，两木互穿，以成四角，施之于门，以为约禁也。"

在宋代《营造法式》一书中，规定的什么门用什么尺寸的材，体现了一定的伦理内容。在清工部《工程做法则例》中，也有关于门的一些伦理意蕴的象征。据梁思成《清式营造则例》一书研究，大门是一种特殊的装修，其结构，左右竖立大边，上下端横安抹头，上下抹头之间有较小的抹头称穿带。大边与抹头一周的中间是门心板。门外安门钹，门里安插关。形制较大的大门伦理色彩丰富而强烈。门钹的形式做成有环的铪钑兽面。此外还有五路、七路、九路，乃至十一路的门钉，可助以表现出凛然不可侵犯的庄严的样子。

门的世界

这里再对中国建筑主要的门制略作介绍，以使读者诸君体会门的文化魅力与伦理意味。

宫门

宫门是宫城建筑组群的开合机关，是其空间序列的节点，好像一个个音符，连贯为优美的建筑乐章。

可以北京紫禁城的宫门为例。其四周有围墙，形成一个独立的空间序列与环境。城墙四面各设一门，午门在南，神武门居北，东华门傍东，西华门处西。而太和门最为雄放。

现存午门，按原状于清顺治四年（1647）重建。下筑墩台，平面为凹字形。台基上筑一座城楼，面阔九间，重檐庑殿顶，覆盖着黄色琉璃瓦。城楼之墩台下与中部开三门，中间一门尺度最大，左右两门烘托。竖向长方形立面。墩台内转角处东西墙另辟二门，尺度更小。午门屋盖巍峨、墩台巨硕而高耸，相比之下五个门洞尺度较小，这是空间"收抑"的做法，显出整座门楼以及楼前近方形广场及午门之后广场的雄放。午门左右有双阙耸立，这是古代宫门前立双阙制度的演化。

午门之南还设有端门、皇城正门天安门、大明门等门制，构成宫门文化的空间序曲。相比之下，神武门、东华门、西华门的尺度要小些，它们都作五间面阔，下设三门，但屋顶仍取重檐庑殿式与黄琉璃瓦制，依然是皇家气度。

紫禁城尺度最为宏伟的门，是太和殿的"前奏"太和门。面阔为九间制，重檐歇山顶，其左右以昭德、贞度二门相烘陪；在太和殿广场东西两边，又有相向对应的协和门和颐和门。这是紫禁城外朝之门。

在紫禁城内廷，也是一个门的世界。保和殿向北为小型"庭院"，正北有乾清门，五间单檐歇山式。在其两侧相对的是景运门和隆宗门。内廷东六宫、西六宫之每宫设琉璃门，西六宫养心殿的琉璃门尤为精致，门内设前殿，五间制，前部加三间抱厦，门制为金黄色琉璃瓦顶，门面色调为红丽的暖色，装饰华美，门前左右两侧配置了一双蹲兽造型，庄严之中显得雍容华贵，又不失亲和的"家"的文化氛围，这便是有名的紫禁城养心门。此外还有重华门、宁寿门等门制，均极华丽。

城门

古代城市的四周筑起城墙，于是便有城门制度的产生。城门是城内外交通的通道。

古代城市一般为内城外郭制。《管子·度地》云："内为之城，城外为之郭（廓）。"《礼记·礼运》云："城郭沟池（池指护城河）以为固。"城郭之制上设以门，城门是一座座内外联系的关卡。

中国古城的城门制在周代已趋成熟。《周礼·匠人》云："匠人营国，方九里，旁三门。"这里所谓国，指方形平面的都城，有东南西北四边，每边设三座城门。《三辅黄图》一书记述了秦汉之时的"都城十二门"制，称："长安城，面三门，四面十二门，皆通达九逵，以相经纬，衢路平正，可并列车轨。"班固《两都赋》云："披三条之广路，立十二之通门。"张衡《西京赋》亦云："城郭之制，则旁开三门，参涂夷庭，方轨十二，街衢相经。"

《三辅黄图》称，长安城东城墙上有三城门，自南至北排列：南为霸城门，因门为青色，故又称其为青城门，或曰青门；中为清明门，一曰藉田门，以门内有藉田仓，又曰凯门；北为宣平门，民称为东都门。长安城南城墙也辟三门，自东至西依次为复盎门、安门、西安门。复盎门又称杜门，《庙记》称此门外有鲁班所造之桥，工巧绝世，安门又称鼎路门，曾被东汉王莽更名为光礼门；西安门北对未央宫，又曰便门、平门。长安城西城墙也有三门，依次为章城门（光华门）、直城门（龙楼门，王莽改称为直道门）、雍门（西城门，王莽称为章义门）。长安城北城墙的三座城门，分别为洛城门（高门）、厨城门（建子门）与横门（《汉书》称为光门，王莽称朔都门）。

汉长安旧城在今西安市西北约9千米，据陈直所言，现遗存以霸城门一段城墙为主。1957年，中国科学院考古研究所曾两次发掘霸城及西安、直城、宣平四门遗制，证明每一城门有三个门道。中央一门道，宽约7.7米；两侧两门道，宽各约5.1米。

这种城门制度，符合《周礼·匠人》的规定。

后世的城门制度，在具体执行上不甚严格，这是由于历史传统、地理与地形等实际情况，以及文化观念等变化所致。比如唐都长安，为典型的棋盘格式平面的古城，根据复原图，其东、南、西三边各有三座城门，依次为，东：延兴门、春明门、通化门；南：启夏门、明德门、安化门；西：延平门、企光门、开远门。各边城门颇合古制。然而北面城墙却自东向西开辟了七座城门，依次是丹凤门、建福门、兴安门、玄武门、芳林门、景耀门、光华门。而且排列很不对称、均衡，这是什么缘故呢？这是因为唐都长安是在隋大兴城的基础上建设起来的。唐统治者定都长安后，又在隋大兴城东北的龙首原上修筑大明宫，遂使政治中心自原来太极宫向大明宫转移。为了官宦上朝方便，以及加强大明宫与原宫城、皇城、里坊的交通联系，对城门古制也顾不了许多了。

北京古城的平面，分为内（北）、外（南）城两部分。内城一共设立了九座城门：南部正中是正阳门（大前门），其东为崇文门，西为宣武门；北部设两门，德胜门与安定门；东部有两门，为东直门、朝阳门；西部是西直门和阜成门。这便是所谓北京内城九门之制。其方位分布与功能用途也不一致。如东城墙设两门，现称朝阳门的为"粮"门，原先内城所用粮食都从此门运入；东直门为"营造"之门，内城建设所需大量土木之类材料都由此门进入。西城墙阜成门与西直门，前者供运煤与柴草，因为出于实用方便考虑，门头沟有煤矿，从西部之阜成门运入，比较经济、合理；后者为"水"门，皇室所需的泉水，由玉泉山经此门运来。南城墙正阳门、宣武门和崇文门，属于正中的正阳门，处于全城中轴线上，为"龙"门，是专供帝王出入的；西侧宣武门为"法"门，犯人押解、发配到流放地或上刑场，由此门经过；东侧崇文门为税物门，进贡纳赋者及财物由此门而入。北城墙的德胜门与安定门也有不同分工：德胜门为出兵门，出征打仗必走此门；安定门为进兵门，实际上是凯旋门，打仗归来必经此门。前者象征以"德"取"胜"，王师仁义；后者象征班师回朝，天下安定。还有，城里有人死了，由专设的城门运出，不得错乱。

明清时代的北京古城，先修内（北）城（后来命名），到1553年再修外城。这外城本来的设计，是应在平面布局上围绕内城的，因经费严重短缺，所以只建造了内城南面的那一区域，其余东、西与北部都无力建造了，所以后来称为外城的，实际只是内城南部的那一区域。外城也设立了七个城门，就是外城南部城墙上设三门，中为永定门，左为左安门，右为右安门；外城东部城墙设广渠门，西部城墙开广安门；东部城墙的东北隅是东便门，西部城墙的西北隅是西便门。

北京这座古城，是以门多而著称的。北京城里的地名，往往是带有"门"字的。

关门

万里长城，是一堵无与伦比的大墙，它雄踞于中国北方，是军事防卫设施工程。在这长城上，设置了许多关隘，以山海关、居庸关、嘉峪关、雁门关与娘子关闻名于天下。其中山海关被称为"天下第一关"。

这种关门，建在地势险峻的军事要地，有"一夫当关，万夫莫开"之固。设立关城的地方，为求坚固难摧，往往修筑多重复线。如在居庸关一段，由于距北京皇城很近，修筑长城三重。在这复式长城线上，除了居庸关，还有紫荆关、倒马关、娘子关、固关、平型关、雁门关等壁垒森严，气势不凡。

在空间观念上，长城各关隘的关门，犹如围墙的墙门，也与城市的城门相关，不过是墙门、城门之类在广阔空间上的展现。

院门

无论是北京明清四合院，还是南方三合院的民居，都有一个主要入口，这便是具有一定代表性的院门了。这院门，可以说是一般民居文化的一个标识。

北京明清四合院的大门，一般设置在整座四合院的东南隅。整座四合院对外就设这么一扇门，它的位置，正应在《周易》文王八卦方位图的巽（东南）位上，按易理，巽为入。古人认为，在这里安设院门，自然是风水最好的。风水吉利的理由，还因巽位的两旁卦位、卦性也很"好"，即东为震卦，南为离卦，震为雷，离为火。因而古人迷信，以为在震位、离

北京民居垂花门

位之间的巽位安设一座院门，这个居住在四合院里的家族的日子，一定是过得十分红火的。因此，古人很重视此门的建造。

四合院里还有另一座重要的门，叫垂花门，它往往是四合院装饰最为讲究的一道门。在二、三进四合院落中，它是作为二门的身份出现的；在设以厅堂为主体建筑的较为大型的四合院群落中，由于厅堂建于重重院落的深处，垂花门往往就建造在全院的后部。垂花门的形制多种多样，总的造型特征是台阶踏步颇高，前檐悬臂出挑，这种"姿态"，似有亲切的"迎客邀宠"之趣。有的门梁与门柱之间有雀替，设左右两个垂柱，常以莲蒂或镂空木架为饰，并于梁坊之际铺陈彩绘、雕饰，艺术手法与风格颇为精雅。面向内院的另一面可设屏风门四扇，上面或装饰以书法艺术，以"福、禄、寿"之类字样为多见，这是趋吉避凶求新心理的表现，如果书艺精美，也平添了一份书卷意味。

垂花门一般安排在四合院的中轴线上，它面对四合院的庭院与主房，工艺美观。有的垂花门是临街建造的，其屋顶时为卷棚式，檐口比较厚重。由于卷棚顶无主脊，屋面呈现出优美的弧线，而且垂花门的檐口与檐角略有反翘之势，使得其整体形象既庄重、宁和，又给人以欢愉的美感。

山门

山门是中国佛教寺庙这一建筑群体的大门，是整座寺院空间序列的起始。它在建造观念上，相当于民居的院门，或整座古城的主要城门，以及古代帝陵的主入口。

唐钱起《题延州圣僧穴》诗云："默默山门宵闭月，荧荧石室昼然（燃）灯。"山门是寺庙的象征，原称三门。因为一般中国寺院大门在一座门制上，往往设一字形并立的三个门洞，中间一门洞尺度最大，两侧各一门洞尺度较小，对中间大门洞起烘托作用，于是便称三门。这种形制，既契合中国一般建筑文化中的门制，又蕴含着佛教文化意味，三门象征佛教的"三解脱门"，包括空门、无相门、无作门。佛教是讲苦空讲"觉"的宗教，以解脱烦恼，圆成涅槃为最高境界。三门为佛教教义的象征。三门后来又称为山门，是因为中国寺院多建造在山林之域的缘故，所谓"天下名山僧占多"。从三门到山门这一名称的演变，可以看作中国人关于大自然的审美观对佛教教义的一种文化消解。

梁思成曾对现存辽代蓟州独乐寺观音阁山门进行考证并撰文。他认为，该寺山门为现存中国佛寺最古的山门遗制，具有代表性。该山门造型，面阔三间，进深二间，为单檐四阿顶，举折约为四分之一。屋顶正脊作鸱尾装饰，青瓦红墙，门向南面额书"独乐寺"三字。山门有直柱十二，柱高与柱径之比为8.6∶1，柱形颇为修长，柱上部收分甚微。建于石砌台明之上，平面设一列中柱，体现出《营造法式》所规定的"分心槽"形制。根据实测，该山门前后柱脚与中柱脚间距为4.38米，而柱头之间距仅为4.29米，说明山门的侧脚明显。侧脚之法，使该山门显得很稳固，虽经千年而不倾圮。自然，部分柱身及其他一些构件，或修补，或涂抹，甚或全柱更换，历经修补，亦有可能。山门斗栱雄大，出檐深远，类于佛光寺大殿形制，颇具唐风。

尤其值得注意的是，此山门三间面阔，明间（当心间）宽6.10米，中间安设大门，为出入佛寺的主要通道，实际是一个主门洞，其左右两侧次间宽5.23米，实际为两个次门洞，尺度比主门洞小，这种三门形制，就是佛教所谓三解脱门的精神意义的象征，它的文化意义是不言而喻的。

墓门

古代风水术有所谓鬼门、死门之说，属迷信、欺人之谈。墓门不等于风水学上的所谓鬼门、死门。

顾名思义，所谓墓门，就是陵墓的门户。在文化观念上，坟墓是供死者"居住"的场所。中国古人在某种迷信观念支配下，相信人虽死犹生、鬼魂不死，故建坟墓"事死如事生"。既然相信鬼魂能像活人那样起居活动，筑墓以建墓门为的便是供其自由"出入"。

实际上，尤其是一些帝王陵墓，为防盗掘，常设多重墓门，以石为材，非常沉重，密闭性能极佳，有的不能开启，暗设机关，一旦建成，不易打开。这有墓门保护墓穴、残骸及所葬文物的实用功能。

比如唐太宗昭陵，因山为陵，其玄宫凿造在陕西礼泉九嵕山南坡的山腰之间，从埏道到墓室有250米进深，一共设置了五座以石材建造的墓门，难以打开。

有的墓门则相对而言较易打开。如明十三陵中的定陵，在地宫的前、中、后三殿，各安设一道石门，各门的形制、大小与结构基本相同。这种墓门高3.3米，用的是质地优良的整块汉白玉，门卷上还雕刻了龙凤纹样与吻兽。每扇墓门宽度为1.8米，其重量估计在4吨左右。由于这种墓门设计、建造时靠近门轴的地方比较厚，而离门轴愈远便愈薄，使整扇墓门的重量集中在门轴处，适当减轻了整扇门的重量，相对而言，开启比较方便。所以早在1956—1958年，我国考古队已经对定陵进行了科学发掘，随后修建成明十三陵定陵地下博物馆，展览有关定陵的出土文物。

广义的墓门，大约还可以包括地面上陵寝建筑的门。比如昭陵陵区有垣墙四围，围墙四隅建有角楼，正中各开一门，凡四门，有献殿建于南大门之北。这种地面陵寝建筑的门制，可归属于广义的墓门之列。

中国帝陵一般在地面上设神道与陵寝建筑序列。以明十三陵之长陵为代表，有主殿祾恩殿，其文化伦理品位相当于北京紫禁城太和殿。祾恩殿前有祾恩门，相当于太和门。在神道最南端，有石牌坊，它不是墓门，然而与墓门文化具有内在联系。牌坊实际是一种变形的门的制度。明十三陵兼明长陵的石牌坊，从某种意义上可以看作渗透着墓门文化观念的建筑。

又如清东陵的主体建筑孝陵陵园前有一座五间六柱十一楼的石牌坊，高13米，宽32米，全以汉白玉接榫而成，上设浮雕"云龙戏珠""双狮滚球"及多种旋子大点金彩绘纹饰，雕技精湛，气势非凡，同样是受墓门文化观念影响的建筑现象。

园林的门

关于中国造门之制，梁思成曾经认为，自唐、宋迄明、清，在基本观念及方法上几无变化。营造法式小木作中的版门及合版软门，尤为后世所常见。其门之安装，下用门枕，上用连楹，以安门轴，为数千年来定法。这一见解甚为妥切。从古至今的中国建筑门制是有发展的，但其发展显得比较平和，具有渐变的文脉特色，这其实也是中国传统文化的特色。

这当然不等于说，中国门制在式样、风格等方面显得不够丰富，没有发展。宏观上

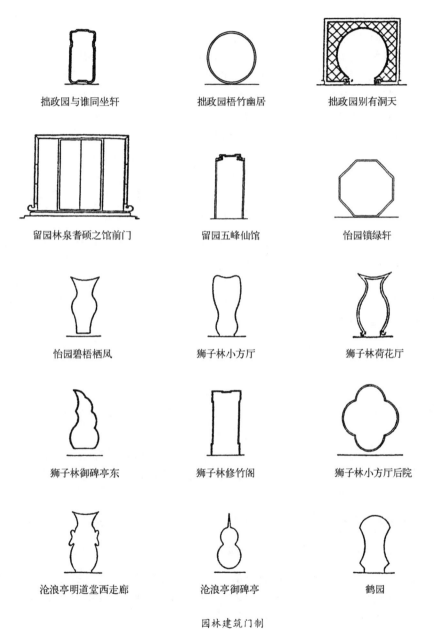

拙政园与谁同坐轩　　　　　　拙政园梧竹幽居　　　　　　拙政园别有洞天

留园林泉耆硕之馆前门　　　　留园五峰仙馆　　　　　　　　怡园锁绿轩

怡园碧梧栖凤　　　　　　　　狮子林小方厅　　　　　　　　狮子林荷花厅

狮子林御碑亭东　　　　　　　狮子林修竹阁　　　　　　　　狮子林小方厅后院

沧浪亭明道堂西走廊　　　　　沧浪亭御碑亭　　　　　　　　鹤园

园林建筑门制

的大致稳定、一脉相承与微观上的丰富多彩，是中国门制所特有的建筑文化现象。

中国园林建筑门制，样式极具丰富多变这一特点。以苏州园林建筑景观为例，它的门洞样式、风格可谓千姿百态。洞门的立面造型，有圆、横长方、直长方、正八角、长六角、长八角与海棠、桃、葫芦、秋叶、汉瓶、梅花等形状。如留园林泉耆硕之馆前门、古木交柯、五峰仙馆，狮子林修竹阁，拙政园与谁同坐轩、三十六鸳鸯馆之门的样式，为纵向长方形或是这一形状的部分变形。拙政园三十六鸳鸯馆之门，是直长方形且将四角抹圆。拙政园的梧竹幽居门为典型的圆形，别有洞天门也做成圆形，且其下方以一狭长之横向长方形与圆相切，便于人流通行，其造型构思犹如一轮朝阳自海平面上喷薄而出。留园清风池馆门大致为横向长方形，有疏放、宽阔之感。怡园淡绿轩门为正八角形，拙政园澂观楼门则呈纵向长八角形。沧浪亭御碑亭的前门为葫芦型。狮子林小方厅的后院门为梅花形。我们还可以从狮子林荷花厅、怡园碧梧栖凤、沧浪亭明道堂西走廊与狮子林小方厅等处，见到多种风格的瓶形门式。

这些都是园林景观中的墙门样式，一般不设门扇，位于园林游览路线之上。其各部装饰颇为精雅。如有的长方形门洞上缘，在水平线上作中部凸起，或以弧折线连构。门洞上角，有的呈海棠形纹，有的附加角花，有雀替之美，还有云纹、回纹等构图。这些琳琅满目的门洞之制，在尺度上与墙体、廊子、漏窗、厅堂轩馆造型以及山石、水池、花木等景观相谐调，一般趋于小型化，有玲珑之美与娇柔之趣。

关于门制，还有广亮门、如意门、馒头门、五脊门楼、牌楼门、花门与随墙门等。

门面的讲究

尽管建筑之门的造型多种多样，尤以江南园林之门的造型为丰富，然从其立面看，一般总以方形为常式，这主要是因为，方形的门建造与安装方便。门是以其多姿多彩的立面造型面对世界、面向人生的。

中国文化深受儒家思想影响，是很讲究"面子"的。门，是中国建筑物的"脸面"。

正因如此，多种立面造型的门，表现出一张张不同的面孔。

城门显得高大、坚固而巍峨，具有镇守、把关的形象特征。城门之上，一般建以门楼。城门一般与城市的主干道相连。从城外眺望，高大的城墙、巨硕的城门与角楼高耸，是这座城市给人的第一印象。

从宫门形制看，北京紫禁城，诸多宫门构成一个空间序列，它们标出宫城的轴线与空间节奏。每一座门，好比一个个"音符"，具有一种空间的韵律感。每当人们游览这座世界著名的宫城时，座座宫门给人的审美感受是美好而强烈的，宫门成为空间收放与抑扬的一种有效手段，使整座宫殿的群体组合显得很有层次。

据宋代《营造法式》所记，宋代建筑大门主要有三种。一是版门，即所谓实心门，有独扇与双扇之别。版门可能较早施用于中国建筑，其构造，以木板并拼成门板，背面钉以之垂直的横木，称为"楅"（亦称"梢带"）。这是一般民居大门的做法。其正面是一块方形的平整光滑的板，背向暴露结构，正反面不相同，为的是强调"门面"。二是软门，有所谓牙头护缝软门和合版软门两种类型。软门是版门的发展。如果说版门形式笨重，那么软门就比较轻巧，以木榫镶嵌薄版即为软门。三是乌头门，是一种文化品位较高的门制，伦理色彩很强烈。《宋史·舆服志》云："六品以上宅舍许作乌头门。"这种门在宫殿建筑中显得气宇轩昂，装饰意味浓郁，整个造型既雄放、体面，而细部又处理得很精细，为木工工艺高度发展的产物。

从门饰看，文化品位愈高的门，装饰愈丰富。在宫殿、寺庙、府第、衙门、坛庙等建筑门扇或有些城门上，往往布置以一行行门

铺首

钉，纵横成列，具有华贵、威严的装饰美感。早期门钉的设置，是门版结构上的需要，即以门钉固定门板与门背面之"楅"（梢带）。如唐代南禅寺大殿的大门背面设五条梢带，正面门板上相应地钉有五道大帽铁钉。因为结构上的需要，门钉是不可少的。而有的门钉在门正面留下了钉帽，自然是不美观的。于是在造型上将钉帽加以改进与美化，成为兼具结构功能的一种门的重要装饰。后来，门钉制度发生变化，一些高级建筑上的门钉，以铜材代铁（铁易锈蚀），钉帽鎏金，且清代时，显贵之建筑的门钉每列设七钉甚而九钉，称"七路"或"九路"。在朱门之上镶嵌以行行金钉，十分醒目。

另有一种兼备实用功能的门的饰件称"铺首"，是门扇上的拉手饰件。门的拉手做成环形，门环设在基座上，基座为各种兽首之形。兽首造型的构思，颇受青铜器兽面衔环造型的影响，以小铜、镏金甚至金为材。有的显得威怖，有的小巧，还有的比较风趣。如有的铺首做成狐狸

头形，狐的鼻孔里穿挂着一个圆环。

　　从门的立面造型看，方形之门有规整、严谨之感，尤其那些大型方门，气派宏大，显得体面而大方。园林建筑中的直长方门，给人以挺拔、修长之美感；横长方门显得空间阔大；圆形门洞圆融、柔美；其余各种以植物叶形、果形、花形为造型的门洞，令人联想到自然之美；瓶形与圭形之门亦显得娇柔可爱。

风水禁忌

　　风水是一种迷信，是古人在营造活动中以迷信的观念与方式认识、处理人与自然、环境的关系。

　　中国建筑之门的设立是颇讲究风水的。最显著的，是城的东西南北四门，分别为青龙门、白虎门、朱雀门、玄武门。其文化原型，是《周易》的后天八卦方位，主要方位是东震、西兑、南离、北坎、中宫；与五行相配合，是东木、西金、南火、北水、中土；与五色相配，是东青、西白、南赤（朱）、北黑、中黄；与动物以及想象中的动物相配，即东门青龙、西门白虎、南门朱雀、北门玄武、中宫黄龙。一般认为，龙与玄武是古人想象虚构具有一定神性的动物。东、西、南、北者古人称为"四灵"。以四灵各自镇守城之四门，在风水观念上有驱邪的意义。门上的门神画亦为辟邪之用。

　　风水术在中国建筑活动中的运用很早。据考古发现，早在殷代建筑中，当时人们建造建筑物的门时，就有所谓人牲祭现象。为了风水上的所谓吉利、辟邪，古人在建造门的地下，埋下"安门"的人牲。这在建筑考古上称为"安门墓"。据邹衡《夏商周考古学论文集》，殷墟某处有七个安门墓，埋人十八，狗二，人或持戈执盾，或伴葬刀、棍之类。

　　北京四合院的大门设在整座四合院的东南一隅，与风水的关系前已论述。

　　据《古今图书集成·阳宅十书》，古人因风水观念，居室设门有许多风水禁忌，如"凡宅门前不许开新塘"，"谓之血盆照镜门"；"凡宅门前，不许见二三四大红白赤石，主凶"；"凡宅井不许当大门，主官讼"；"大树当门，主招天瘟"，等等。在迷信之说中，也有一些合理成分。比如所谓"大树当门"，未必如古人所云，会导致"招天瘟"的厄运，但大树挡于门前，使室内采光不足，自然是不好的。又说"粪屋对门，痢疾常存"，从环境卫生看，粪屋对门，当然是不卫生的，易使人生病。再如就居室而言，认为门开设于室之东北隅不吉利，在这种迷信的说法中，也包含某些合理成分。倘门设于一室的东北方，冬日门开启时，寒风易侵入，这对保持居室适当的温度自然是不利的。

窗的魅力

窗，古时称为牖，在中国建筑文化中显得相当活跃。它不仅是中国建筑的采光通道与通风口，而且是组织空间、塑造建筑立面形象的重要手段。在园林建筑中，窗的技术与艺术发展得很充分，各式花窗千姿百态，是优雅的审美形象，并且起到组景、对景、借景的大作用。杜甫有诗云："窗含西岭千秋雪，门泊东吴万里船。"窗牖是一种尤具文化意蕴与审美魅力的建筑构件。

窗文化缘起

窗这种建筑的重要构件最早出现于何时？刘敦桢《漏窗》序言云，窗的"起源和演变，现在尚无足够的资料，可以整理介绍于世。据长沙出土的汉明器瓦屋，已在围墙上开狭而高的小窗一列"。这至少能证明，汉代已有窗的出现。

其实，作为中国建筑用以通风、采光与供人眺望景观的窗，其起源远远早于汉代。

大致说起来，窗是伴随着建筑的起源而发明的。中国建筑的原始形态是巢居与穴居。巢居者，以树干为"柱"、树枝为"屋架"、树冠为"屋顶"，稍事修缮，以栖其身。这种极简陋的原屋，其实都已蕴含着门与窗的原型，即供人上下的地方，已初具后来作为出入的门的因素。巢居，必然四面漏风，且有阳光透入，虽说这在远古是不得不然，人们只好经受风雪袭击与日晒雨淋之苦；但是，早期那种经过简单绑扎和加工的巢居，从其"四壁"的通透之中，毕竟已孕育了今日谓之的窗的萌芽。在穴居中，情况就是这样。初民住在挖掘的横穴、半横穴或竖穴中，为通风与采光，为驱寒与防卫野兽的攻击，穴口多少要装备一点"屏卫"之类的东西。同时，为了便于人的出入，安置在穴口的屏障必然不是固定的，而是可以自由挪动或启闭。这便是门的渊薮，也可以说是窗的滥觞。在人类穴居过程中，供人出入的穴口屏障，更多地像后来的门。然而初民居住在穴内，已经学会用火煮食，在举火之时，必然会有烟气自穴口袅袅而出。应当说，这带有屏障的穴口，不仅是门，而且还是排烟的囱。当时，门、囱与窗并未分化，是三位一体的。

我们细看"窗"字，从穴从囱，证明窗的文化原型是在穴居之中。穴口及其人工屏障，既是门，又是囱，同时还是最原始的窗。从诸多关于窗的古文字的造型中，我们可以看出中国古代建筑窗牖的历史踪迹。李允鉌《华夏意匠》一书，列举像窗之形状的古文字十四例，可作参考。虽然不能将这些古文字等同于中国古窗的造型，却可以由此获得有关中国古窗造型方面一点真实的历史信息。

从缘起角度看，窗的起源，本于人在居住问题上采光、通风的生理性需要。窗也有防卫的功能。在此基础上，才逐渐发展出一定的基于生理基础的心理性需求，比方说，窗具有开启之后供人在室内向外眺望的功能，以及窗自身的审美功能。

窗的姿态

中国建筑的窗究竟有多少种？这是一个难以准确回答的问题。

窗作为中国建筑的重要构件，也是一种建筑技艺，对它的分类，可以放在不同文化坐标系上去进行。

第一，从所处建筑的不同部位分，有外墙窗与内墙窗之别。外墙窗即位于建筑物立面上的外窗，可一窗独开或多窗排列，类型多样，或组合灵活，或排列有序，除具通风、采光基本功能之外，还极大地丰富了建筑外立面的空间文化形象，并达到内外空间的交融与渗透。所谓内墙窗，顾名思义，是装设于建筑物内部壁面上的内窗，既有外墙窗的基本功能，又是建筑内部空间得以分割与延续、渗透的重要手段。

第二，从艺术性强弱角度加以划分，一般寻常百姓家的窗牖比较素朴，建造的目的主要是满足通风、采光的实际需要，大多不作任何装饰，或略事修饰而已，一般都欠丰富和绚丽。作为独立的审美对象，其文化信息相对较少。这类平常的窗户自然也可供人眺望，但一般不具有塑造丰富的空间形象和借景、对景等文化审美功能。

另一类窗牖，除了满足通风、采光的实用要求外，还富有艺术魅力。其形制多样，装饰华美，不仅是中国建筑中组织空间并使窗里窗外景观渗透、应对的手段与方式，而且已发育成为独立的审美对象。这类窗的高级文化形态，大多见诸宫殿建筑、官邸宅第及园林景观中的窗牖。如苏州园林的漏窗，其类型据说多达一千余种。

园林之窗

　　第三，从形制、造型分析，窗是嵌在墙体的一个框口，不影响木构架承重功能的发挥，所以匠师们对窗的造型与安排十分自由，可以说，窗是中国建筑文化中最富于创造性、最自由、类型最多样的建筑构件。

　　以漏窗为例，有方形、圆形、扇形、六角形、叶形以及菱花、席纹、回纹、冰裂、锦葵、竹节、海棠，各种飞禽走兽以及鱼鳞、金钱、破月、水浪等多种图案的窗制。

　　第四，从建筑装修角度看，苏州园林的窗艺琳琅满目，令人生羡。作为建筑外檐装修的窗制，有长窗、短窗、半窗、横风窗、和合窗、方窗与砖框花窗等多种。作为内檐装修者，有纱槅（围屏纱窗）与屏风窗等。

　　长窗，即槅扇、檐口窗，布置于明间，通常落地，设于步柱之间。形制有四扇、六扇、八扇，以六扇为多见。窗框内可分上夹堂、内心仔、中夹堂、裙板、下夹堂五部。这种窗制尺度相对较大，颇有气派。

　　短窗，即地坪窗，多用于厅堂次间步柱之间，通常为六扇。窗下常筑半墙或裙板栏杆，窗框内可分上夹堂、内心仔、下夹堂三部。

　　这种长、短窗的内心仔，雕饰满眼，花纹精巧，常以如意、静物与花卉为雕饰的题材，可以苏州网师园的殿春簃为代表。

半窗，多位于次间，窗下承筑以半墙，上设坐槛，以供休憩。一般见于厢房、楼阁或亭子、走廊、过道柱间，窗框内分作三部，拙政园的一些半窗及怡园"碧梧栖凤"的北窗比较典型。

横风窗，位于较高房舍的墙体上，装设在上槛、中槛之间或围屏地罩之上，为扁长方形，留园涵碧山房、林泉耆硕之馆的檐下就装有横风窗。

和合窗，设于亭、阁、旱船、榭轩的次间步柱之间，窗下设以栏杆，后部钉有裙板，花纹向外。其形制可见于苏州留园的明瑟楼、远翠阁与网师园小山丛桂轩等建筑之上。

方窗，方形立面，比较规整，以苏州狮子林立雪堂、留园揖峰轩与冠云楼的方窗为典型。

砖框花窗，有长方、六角、八角形多种类型，设于建筑物山墙之上，不能启闭。其中大型者装有窗罩，起保护窗扇与装饰作用。

纱窗，即围屏纱窗。多见于厅、榭、斋、馆、楼、阁等建筑物上，式样类似于长窗，以六扇或八扇为一堂。中部窗心用木板，正面雕刻以书艺、画作，或两面糊裱字画，或钉以纱绢，或配玻璃。裙板上有精致的花鸟、人物、八仙等雕刻，或以黄杨木雕镶嵌，起分隔内部前后、左右的作用，苏州拙政园的三十六鸳鸯馆、十八曼陀罗馆中的纱槅，及北京故宫咸福宫描金漆槅扇具有代表性。

第五，从所用建筑材料看，可以启闭的窗以木制为多，木制者启闭时比较灵便。园林漏窗以砖瓦之类砌筑，由此构筑图案。还有的以木片杂以铁片之类构制，在窗框中构造种种图案，成佳妙之图景。

第六，从窗的启闭方式看，有的一经建造，即为固定之制，如园林之漏窗。这类窗制多为砖瓦制作，在砌筑之时，必须使所用砖、瓦构件互相挤住，以此增强其自身的刚度。有的为活动型，可以启闭。单扇或双扇窗可向左右推移，可向上下或两边拉开的，称拉窗；具有中轴的翻窗，称为"翻大印"。

第七，从结构方式看也姿态各异。有的窗，是独扇窗，一边有轴，像一扇小型的门，故称窗门。打开时，只要像打开门一样以手拉开就是了。有的是双扇窗，可以双手同时关闭，或以双手同时推开。有的是拉窗，即窗框的下部有槽，可以随需要拉开或关闭。梁实秋《雅舍》一文写到支摘窗。支者，支起来，摘者，摘下来，其主要结构是"上支下摘"，就是说，这种窗的结构分上下两部分，即一个窗框里安装了上下两扇窗。上部的窗可以支起来，以便阳光、空气与风、湿气达到室内外的渗入与交流；下部的窗可以按需要摘下来。下部或有两层（里外），即外部是木板制成的，里层安装一块透光而不透风的玻璃；当外层的窗板摘下，里层玻璃就能发挥采光的作用。

窗的诗性品格

中国古窗是一种重要的建筑文化现象，文化与审美意义丰富而强烈。

正如前述，窗的开设，加强了内外空间的交流，这种交流，是气韵的流动。初民没有房子居住时，深感盲目而巨大的自然力量对其身心的压迫，便建造了房屋。住在这种人工庇护所中，使人深感身心的安全与熨帖。但是，人又须从自己营造的"堡垒"中走出来，于是必须有门。还觉得不够，于是便有了窗。窗的开设，是人对这种卫护之物即建筑封闭性的"否定"。

人住在四合围墙与由上屋顶、下地坪所构成的封闭空间之内，自然是比较安全的，但人又必须在围墙之内实现与自然界的情感交流，于是，便诞生了精神文化意义丰富的窗。虽然窗具有一定的通风、采光作用，但这不是人们在墙上开窗的全部文化原因，因为门也具有这同样的实用功能。为求通风、采光，多开几道门即可达到目的。问题是，人们在设门之外，又须开窗，因为在文化功能上，门与窗不能互相替代。二者的区别在于，门主要供人出入，窗却不是。

一般而言，跳窗属一种不文明的行为。窗的"高贵"在于视线的通过，它是供人向外眺望的"器具"。人若长期生活在暗室里面，势必导致身心的极大伤害。所以，窗的开设为的是"透气"。这种透气可喻之为居室生命的"呼吸"，要加强建筑内外空间气韵的流动，窗这一吐故纳新的"呼吸器官"是不可缺少的。它在实墙上所形成的虚空，塑造了建筑内外立面虚实相谐的韵律。

窗的文化审美功能，表达了人对自然的依恋与回归。人站在旷野之中欣赏自然，与站在室内通过窗户眺望外界景观，所激起的美感不尽相同。前者的审美机制，是人的身心与大自然融为一体，有一种人消融于自然，使人"合"于"天"（自然）的美好感受。然而，由于人在欣赏大自然时无所庇护，在潜意识层次上，可能难于排除自然信息所添加的压力和紧张感。在室内通过窗户远眺大自然，此时人的身心处于建筑物的庇护之中，在潜意识上免除了上述不自在的因素，使之化作一种令人宽松自如、从容不迫的心理感受。窗户，是一种人工对大自然和空间的"剪裁"，它使人对自然景观的欣赏显得更"艺术"，更有选择，具有天人合一的另一番妙趣。中国古代诗人吟窗之作甚多，表达了对窗之文化、艺术的美好感受。

另外在审美上，不仅通过窗户对大自然进行观赏有一种特殊的美的享受，花窗之类的造型，即具有很高的审美价值。如江南文人园林中窗的艺术，打破了大片实墙的冗长与沉闷感，创造了园墙通透、秀逸的氛围。漏窗本身的种种花式，具有千姿百态的均衡美，人在游园时，视线不时穿越漏窗，步移景生，造成动观的意境，丰富了园林景观奇趣诱人的生动画面。

我们读宗白华的《美学散步》，可知先生谈到审美虚实、意境与道时，便会援引古人关于窗的描述，在此，实在大可寻味再三。

《老子》云："凿户牖以为室，当其无，有室之用。"这是大家所熟悉的一句话。老子以室为比，称凡是室总是有户（门）有牖（窗），所以窗是室必需的构件，哪怕是一间封闭而阴森的牢房，有时也有一扇小窗。窗实在是一个"气口"，不仅是生理上供空气、阳光通过的气口，也是心理上使室内之人与外界实现情感交流的一个通道。窗的精神意义，便是关于人的精神意义。所以中国建筑的窗，是一种非常具有人情味的东西。宗白华说：

> 窗子在园林建筑艺术中起着很重要的作用。有了窗子，内外就发生交流。窗外的竹子或青山，经过窗子的框框望去，就是一幅画。

窗景的美，在中国诗文中很活跃，可以说独具魅力。明代著名造园家、《园冶》一书的作者计成说："轩楹高爽，窗户邻虚，纳千顷之汪洋，收四时之烂漫。"中国的窗，由于它是观景的出发点，所以窗的美，往往是与一定的自然景观、自然美联系在一起的。前文曾经引用的杜甫名句"窗含西岭千秋雪，门泊东吴万里船"如此，清代才女叶令仪所言"帆影都从窗隙过，溪光合向镜中看"也大抵如此。帆影虽是人文景观，但帆影的背景，总是碧水、远山之类的自然景观。

这方面的诗文不胜枚举。苏东坡有一首《江城子》，是悼亡之作，其中有"夜来幽梦忽还乡，小轩窗，正梳妆。相顾无言，惟有泪千行"的佳句，让人读来唏嘘感叹。这里的窗景，充满了感伤的调子，与清人谭嗣同"窗放群山到榻前"的爽捷、平和与博大是大不相同的。

砖艺经营

砖是一种建筑构件，用以砌筑墙体、阶基、踏道与铺地等。它在建筑物中通常所发挥的是无所不在的实用性功能，因此它的文化性格是比较平易的，在中国土木建筑文化体系中扮演的是一个默默无闻的角色。但是，中国人在漫长的营造活动中，总执着于将美文化及其观念带到建筑的每一部分、每一角落。当诸如砖雕、画像砖之类隐现于中国建筑文化之中时，砖艺的独异情趣与文化意义无疑令人倾倒。

与其他一些建筑构件比如窗之类相比较，砖不是太"张扬"的。一般而言，砖艺是比较朴素的东西。

泥土的塑造

与泥瓦一样，砖是泥土的杰构、泥土的塑造。大地是砖艺文化之母，是它的自然温床，砖是一种素朴的土文化。

砖在古代称为瓴甋，或称甓，写作甎。《尔雅·释宫》："瓴甋，谓之甓。"注："甋，甎也。"疏："瓴甋，一名甓。"这五个关于砖的古字，均从瓦。瓦，原始意义是陶。这说明，砖与陶一样，和泥土有着不可分割的联系。作为中国建筑另一构件的瓦，也是泥土的营构，因而在中国古代建筑书籍里，往往将种种砖艺归于"瓦作"一类。

砖是使具有一定温度与黏度的泥土成形变硬，经过适当窑炼而成的。就墙筑而言，所用材料与技术，最早大约是以植物枝叶之类捆扎、编结为墙，为"茅茨"之物；接着是夯土作，称"版筑"；进而以土砖筑墙；最后进化到以窑砖砌墙，说明在材料学与墙筑技术上，经过窑炼的砖，是墙筑的高级形式。古代偶有木墙、石墙之类出现，但砖在墙筑材料、技术上的宗主地位是无可替代的。

根据《天工开物》，古代造砖过程及有关技术操作过程大致如下：

其一，选料。首辨土色，再择"纯土"，以"粘而不散，粉而不沙者为上"。

其二，和泥。掺水适量，以人畜（牛）"错趾践踏"。

其三，成坯。以泥填入木模，以"铁线弓戛平其面"。

其四，装窑用火。分柴薪窑、煤炭窑两种。前者窑顶偏侧凿三孔以出烟，火足薪灭后以湿泥封孔；后者"出火成白色"，不封顶，窑内一层煤一层坯，底部苇薪引燃。

其五，"使水转锈"之法。柴薪窑巅"作一平田样"，四周隆起，"灌水其上"，砖百钧，用水四十石。煤炭窑，"视柴窑深欲倍之"。

由此观之，造砖的技术关键，是选料、和泥与用火、使水。尤以掌握火候为要。火候掌握不当，砖便成废品。

值得注意的是，古人是以一种中国人所特有的文化眼光来看待与解释制砖过程的。关于"用火使水"，称"水神透入"，"与火意相感而成"，"水火既济"。所谓既济，指《周易》第六十三卦既济卦。其卦象为离下坎上，卦符为☵☲。下面一个八卦为离，上面一个八卦为坎。离为火，坎为水。《易传》说："水在火上，既济。"既济是一种火则炎上，水则趋下的相搏、相荡与相感的状态，水火不相容而二者相激相扑，造成新质的产生，这便是中国古人所理解的砖艺文化。

砖的形象欣赏

在历史长河中，中国建筑的砖的"艺术"发展得很充分，其种类繁多，是建筑空间造型的基本"语汇"。

用以筑墙之砖，有条砖、空心砖、方砖、楔形砖、饰面砖等。

其中条砖俗称小砖，体积小，重量轻，使用方便。早在周代，已发明了瓦，战国时代的建筑上就使用了条砖。据考古，河南新郑战国时之冶铁场通风井壁就是以条砖砌就的。在对陕西临潼始皇陵陶俑坑的考古中，又发现了一段条砖壁面。在历代墙筑中，条砖应用最为广泛，两汉之际及此后，以条砖砌墙，成为砖艺的主旋律。住宅、宫殿、陵墓、仓房、窑井与水渠之类，往往以条砖砌壁，木构建筑之墙筑，逐步以砖取代原先的夯土版筑与土坯制作。北魏出现砖拱结构，就是以砖砌成拱形的砖墙结构，由于是拱形，因此相当牢固。高40米的河南登封嵩岳寺塔的砖结构已达到很高的制砖、垒砌工艺水平。这座佛塔建造于北魏，是现存中国最古老的塔例。唐代城墙砖尺度巨大，明长城砖亦然。一般而言，砖的长、宽、厚三维尺度比例，约为4∶2∶1。这是早在汉代就已形成了的尺度。宋代《营造法式》对砖艺及砌砖技术作了专门的理论阐述与规定。自明代始，中华地面建筑中还出现了无梁殿砖拱券专门技艺。

空心砖一般使用于地下建筑，多见于陵墓的墓室用砖。从目前考古发现看，始用于战国晚期墓，在东汉中期的墓室中，也发现了空心砖墙体，砖型巨大，预制拼装，筑成砖券式，砖穹隆。一般空心砖的长度约1.1米，宽度约0.4米，厚度约0.15米。有的方形断面或作企口式。这种砖牢固而重量较轻。

方砖以方正为其基本造型，主要用于铺砌地面，是一种铺地用砖。

饰面砖之一是雕砖，俗称"硬花活"，有平雕、浮雕、透雕三式。平雕的图案完全在一个平面之上；浮雕、透雕的工艺相对复杂。这是将雕刻艺术附丽在砖的营构之上。

砖墙里边，是中国普通老百姓居住的家园。

砖是墙的基本构件。清代官式建筑的砖墙，一般内部的隔断墙、扇面墙和外部的坎墙，如用砖砌，在和柱子相遇处要做出八字留柱口，因而柱之两侧还要各按柱径四分之一加厚，故其墙厚是一个半柱径。至于檐墙山墙在用砖砌时，比内墙要厚一倍，达三个柱径。这一规定，首先是出于技术、结构上的考虑，因为凡是砖墙，牢固而不易倒塌是第一重要的；同时，也是审美上的需要，在尺度感上追求与整座建筑各部分之间的协调。

一堵砖墙，壁立向上，稳定与牢固是砖墙的生命。但砖墙砌得愈高，稳固性便愈差。

从墙身的横剖面来看，一堵砖墙受每块泥砖宽度的限制。为了求得稳固，除了工匠（泥瓦工）的砌砖技术必须过硬，在结构上，砖墙上部约占整堵墙大约三分之二的部分，应比砖墙下部即大约三分之一的部分要薄一些。这种墙的三分之一下部在建筑术上，称为裙肩，而上部的三分之二，称为砖墙的上身，这种上身的外侧，还应该有"收分"，即一堵砖墙逐次向上，应有微微向里收缩的趋势。

同样以砖砌墙，砖之材料的不同，其实大有讲究。

有一种青砖，以黏土烧制而成，历史可谓悠久。早在战国之时，已用青砖来作铺地的材料。

在审美上，青砖的青色很素净，尤其以青砖砌成的清水墙，一层层青砖层累而上，砖与砖之间砌出笔直的白缝，看上去清清爽爽。

青砖的烧制，是在一般砖的烧制过程中多一道工艺。就是在一窑砖开窑之后，立即浇水使砖焖干，这样，青砖就制成了。当然，烧砖毕竟不同于制造瓷器。烧砖是制陶的一种，其技术要求没有烧瓷那样严格。

在形制上，青砖一般体积较小。长城砖就是一种大型的青砖，用来砌筑万里长城正好合适。明长城的八达岭地段，施用的就是这样的长城砖。

砖是墙的构件。要使一块一块砖组织起来成为墙，必须通过砌筑。砌筑的一般材料是灰浆。灰浆的原材料主要是石灰。明代于谦有一首著名《石灰吟》：

> 千锤万击出深山，烈火焚烧若等闲。
> 粉骨碎身浑不怕，要留青白在人间。

这里的青白，指干燥后的石灰灰浆，以喻人格的高洁。

用灰浆砌墙，是明代以后的事情。明以前砌墙用黄泥浆，这种砌墙材料干结以后，拉力与牢固度、黏结度都不够。有些特殊的建筑，墙壁的牢固程度与封闭性要求很高，以黄泥浆甚至是石灰灰浆来砌墙，也难符合施工要求。所以，有些品位较高的陵墓，据说就在灰浆里掺以黏性很高的糯米汁以及其他一些辅助材料，以求得效果的美佳。

不同建筑有不同要求，以砖砌墙的施工方法自有区别。一般老百姓的住房，用砖不甚讲究，其砖块只求造型比较规整即可，砌筑时以砖垒作，做到横平竖直，灰缝比较宽阔，可以达到1厘米甚至以上，这在建筑术上称之为"糙砌"。经过糙砌的墙壁不甚美观，有的甚至相当丑陋，好在一般这种墙砌成后，还需在墙面上以石灰浆粉刷。石灰浆干燥之后，色彩洁白，白墙配以灰瓦顶以及栗色的立柱之类，是民居尤其是江南民居一般的色彩构型，朴素而美观。

官宦住宅、王府藩邸的房屋砖墙，每每要求用淌白或撕缝的做法以求美观。所谓淌白、撕缝，指砌砖的工艺。总体工艺要求，必须既使墙体平直、牢固，又要美观。尤其是露明砖筑（即清水墙）的表面，应依次用砂石及细砖打磨，以使砌面光平无凹凸，还须乘灰浆未干之时，及时用竹片刮平或拘捉灰浆缝，灰缝必须平齐，而且不能过于宽大，一般控制在3毫米之内。

以砖砌墙是一门高超的营造手艺，尤其是所谓干摆的砌砖之法，一般施用于宫殿与高级的庙宇建筑等，所用砖料挑选得很严格，不规整的不用。砖块要经过砍磨，加工成所需要的样子。砌筑时，墙的一层一层砖列以及砖与砖之间的接缝，必须十分平直，马虎不得，可以说工艺精湛。这种墙的砖与砖之间的接缝处，还应不露灰浆的痕迹，称为"干摆"。

画像砖神韵

画像砖，是一种特殊的砖，更富于审美意义的砖。

画像砖在中国古代一般用于坟墓建造。中国的画像砖艺始于战国晚期，发展到汉代已臻成熟，所以汉画像砖的"艺术"成就是很高的。三国两晋南北朝时代依然流行，并且影响到后代。

画像砖的"像"所表现的文化题材与主题，大致集中于如下几方面：

其一，反映普通老百姓的世俗生活。多以普通民众的耕耘、渔猎、采集、桑麻、制盐、市贸、酿造与舂米之类生产劳动为题材，表现劳动的艰辛与欢乐。

其二，以动、植物为题材，雕刻诸如下山猛虎、长空飞鹰、林莽奔鹿、原野骏马、松间鸣鹤等生命形象，还刻画耕牛的憨态与犟劲、猪的愚钝与懒怠、游鱼的敏捷与优美、龟的匍匐与行动迟缓，以及怒放的梅花、清丽的劲竹、出淤泥而未染的荷花等，塑造诸多自然图纹或是动植物与几何图形相结合的图纹，常见的有水纹、云纹、钱币纹、植物花蕾纹、龙纹以及兽面纹（饕餮纹）、菱形纹、鹿菱形纹、飞鸿菱形纹、柿蒂纹之类，非常多样。

其三，以一些历史故事为题材，具有"叙事"的意义。如荆轲刺秦、泗水取鼎、狗咬赵盾与二桃杀三士等，都是画像砖常用的题材，具有一定的历史感。

其四，以神话传说与神异动物为刻画对象。中国古代的神话人物，如伏羲、女娲、西王母、东王公、龙王、仙人以及四灵（青龙、白虎、朱雀、玄武）、龙凤、三足乌与九尾狐等，是画像砖常取的题材。两汉之际印度佛教入渐中土之后，又以一些佛教名物为题材，如南朝之时的画像砖上就出现了莲花、伎乐与飞天等形象。

其五，在陵墓的画像砖上，有墓主人身世、经历与喜好等生活"故事"的"描写"。有刻画墓主人生前的衣、食、住、行等细节，有亭台楼阁、车马出巡、庖厨宴饮、讲经授徒与倡优乐舞等场景和人物的表现。

画像砖是一种特殊的艺术，是在砖这一中国传统建筑构件上展现出的艺术魅力，其形象古朴而生动，别具神韵。由于其载体是砖这一建筑构件，因而受材料性能的限制，画像砖的艺术形象难以刻画细腻，朴拙是其特色，造型线条以粗犷为多见，比较简练。描摹人物、山水不重一眉一眼、一草一木、一石一土的精雕细刻，而追求神似。构图有整体感，人物形象往往动感强烈，造型有夸张性。还有些作品人物与动物形象十分写实，追求对生活的准确再现。

　　据研究，画像砖的工艺是将加工好的泥坯放入木模中制成砖坯，待半干后去掉木模，用刻有图像内容的印模印出各种图像和图案。画像砖上的画面，实际是用预先准备好的印模印出来的。但这仅是画像砖艺制作的主要创作方法。也有部分画面是用刀具刻画而成的。可以这样说，压印是画像砖艺术创作的主要方法，无论压印还是刻画，画像砖的图像造型一般具有多种风貌与风味。有的图像呈现为凹或凸的造型，这在画像砖艺术上，分别称为"阴线刻"和"阳线刻"。有的是浅浮雕，有的是高浮雕，具有一定的"画面"立体感与空间感。个别画像砖出土时的图像，是有色彩的，说明古代画像砖还有上色这一道工艺。

　　从形制上来看，画像砖一般有实心砖与空心砖两类。其中空心砖的形体一般较大，是一种长方体的造型。

　　有一个问题是颇值得玩味的，即为什么中国古代的画像砖艺一般出现在墓室的建造上。笔者以为，这种关于画像砖的创作冲动，可能与壁画是一致的。中国古代壁画一般出现在寺庙与陵墓地宫之中，画像砖一般也出现于墓室，都是一种献给"死"的艺术。

东汉画像砖上阙的形象

　　中国画像砖以汉代为繁荣期，尤其东汉。又以河南、四川为代表。汉代的河南画像砖一般以浅浮雕或"阴线刻"为主，分布在河南省的大部分地域，20世纪50年代之后出土较多。从出土情况看，河南画像砖在形制上大致分三个类型，即大型空心砖，其高在16~52厘米之间，宽在60~160厘米之间，厚20厘米左右，为长方体；大型实心砖，高为20~25厘米，宽为60~80厘米，厚6厘米左右，虽说是实心砖中大型的，比起大型空心砖来，毕竟小多了；小型实心砖，高约13厘米，宽约43厘米，厚约6厘米。

　　河南画像砖艺的题材以战争杀伐、战马武将、射猎逐兽为多见，体现创作者对自然的爱好与情趣，塑造梅花、桑椹与飞禽等形象。汉代河南画像砖上的艺术形象一般以线条粗犷、造型雄朴见长，表现出大汉风范。当然，这种时代与地域的画像砖上，也常常出现几何形纹样与自然纹样的造型，如同心圆、菱形等，是古人所喜爱的几何形。还有鱼纹、树纹、鸟纹与蚕纹等，也是常见的题材。画像砖上甚至还有吉祥文字与纪年文字的出现，这种艺术现象，与文字瓦当（后详）中的文字造型是一致的。

据考古，四川画像砖多为东汉晚期至蜀汉时期的作品，是一种浅浮雕的砖艺。四川画像砖很有地方特色。一是题材多集中于农桑盐麻。四川自古"天府之国"，秦汉之时，四川发达的水利工程大大促进了农桑业等发展，因此，四川画像砖的题材多表现播种、收割、桑园、采莲、养蚕与采盐等世俗生活的人物与场面。二是四川地处西南，这里神话传说丰富，画像砖多表现西王母、伏羲、女娲之像。如西王母坐在龙虎座上，其四周又塑造了蟾蜍、九尾狐与三足乌等形象。在伏羲、女娲图像中，常见的是两者的交尾状态，或者伏羲、女娲执持规、矩，所表现的是自古以来的神话传说。三是表现与墓主人有关的生活场景，如宴乐、伎戏、骑射与宫阙等。

四川画像砖在不同墓室中出土的数量不同，一般在十来块与五六十块砖之间，在四川新繁的一座汉墓中，出土了五十四块画像砖。这些画像砖镶嵌在墓室的墓壁中段，显然具有祭祀与装饰意味。

考古发现，现存年代最早的画像砖，大约是由河南郑州新通桥汉墓出土的空心画像砖。作品题材广泛，构图具有汉代艺术拙重、雄放之风格。有东海王公、仙人驭龙、月宫玉兔捣药；有表现汉代皇家、贵族生活的宫苑亭阙、车骑游猎、斗鸡舞乐之类，人物、奔马、飞禽形象生动，传达出汉代所特有的那种天上、人间、天人感应的文化氛围与时代意绪。秦汉尚"厚葬"，画像砖也可以说是一种厚葬方式。

中国画像砖以汉代为盛，以两晋南北朝为延承期，在唐代也还有它的历史踪影。另外，后代琉璃砖雕也很有特色。

砖画别裁

除了画像砖，还有一种砖艺，在中国美术史上称为砖画，虽然不多见，却也是一种别致的砖的艺术。

顾名思义，所谓砖画，即砖印壁画。

这种砖印壁画与一般壁画在制作工艺上是不同的。一般壁画，是在一堵墙壁上直接以墨彩作画；砖印壁画，是先定画稿，然后按砖面尺度大小，把全画分割为若干块，再制成模型，进而用泥印烧制而成，最后将砖印按编码砌筑。准确地说，这种砖画全称是

"木模砖印壁画"。

中国砖画集中于南朝陵墓建筑之中。

迄今所发掘的五处南朝陵墓中都发现了砖画。如1961年发现于江苏南京西善桥者，年代为南朝宋后期，该砖画描述竹林七贤与荣启期。荣启期为春秋时人，与"七贤"的思想感情相通，故砖画的作者就把七贤与荣氏画在一起。

在美学上，这种砖画值得注意。一是其创作年代集中在南朝；二是地域集中在江苏；三是其题材与主题集中在表现魏晋名士风度。在这些砖画中，竹林七贤嵇康、阮籍、山涛、王戎、向秀、刘伶与阮咸的神态与风度被表现得栩栩如生，各具个性，表现出魏晋玄学时代人的精神风貌，尤其是魏晋名士的脾性、气质与品格。砖画创作于南朝，说明在佛教流行的时代，魏晋的玄思与文化风格，尚未退出历史与文化舞台，魏晋玄学延续而下，直接影响了南朝人的审美情趣。这类砖画，集中表现了士人的生活与情志，在美学上具有书卷气的特色。

瓦片陶范

说过了砖，再来谈瓦，自是顺理成章的事情。所谓"秦砖汉瓦"，砖、瓦是"亲兄弟"。

华夏宫室，自古多为土木所建，数千年风风雨雨，由于木易朽，故早期建筑遗存无多，现在倘想寻觅完整的先秦甚至汉魏地面建筑物已不可能，只能从考古发现中领略残砖片瓦之遗风余韵。其中所谓瓦当，遗存颇众，弥足珍贵。但是，我们在谈论瓦当"艺术"之前，应当先来讨论一下作为构件的一般的瓦，以及与瓦相关的瓦脊、瓦顶等问题。

缘起与品类

不用说，瓦是中国建筑的一种传统屋顶构件。从古至今的瓦，基本都是以土为材料的，是用土烧制、陶范的物件。当然，也有些瓦不是以土为材的。除泥瓦之外，尚有钢瓦、铁瓦与竹瓦之类。远古在瓦未发明的漫长岁月里，是所谓"茅茨不翦"的状态，即那时屋顶不用瓦，一般是以茅草之类覆顶的。

向来有"秦砖汉瓦"之说，这当然并非指中国建筑的砖起源于秦，瓦起源于汉。早在秦汉之前很多个世纪，瓦以及砖，就已出现在中国传统建筑上。

瓦的起源与发明，实际是中华远古制陶业及其文化的重要构成，而制陶必须懂得用火，以及懂得如何采土等，这与中华文化与文明源头相联系。

在漫长的历史进化之中，初民不仅渐渐注意、认识到泥土是植物生长的基元，而且发现了泥土的黏性、可塑性与一经晒干、烤干会变硬的奥秘。初民的生活资料，其中主要是食物渐丰，需要由一定的容器来盛放。在用火过程中，他们发现经火烧烤的泥土会变得十分坚硬且遇水不化，于是陶器就不可避免地诞生了。

在成型的编制或木制容器外围或内侧均匀地满涂潮湿的黏土，经火烧烤，原有的编制或木制物成为灰烬，剩下所涂之黏土造型，便成了最原始的陶器。这种关于陶器工艺的起源说，曾经得到过考古学的支持。在中国新石器时代陶器的出土文物中，就可见其表面经火烧烤之后留下的杞柳条编制的印痕。但这并不等于说陶器的发明就是屋瓦的发明。

关于瓦器文化的起源传说与制瓦的初期情况，一些古籍尚有记载。《古史考》："夏世，昆吾氏作屋瓦。"《博物志》："桀作瓦。"李时珍曰："夏桀始以泥坯烧作瓦。"

据李国豪主编《建苑拾英》，瓦的品种繁多。

就用材而言，自以泥瓦为最。《古今图书集成》辑《唐书》："齐物子复字初阳，为岭南节度使时，教民作陶瓦。"又云："教民陶瓦，易蒲屋以绝火患。"

有木瓦，以木为材，《绀彩集》："虢国夫人夺韦嗣立宅，以广其居室，皆覆以木瓦。后复归韦氏，因大风折木坠堂上，不损。视之皆坚木也。"

有铁瓦，《明一统志》："庐山天池寺，洪武间敕建。殿皆铁瓦。"

有铜瓦，《天中记》："西域泥婆罗宫中，有七重楼，覆铜瓦。"

有银瓦，《唐书》："王居，以金为甓，覆银瓦。"

有竹瓦，《南征八郡志》："岭南峰州冀泠县，有大竹数围，任屋梁柱，覆用之，则当瓦。"

有布瓦，《汉武故事》："武帝起神明殿，砌以文石，用布为瓦而淳漆其外，四门并如之。"

自然还有琉璃瓦，又称缥瓦，《鸡跖集》："琉璃瓦一名缥瓦。"它是中国建筑文化中一个大名鼎鼎的成员，常覆于皇家建筑物之顶。由陶质筒瓦、板瓦、青瓦与檐头装饰物表层烧制一层薄而细密的彩色釉而成，实际是以彩色釉为饰的陶瓦。

美丽的瓦阵

瓦是用来营构屋顶的，瓦顶，是常见的一种屋顶形制，往往构成美的瓦阵。屋顶有许多样式，基本的是五种，即庑殿式、歇山式、硬山式、悬山式与攒尖式。不同的屋顶形制，具有不尽相同的瓦阵形象。决定瓦阵形象的另一因素，是瓦的种类与铺构方式。比方说，以青瓦或以筒瓦覆顶，瓦阵的造型、形象就会不同。明清皇家宫殿以琉璃瓦铺顶，有金碧辉煌之美。

大片的瓦垄，构成普通民居屋顶素朴而有意味的韵律。

瓦的横断面一般是弧形。以瓦覆顶，是在椽子与望板上，自主脊纵向而下，一垄取仰势，一垄取伏势，并且垄与垄之间彼此相构，形成一排排自上而下的瓦垄。由于中国建筑的一般屋顶是人字形坡顶，因此，一排排瓦垄自上而下，铺排得很整齐，形成一种美的韵律。每一瓦垄的宽度应该是相等的。

瓦垄与瓦沟是结伴而行的，有瓦垄必有瓦沟。下大雨之时，雨水自瓦沟冲下，形成滴水檐瀑，下注的雨水跌落在庭院与屋舍四周的檐下基石或阶石上，形成雨幕。或在大雪之后，当阳光普照、屋顶上的雪融化之时，些许雪水自瓦沟而下，在阶前、墙侧滴滴答答，有一种空阶滴落，人"独自怎生得黑"的感伤的情味。

一般而言，无论哪一种瓦阵，都有各种以瓦密密排列而营构的脊（卷棚式屋顶无主脊）。屋舍的正脊处于整座房屋的最高处，如果这座建筑的主立面是南向的，那么，其主脊就是东西向的。庑殿式屋顶品位最高，一般出现在皇家主体建筑或是大型寺庙的主殿上。这类建筑一般都是南向开门的。所谓九脊顶的瓦阵，在主脊之下，是南向与北向的坡面，都以瓦铺就。在主脊的两端，是四条垂脊，它们两两相构，构成人字形。垂脊之下，各以一条戗脊相接，戗脊的坡度一般比垂脊要平缓些。整座屋瓦阵的高度以及坡度，是由屋架、立柱的高度与坡度来决定的。这些脊，也都以瓦来营构。当然，在这些脊上，也可能还有一些饰件，造型很美丽。

敦煌隋代第419窟　　　　　　敦煌盛唐第172窟　　　　　　敦煌盛唐第126窟

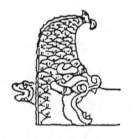

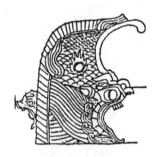

佛光寺大殿元代仿唐式样　　　大同华严寺壁藏(辽)　　　　　蓟州独乐寺山门(辽)

朔县崇福寺弥陀殿(金)　　　　北京智化寺万佛阁(明)　　　　北京故宫大和殿(清)

吻兽,中国建筑屋脊装饰,具有风水迷信与审美意义。

比方说有一种瓦阵的饰件叫吻兽,是中国建筑屋脊上的兽形装饰。主脊两端的吻兽称为正吻,造型丰富多彩,根据造型不同,又可称为鸱尾,鸱尾或者直接就叫吻兽。在垂脊与戗脊端部的吻兽,分别称为垂兽与戗兽。有的瓦阵形制上,除了主脊、垂脊与戗脊之外,还有岔脊的营构制度,它处在一个屋顶坡面的转角之处,在这种岔脊上,往往会有众多小兽与仙人的造型,作为屋顶及屋脊的饰件,俗称"仙人指路"。现代人见到这种"仙人指路"的造型,以为其源盖出于审美装饰,其实,它的文化起始是风水观念使然。"仙人指路"在前,后面跟着许多小型怪兽,目的在驱邪。这种情况,与藻井(天花的一种营造制度)的造型意义是一样的,即藻井的起始并非意在审美,而是风水术上的防火观念使然。

其实吻兽的文化意义,也首先在于巫术意义上的驱邪,即趋吉避凶。

吻兽别称鸱尾。鸱尾之名,始见于汉代有关文献。相传东海深渊处有鱼虬潜游,其尾似鸱,稍一游动,便可激波斩浪、倒海翻江以至于暴雨倾盆。所以人们迷信,这"玩意儿"水性非凡,在屋脊上营造鸱尾之形于两端,是风水术以水灭火,图个吉利。

当然,各个时代的吻兽造型是有些区别的。比如南北朝时的一些陵寝建筑与石窟寺上的鸱尾,尾身竖立,尾尖向内弯曲,外部施以鳍纹。而在晚唐以后,鸱尾的下部演变为一种含脊的兽头形象。蓟州辽代独乐寺山门上,有一鸱尾的造型就是如此。宋代以后,吻兽的造型大都承继唐风,为兽头形。明清时代皇权威严,龙这一造型进一步皇权化,吻兽也造成龙头之形,即其上部向内弯曲后又向外卷曲,吻兽上还塑出龙鳞。在宫殿建筑上,前文所说的"仙人指路"也加入了龙这一符号,其排列次序是:领头的是飘飘欲飞的仙人造型,其后依次跟着龙、凤、狮子、麒麟、天马、海马、鱼、獬、狎与猴,这一支"灭火""灭灾"的队伍,浩浩荡荡。

瓦当:瓦艺翘楚

瓦当是什么?一般读者也许比较陌生。

瓦当是以土为构的一种实用兼审美的瓦饰构件。它是瓦族中的"骄子",中国瓦艺的典型代表。

瓦当是瓦作的后继艺术。如果中国古代不发明瓦,则必无瓦当的问世,它是追随瓦技、瓦艺而来的一种建筑文化。瓦当的起源,自然不会与瓦同时,但与瓦具有亲缘关系则是无疑的。

据考古发现，瓦当在中国建筑物的使用已有三千余年历史。1970年代周原发掘出来的西周晚期大型建筑群遗构多系四坡，屋顶全部施以板瓦和筒瓦，所用瓦材达十多种，都带有钉或环，用以固定瓦的位置。有的筒瓦上还具有较繁复的饕餮纹。这一具有纹样的筒瓦，应当说传达了周代中国已有瓦当的文化信息。钱君匋等编《瓦当汇编》引清代日本刊印的《秦汉瓦当图》说："凡瓦蒙屋脊，曰甍，屋脊栋也。镇栋两端，曰兽瓦，又名鸱吻。弯中而仰覆其屋，曰板瓦。覆板瓦而下，曰筩瓦。又写作瓬。瓬之垂檐际而一端圜形有文者，曰瓦当。当者，当檐头也。"

瓦当，俗谓瓦头，一般指筒瓦顶端下垂的构件部分，其基本造型为圆形或半圆形。瓦头一名，源于宋《长安图志》一书。瓦当一名，是清代乾隆年间因秦汉宫瓦的出土引起学者注意与研究给定的，原因是这些秦汉宫瓦瓦头的铭文中多有一个"当"字。据《瓦当汇编》，有"兰池宫当""马氏殿当""宗正官当""万岁冢当"等；同时也有称瓦的，比如"长水屯瓦""都司空瓦"等；而且有的复合为"甍"字，清毕沅《关中金石记》曾载"长陵东甍"四字瓦。所以清人拼合"瓦当"一词词出有据。

然而，瓦当之"当"字曾经引起不少争论。关于"当"字的含义，据张星逸《瓦当叙录》，主要有以下几种看法。

其一，作"底"解。《韩非子·外储说右上》云："玉卮通而无当。"该"当"有"底"义。

其二，作"抵挡"解。《说文》释："当，田相值也……众瓦节比于檐端，瓦瓦相值（接），故名为当。"

其三，作"珰"解。班固《两都赋》："裁金碧以饰珰。"司马相如《游猎赋》云："离宫别馆……华榱璧珰。"汉韦昭注："裁玉为璧以当榱头。"

这三解都从各自的层面触及瓦当的实用兼审美文化功能。首先，就瓦当言，既为檐头之瓦，故可称瓦头，因为其所在位置在每垄瓦的最前部，这是从前后看；倘从每垄瓦的上下看，所谓檐头之瓦，又在其最下部，称其为瓦底也是不错的。其次，当作抵挡，也与瓦当之实用意义深合。瓦当既为檐头之瓦，又处于每垄瓦之最下部，施工时，常以泥浆掺以石灰与极稠之糯米浆，将瓦当固定在檐口处，确有抵挡众瓦，不致滑下的实用功效。最后，瓦当确实兼有装饰、美化屋宇的审美作用，试想檐头倘无瓦当装饰，那一定是欠美观的。那么如何造型？古人出于对玉饰的美爱，以璧珰为原型，而将这土器制为璧珰纹样，既是对玉饰的爱恋，也寄托了对瓦当艺术的美的追求。关于瓦当之三解不仅不相矛盾，而且全面地揭示了从实用到审美的文化性格。

从瓦当的题材及其所蕴含的文化主题分析，一般可分为文字瓦当、自然纹样瓦当与具有一定宗教意蕴的瓦当。自然，在这几大类型之间，文化主题也是相互渗透的。

瓦当中最引人注目的是文字瓦当。

这类瓦当最为多见,在考古发现中数量最多。其特点是笔画、线条与图案的结合。造型美观、浑朴,有的古拙得令人感动。从文字数量看,有一字当,如出土的秦代"空"字圆当,直径为14厘米,在该当圆心处有一"空"字,其四周置向心的涡卷纹。

除一字当外,还有二字当。如出土的汉代一块半圆形瓦当,宽25厘米,上书隶体"宫宜"二字,可见这是一块用于宫殿的瓦当。有一书以"华仓"二字的汉代圆当,直径15厘米,出土于华阴县。显然,这是古代此处一仓房上的瓦当遗物。还有"延年"当、"大富"当、"万岁"当、"无极"当等,皆为汉代遗制。

汉"宫宜"瓦当(宽25 cm)摹形

文字瓦当中以二字以上的多字当最常见,其中又以四字当最为著名。在汉代瓦当的出土遗制中,有不少歌颂王权的,如"千秋万岁"。其文字多为篆体,造型都为圆形,直径在十几厘米至20厘米之间。四字当中多是"长生未央""长乐未央""长生无极""与天无极""延年益寿"以及"亿年无疆"等,其文化意义及模式均有祈求生命无限,寄托不老之思。有的文字当字数较繁,如在出土物中有一秦当,为圆形,直径近16厘米,上面有"继天陵灵延元万年天下康乐"十二字,篆体,其意义当不离"太平"之祈求。

文字瓦当的文化意义一般比较明确,因有所刻文字作为标识。在审美上,文字瓦当的书体变化多姿,以篆、隶为常式。篆体趋于细劲有力,一般字体略长且齐整,有圆劲秀美之趣;隶体工整、结构常趋扁平,东汉后一般横笔有波势。当然,由于瓦当造型一般为半圆或圆形,文字当的文字造型也往往随其形而作变化。

汉代文字瓦当很精彩。除了常见的多字瓦(其中以四字当为甚)以外,很多为一字当。可分几种类型。其一为"姓氏当",如有的瓦当仅有一"金"字或"焦"字,这表明房主人为金姓或焦姓。其二,一个在蓝田鼎湖宫遗址出土的圆当中心有一"宫"字,为汉隶体,说明此宫的政治伦理等级颇高,此为"伦理当"。其三,在函谷关出土过只有一"关"字之饰的圆当,直径为15厘米左右,还有的圆瓦当上大书一个"卫"字,很可能原为都城城墙上的檐头瓦,寓护卫之意,这些,可称为"军事当"。其四,有的瓦当上仅有一"冢"字，显然，这是汉代陵寝建筑上的瓦当遗存，暂名为"陵寝当"。其五，还有一个瓦当，中书一"无"字，这是反映汉初黄老之学文化观念的一个例子，"无"作为哲学范畴，是黄老之学的中心范畴，姑将其称为"哲理当"。

此外，如"汉并天下""富贵万岁""永承大灵""万物咸成""屯泽流施"等四字瓦当，各具其义，难以一一赘述。另有"黄阳当万"与"光旭块宇"瓦当很值得注意。在阴阳五行观念中，汉代由克秦而来，秦为水德，为黑，汉为土德，土克水，为黄，故汉代尊奉黄帝，黄帝为人文初祖。土居五行之中，以黄帝为人文初祖的汉代乃居天下之中，而帝为阳，即太阳也，故反映在瓦当上，便有"黄阳当万""光旭块宇"之称。

另一种是自然纹样瓦当。

这类瓦当以刻画自然物之纹为其特征。这里又分两类。一是刻画自然物之具象，风格写实，如一般认为属于战国时期的人物、动物、树纹瓦当，为半圆形，宽达15厘米。该瓦当纹样之造型以一树为构图中心。有一鸟绕树飞行，作曲颈回盼之状，有一兽在树下低首，作啃食之状，故有一人赶忙前来驱赶，手执一棒，很生动。在先秦，树为生命的象征，这瓦当纹样所表现的，是歌颂生命、捍卫生命的文化主题。有一属于秦代的图形瓦当残片，上见两鱼图像，写实风格，其中一鱼形象完整；另有一鱼鸟纹瓦当，直径15厘米，出土于汉代长安遗址；还有一蛙纹瓦当，直径16厘米，亦属汉代遗制。这些瓦当的纹刻主题，都离不开生命文化、生命哲学的意识倾向。鱼、鸟、蛙之类的文化符号，一般都寄托着中国古人崇拜生殖、祈求生命繁衍的良好愿望。还有许多以花纹、葵纹等为纹样的瓦当，都盛于汉代，其文化主题在于歌颂太阳与生命。

自然纹样瓦当：战国人物、动物、树纹（宽15 cm）摹形

还有刻画自然物之抽象变形的瓦当。如盛于汉代的云纹瓦当。云之形象一般都作抽象造型，如秦代云纹瓦当，在瓦当圆心处画刻漩涡状卷云，四周以抽象之半圆表示云海，有云漫宇宙之气象。有些云纹瓦当以直线形画刻瓦当之四区域，每一区域中圆点与抽象之三角几何形相配，称为几何云纹瓦当。秦汉瓦当为什么如此热衷于表现大自然之飞云形象？这可能是秦汉巫学观念中对大自然之云象尤其关注的缘故。秦汉巫术流行，由于农牧业生产

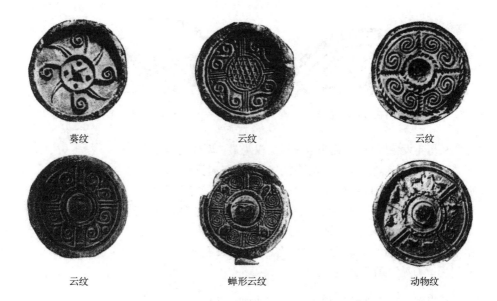

葵纹	云纹	云纹
云纹	蝉形云纹	动物纹

秦代瓦当纹样

与风云变幻关系密切，人们十分重视对天气云电的观测，而且渗透着一定的神秘文化意识。

还有一些瓦当具有一定的宗教文化意蕴。如汉代"四灵"瓦当，四片瓦当为一组，现已出土的，有青龙纹瓦当，直径为19.5厘米；白虎纹瓦当，直径为19厘米；朱雀纹瓦当，直径为18厘米；玄武纹瓦当，直径为17厘米。形象生动狞厉。其中朱雀、白虎为自然界实有之生物，而青龙、玄武为古人臆造之生物，它们都被神化、灵化了。四灵瓦当分别用于一座建筑物的四面檐头，或一座城市的四座城门檐头，有镇邪之功，方位是东青龙、西白虎、南朱雀、北玄武。

单以龙为纹样的瓦当也相当多见。汉代之青龙纹瓦当，造型为圆形瓦当之上画刻青龙，张牙舞爪，富于生命的活力。在秦代瓦当中，还出土夔纹瓦当，陕西临潼出土的一件圆瓦当，直径为18.2厘米，四夔盘旋于其间，头部为具象，而体作抽象，构图甚是巧妙。更有在陕西秦始皇陵出土的半圆形夔纹瓦当，直径61厘米，高为47.5厘米，可以说是目前发现的尺度最大的瓦当，俗称"瓦当王"。这类瓦当之纹样，也寄托了一定的宗教文化意义。还有的东汉之后的瓦当，如隋代与唐代，都有所谓佛像当，现有分别在隋文帝陵与唐九成宫出土者，直接表现尚佛的宗教文化主题，亦颇值得注意。

自然纹样瓦当：秦鱼纹瓦当摹形　　　　　　龙纹瓦当有崇高的品位

从历年发掘资料看，瓦当数量以秦汉为最。秦代瓦当多出土于咸阳、凤翔等地建筑遗址；汉代者多在长安，又遍及许多区域，说明汉代瓦当有一个自京都向四处普及的过程。从文字记载看，瓦当的发掘，大约始于北宋，有欧阳修《砚谱》记"羽阳宫瓦"十数件及王辟之《渑水燕谈录》为证。历史上最早的瓦当摹拓，大约始于南宋，有南宋无名氏《续考古图》摹"益延寿""长乐未央""羽阳千岁""宫立石苑"四瓦当文字为证。

瓦当作为中国建筑文化的一个瓦作构件，当与另一木作构件斗栱相互辉映，是东方建筑具有独特文化个性的重要表现。

琉璃的辉煌

前文已经谈到瓦阵，依材料分，瓦顶实际只有青瓦与琉璃瓦两种。青瓦外观为青色，又分削割青瓦与普通青瓦两种。削割青瓦，用一般的黏土加上干子土塑形、烧制而成，这种瓦尺寸较大，比较规整；普通青瓦只以一般黏土塑形、烧制而成。依据用瓦的瓦顶部位来分析，前文所说的仰、覆势列，实际也就是指瓦阵的"阴阳合瓦"。其中下面一层仰置的瓦称为底瓦（阴瓦）、盖在两垄（两块）底瓦缝上的，叫盖瓦（阳瓦）。

所谓琉璃瓦，是中国建筑用来装饰屋顶的一种彩色釉陶。琉璃瓦是琉璃（coloured glaze）的一种，在中国古籍中，琉璃有时写作流离、陆离。光怪陆离这一成语的意思，大概原指琉璃色彩的怪诞与诡谲。琉璃可以制成瓦，还可以制成其他形状，有的琉璃可以用来敷贴墙面，北京的九龙壁就是以琉璃这种材料装饰墙面的。著名的工艺品唐三彩，其材料也是琉璃。

琉璃发明于西周，是中国制陶技艺的精华。当时，人们将琉璃制品比如琉璃珠、琉璃项链等作为人体装饰品，继而把它们镶嵌在一些器物、用具上，都是由于琉璃色彩美观的缘故。

到了汉代，琉璃的制作技术与艺术进一步发展，应用范围扩大了。汉代的不少明器是用琉璃制作的。考古出土的，有不少汉代陶楼，其材料是一种带釉的琉璃。

北魏时琉璃开始成为一种建筑用材。大约此时开始有了琉璃瓦。琉璃瓦的品级很高，是一种特级瓦，传说来自大月氏。据《北史·西域传》记载，当时琉璃瓦技艺由大月氏国输入中原地区，并施用琉璃瓦来装饰殿堂类建筑。

唐代是琉璃及琉璃瓦的发展期。长安的宫殿上已有较多琉璃的运用。当时一些宫殿的屋脊和檐头都由琉璃包镶，它有黄、绿、白三色。琉璃瓦开始用于屋顶营构。从北宋到元代，琉璃及其瓦作的运用十分广泛。开封祐国寺塔，通体以琉璃饰面。在北宋写成与颁行的《营造法式》中，对琉璃瓦的制作工艺已经作了文字记载，可见琉璃瓦当时已经在工匠与朝廷管理宫室官吏的文化视野之内。

自元代到明清，是琉璃瓦与其他琉璃制品施用的黄金时期。除了大量施用琉璃制造楼阁栏杆以及桌、凳等家具之外，元大都（明清北京前身）的宫殿，已使用大量琉璃瓦铺盖屋顶，或是用琉璃砖砌墙。

明清时期，琉璃瓦发展到登峰造极的地步。现在我们在北京故宫所见到的，是一大片金黄色琉璃瓦阵。可以想见，在当时的明清北京，在四周大片灰色的民居等瓦阵的包围中，紫禁城的琉璃瓦宫殿建筑群是多么醒目辉煌。明清北京的宫殿、坛庙与陵寝建筑，以及山东曲阜的孔庙大成殿的屋顶等，都构成了琉璃瓦阵的"海洋"。这时琉璃的色彩也极大地丰富起来，有黄、绿、白、蓝、青、黑、桃红与酱紫诸色。琉璃的美邀人青眼，它具有强烈的政治伦理色彩。

琉璃瓦的制作工艺有点特别。

按照北京门头沟琉璃窑传统工艺，琉璃瓦不是用一般黏土烧制而成的，而是白马牙石、干子土与白土的混合物。琉璃瓦表面以铅、铜、钠、钾、锰等不同金属元素按不同配比烧融后挂附、上釉而成。

琉璃瓦是中国瓦作、瓦艺的杰出创造。大片屋面使用琉璃瓦，是把强烈的政治伦理符号以营造的手段，"写"在东方大地之上；同时，使原来朴实无华甚至灰暗的屋顶形象变得金碧辉煌、灿烂夺目，在审美上，具有绚丽而光辉的美。

栏杆诗情

栏杆在中国建筑中是经常出现的。作为一种建筑构件，是个体建筑形象与群体建筑形象之美的构成部分。栏杆本身，也具有相对独立而特别的美感。

栏杆是富于"诗意"的建筑空间形象，当然，其基本功能还是实用。

话说栏杆

栏杆，亦称阑干，指那种存在于建筑环境中的阻拦之物，可用竹、木、金属或石材等营构。阑干，原具遮拦的纵、横构造，所谓"纵木为阑，横木为干"，此之谓也。阑干的本义向人证明，中国个体、群体建筑的所谓阑干，首先是以木为材的。说起栏杆，梁思成《清式营造则例》这样解释：

> 栏杆是台，楼，廊，梯，或其他居高临下处的建筑物边沿上防止人物下坠的障碍物；其通常高度约合人身之半。栏杆在建筑上本身无所荷载，其功用为阻止人物前进，或下坠，却以不遮挡前面景物为限，故其结构通常都很单薄，玲珑巧制，镂空剔透的居多。英文通称为 balustrade。

根据这一解释，我们至少可以明了如下几点。

栏杆作为阻拦之物，是依存于一定建筑个体的，如依存于台、楼、廊与梯等，有的佛塔，主要是楼阁式佛塔上也有栏杆，有的桥梁也是有栏杆的，因此，栏杆是一种颇为普遍的建筑构件。

栏杆作为障碍物有两个实际用途：一是筑一栏杆，阻止人、物前进，实际上栏杆是建筑空间的又一种隔断方式；二是防止人、物下坠，栏杆是建造在高出于地面的建筑形体之上的，具有保护人身安全的作用。

栏杆的用材固然多种多样，但其造型有一个共同点，就是本身无所荷载，而且以不遮挡前面景物为限，栏杆具有空间的通透性。如果有一堵栏杆挡住了你的视觉，那一定不是栏杆，而是一面墙或一堵壁了。

石须弥座上的石栏杆无所重载，只起到阻拦与规范空间的作用。

栏杆还有一个别名，叫钩阑。在宋人的一些画作里，有钩阑形象，可以见出那是木质镶铜的构件。

钩阑，也便是勾栏。勾栏者，宋元时代百戏杂剧的主要演出场所，内设有戏台、戏房（后台）、神楼与腰棚（看席、观众席）。所谓勾栏、瓦舍，指俳优、艺人活动的场所，其建筑物上一定设有栏杆，时间久了，人们就将这种具有栏杆的戏台、剧场之类称为勾栏。南宋孟元老《东京梦华录》卷二记述东京开封的勾栏情状，说"其中大小勾栏五十余座，内中瓦子莲花棚、牡丹棚、里瓦子夜叉棚、象棚最大，可容数千人"，可见当时戏曲及勾栏盛况。明之后，勾栏似乎"沦落"于风尘，有时也是青楼、妓院的别名，带有"烟花"的情味了。

最早的栏杆如何造型，这很难说。从汉画像石与明器造型中可见其早期的样子，但一定不是最早的。从明器造型看，汉代栏杆以木为材，由横木、直木相构，有的造型上还有纹饰如鸟兽纹等。

在云冈石窟中部第5窟里，我们可以见到窟门高处刻有曲尺纹阑干。梁思成《石栏杆简说》云：

> 这种形制，直至唐末宋初，尚通行于中国、日本。除去云冈的浮雕与敦煌许多壁画外，这种栏杆的木制者，在日本奈良法隆寺金堂，五重塔，及其他许多的遗物上，在国内如河北蓟州独乐寺观音阁及山西大同华严寺薄伽教藏殿内壁藏等处，都可见到。

最早的栏杆主要以木为材，这毋庸置疑，后来发展为主要以石为材。石栏杆，比较多见于宫殿、坛庙建筑，我们今天依然可以在北京故宫与天坛见到许多石栏杆造型，这些石栏杆主要建造在石质须弥座上。在庞大、坚实的须弥座四周，都是这种石栏杆。

比较完全的栏杆造型，既有望柱又有栏板（版）。

石栏杆的类型大约有三种。

其一，比较简朴的石栏杆只以栏板相构而不用望柱，今天还可以从北京一些古典园林与京郊的石桥栏杆上见到，其栏板朴素而厚实，起着阻挡与截护的作用。

其二，以长条石代替栏板营造。这类石栏杆，造型多样而形象有异。梁思成《石栏杆简说》提醒说，这种栏杆"视其所用地方之不同，有时可得雄壮的气概，如从前北平正阳门内的石栏；有时用在园庭，又甚幽雅。这样做法的栏杆不甚多见，也许是因为将石凿成瘦细的长条，与力学原则上颇有违背的缘故"。

其三，比较多见而大量存在的，是以栏板与望柱相构而成的。在北京故宫等处所见都是这一类石栏杆。虽是石造的，却是仿木结构，足见古人对木的钟爱之情。这类石栏杆有时还刻有纹样，如花草、龙兽与云水之类，是常见的雕饰题材。至于望柱，其早期仅用于栏杆转角之处，后来发展为每两个栏板之间建造一柱，造成二板一柱的韵律、节奏。望柱本身由柱身与柱头两部分构成。柱身造型比较朴素，很少有雕以龙纹、云纹之类纹样的；而柱头的纹样十分丰富：有圆筒形造型，以北京故宫的一些栏杆望柱为代表，其上饰以龙凤、夔龙、花卉或云雾之纹；有方形，如北京北海天王殿门前的水纹方形柱头；有莲座、莲花之形，造型作仰、覆莲形，如北京文渊阁栏杆与北海漪澜堂后山栏杆造型，这种纹样的栏杆，显然受到了佛教文化的濡染；还有的栏杆望柱上雕刻石狮形象，最著名的例子是卢沟桥上的栏杆。

总之，栏杆的形制很丰富，但在千百年的建筑实践中，栏杆的营造形成了一定的规矩。北宋颁行的《营造法式》卷三"石作制度"称，钩阑之制有一定之规，比如"重台钩阑，每段高四尺，长七尺。寻杖下用云栱瘿项，次用盆唇，中用束腰，下施地栿。其盆唇之下，束腰之上，内作剔地起突华版；束腰之下，地栿之上，亦如之"。这段引文因涉及栏杆的诸多专用术语，而令人不大能彻底了解宋及宋以前石栏杆"重台钩阑"的造型与各部分的比例，然而，我们依然可以从这段引文中，了解关于栏杆的形制与"语汇"。

宋代以及此后，是尤其讲究"规矩"的时代，大凡建筑规矩，往往有一些科学理性的意义，即结构本身的科学技术要求，以及由此延伸的审美意义。更为突出的，是包容于建筑

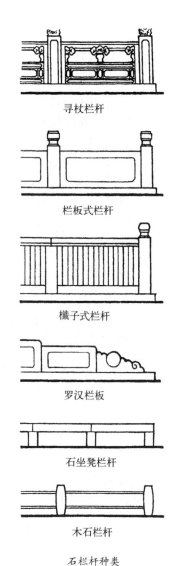

寻杖栏杆

栏板式栏杆

槛子式栏杆

罗汉栏板

石坐凳栏杆

木石栏杆

石栏杆种类

造型的实用理性，即政治伦理的意义。不同建筑的栏杆有不同的做法，宫殿、坛庙、陵寝建筑的栏杆尺寸、造型与用材及其规格等，自当不同于站在那里抛绣球的小姐闺房的栏杆，这是毋庸赘述的。

古诗中的栏杆

栏杆往往建造在楼阁与一些佛塔的凌空处，这些凌空的建筑一般都可供登临与眺望。一旦人登临、远眺之时，便可能有某种情感的抒寄，于是在古代一些骚人墨客的登临之作里，便每每不免写到栏杆，并且抒寄着作者的某种情感，这就使得诗文中的栏杆空间意象成为情感的某种"符号"。著名者如"解释春风无限恨，沉香亭北倚阑干"（李白《清平调》），"岳阳城下水漫漫，独上危楼凭曲栏"（白居易《题岳阳楼》），"雕栏玉砌应犹在，只是朱颜改"（李煜《虞美人》），"独自莫凭栏，无限江水，别时容易见时难"（李煜《浪淘沙》），"时移事改，极目伤心，不堪独倚危阑"（赵可《雨中花慢》"代州南楼"）。

人一旦登高望远，凭依栏杆，其精神便不免有些超拔起来，与栏杆相系的审美感悟也真神奇。

栏杆的入诗，大概是由于其本身富于诗意的缘故。但吟咏栏杆的诗句，大约无病呻吟、故作忸怩之态的也有。正如梁思成所说，栏杆的入诗，有时是被滥用了，其结果，栏杆竟变成了一种伤感、作态乃至于香艳的代表。

是的，在中国古人的一些诗文里，因登高凭栏而引动的伤情，是一种典型的属于栏杆的"诗情"，也不能排除那些写得过于阴柔、忸怩，甚至是俗艳的篇章。而且同样是伤情，也有喟叹个人悲欢和伤时忧国的区分。不过总体上，诗人们寄寓于栏杆的情感常常是大气的。

在这里，笔者忽然想起了宋代著名词人辛弃疾，作为一个坚决抗金、立志收复中原失地的爱国志士，其作品充满了"气吞万里如虎"的铿铿金石之声。南宋朝廷的懦弱、忍辱与不思收复中原、统一全国的妥协，使得满腔热血的稼轩词里，充满了沉雄、悲愤与孤独，他的《水龙吟·登建康赏心亭》一词，就写下了这样的慷慨悲歌："落日楼头，断鸿声里，江南游子。把吴钩看了，栏杆拍遍，无人会，登临意。"真正可以说是关于栏杆的千古绝唱。

台基永固

　　中国建筑以屋顶、屋身与台基为三大要素。台基作为其中之一，自然是重要的。它是整座建筑的基础，虽然在观感上，台基不如屋顶、屋身显明，其文化意义却是不可抹煞的。

台与台基

　　《尔雅》云："四方而高曰台。"四方，指台的平面；高，甲骨文写作 ⾼ 或 ⾼。《说文》："高，崇也，象台观高之形。"高这个字是台的象形。中国建筑的原始样式之一是穴居，后来由全穴居发展为半穴居，由半穴居发展为地面上的原始茅屋。这原始茅屋，便是"高"出于地面的。高这个字，也是原始茅屋的象形。

　　中国先秦有所谓灵台。《诗经》有《灵台》一诗，诗云："经始灵台，经之营之。"《孟子》亦云："文王以民力为台……谓其台曰灵台。"这灵台"孤立"于野。《释名·释宫室》云："台，持也，筑土坚高，能自胜持也。"台是一种"孤高自持"的空间造型。这种灵台自有台基，以土石为基。故《老子》云："九层之台，起于累土。"

　　台原本指灵台，是因为初民祈求昊天上帝保佑，出于天人感应的原始巫术与原始宗教观念，所以筑高台以呼唤昊天之神，灵台之灵，表达了台筑的原始神秘意蕴。筑台以观天，台是先民与上天这一超自然力量与偶像在观念上的沟通与"对话"。陆贾《新语》："(楚灵王)作乾谿之台，立百仞之高，欲登浮云，窥天文。"中国上古有所谓土圭。圭者，累土为之，这便是台的雏形。先秦有观星台、观象台，汉有柏梁台、渐台、神明台、通天台、通灵台等，大都是一种颇为神秘的建筑文化现象。

　　灵台的建造，既是天人感应观念的体现，也是山岳崇拜的象征。古人见山峰插云，以为通天有路，这是由神化了的山之自然属性而衍生的山岳崇拜文化观念，是与天人感应相应的建造灵台的文化始因。古人对昆仑很崇拜，认为昆仑是天柱，有天神居住，所以建高台以象征之。

随着天人感应、山岳崇拜观念的日趋淡薄，汉代之后，灵台的建造热情渐渐冷却，后世的观天台、观星台与观象台虽然一直并未绝迹，毕竟已属少见。值得注意的是，这种建造灵台的文化观念与动机依然不绝如缕，有关它坚固不摧、崇高神圣的文化内容，渗透在中国建筑的台基文化之中。

建筑的台基，起源于实用。

大凡古代建筑，都是土木营构。无论土还是木，都易遭自然力量的损毁。一座房屋建造在大地之上，如果不先建造一个坚实而高出于地面的台基，这房屋就不会稳固。时间一久，因重力而引起房屋下沉，对于土木建筑而言，离倒塌也就不远了。建造一个坚固而高于地面的台基，使屋身与屋顶坐落在台基上，可以防潮、防水，有利于木柱与土墙的保护。

既在精神意义上象征台那样的高，又符合实用性需求，中国建筑中台基的诞生，就成为必然。

打好基础

所谓台基，由露明与不露明两部分构成。露明部分，就是台基高出于地面的部分；不露明者，实际指台的基础，处于地面之下。

就基础而言，主要指地下构造。一般包括直接承受立柱重荷的柱石、柱石下的磉墩与磉墩下的灰土层。

这里先略说灰土层。灰土层是基础的最下部分。先秦时期的建筑，尤其一般的农舍之灰土层，尚未或是没有必要设置。人们最早建造房舍时，对基础的考虑与营构，想来一定是比较马虎的，因为当时营造经验不足。在漫长的营造实践中，因为基础不牢固，房舍倒塌的事常常发生。人们只有在吃够了房舍倒塌的苦头之后，才去有意识地、严格地营造基础。同时，随着建筑技术与文化的发展，诸多大型高峻的建筑开始营造，于是打好基础成为第一要求。

灰土层技术发展到唐宋，已是相当完备。

砌筑基础的第一道工序，是清理场地之后，依据立柱的位置刨出地槽，在槽底打筑

灰土层。地槽的深度由两大因素来决定：一是按照整座
建筑可能的重荷，重荷愈大，地槽愈深，灰土层也
相应愈厚；二是按照地基的土质虚实，土
质松软，如果地基不牢，那么，灰土
层的夯筑就应充分重视。当
然，对于那些品位高级的建筑
来说，灰土层的营造尤为讲
究。据有关资料，清代光绪年
间，崇陵隆恩殿的台基灰土层，除
了一般的夯筑之外，同时打入诸多长一
丈五尺、直径五寸的柏木桩，以求坚固、万无
一失。

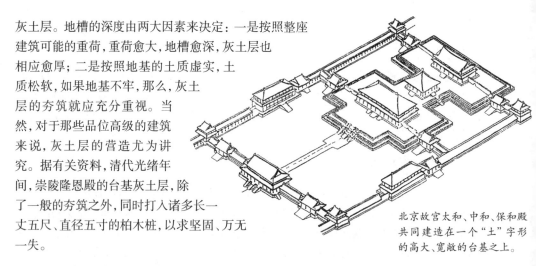

北京故宫太和、中和、保和殿
共同建造在一个"土"字形
的高大、宽敞的台基之上。

　　明清建筑的灰土层，是按黄土七份、石灰三份，或是黄土六份、石头四份的比例掺
和、夯筑而成的。有的帝陵工程，又用江米（即糯米）汁加灰土的做法，在每步灰土打实
后，泼江米汁一层，加水促其下渗与灰土结合，耐火性与坚牢性大为提高。

　　这里有三个实例。建造于北宋的河北正定隆兴寺转轮藏殿，曾在1954年建筑考古
中打深沟探测到基础的最下面，是由黏土和碎砖各两层夯筑而成的。建造于元代的山
西芮城永乐宫，曾于1960年迁建其中的龙虎殿、三清殿、纯阳殿与重阳殿，发现这四殿的
立柱基础地槽都是由一层隔一层的黄土与碎砖瓦（每层黄土厚约9厘米，每层碎砖瓦厚
约5厘米）夯筑的。这座著名道教建筑的地基很坚厚，其中龙虎殿角柱下的基础层竟厚
达15层。上海真如寺也是元代建筑，1963年修理时发现柱脚下一层铁滓夯层加一层黄
土夯层，每层平均70~80毫米，其中角柱柱基层数最多，达到10层。

　　这三个实例都是唐宋至元末的建筑，由此不难得出一个初步结论，大约在元代之
前，那种以白石灰与黄土混合的灰土层基础做法尚未发明与采用，一般建筑的基础都是
素土夯筑，或是在素土中加一定砾石、卵石或碎砖、碎瓦与糯米浆之类夯实而成。

　　房舍基础的第二部分，是所谓磉礅。磉礅砌筑在灰土层之上、柱石之下。华北地区
的基础磉礅，一般用条砖垒砌，长江下游江南地区的磉礅，一般用石料。江南水网地区，
水位较高，用石料为磉礅，出于两个原因：一是这里不缺石料；二是有的地区地层松软，
淤泥水湿，所以打造地基必须深挖，把浮土、湿土挖尽，直至挖到"老土"，一层层建造灰
土层，其上再筑磉礅，甚至打上木桩，以求坚牢无碍。

　　房舍基础的最上一部分是柱石（也称为柱顶石），位于磉礅之上、木质立柱之下。柱
石的大小即横径，大致是立柱直径的2倍，柱石的横截面一般为方形，也有圆形的，造型

相对规整。柱石的大部分埋在地下,但其上皮大约有0.2柱径高度的部分露出于地面。罗哲文在《中国古代建筑》中说:"在这露明的凸上部分的边缘加工成线脚,平面上变为圆形以与柱子衔接,叫做古镜。""古镜"这名字颇有诗意,现当代人似乎很难想象,为什么就这么一点露出地面的柱石部分要取这么一个古色古香典雅的名字,由此可见,中国古人总是愿意把美"凝固"在建筑上,正如马克思《1844年经济学—哲学手稿》所说,这是"按照美的规律来建造"的。

"古镜"的称谓一般用于北地建筑。在江南,一般的民居、庙宇之类的立柱下,垫着一个高出于地坪大约为0.7柱径的圆鼓形石墩子,其侧面是圆弧形的,有的上面有浅雕装饰,其题材多为花花草草,相当美观。《淮南子·说林训》所谓"山云蒸,柱础润"和古谚所云"础润而雨"的础,就是指这个"玩意儿",它有加固立柱下基础的作用与隔潮的功能,还可能具有某种审美的意义。

值得指出的是,房基即营造基础的重要是不言而喻的。古人在打好基础这一点上是动足了脑筋的,也往往吃尽了苦头。在长期的营造活动中,基础技术的发展是显而易见的,但这基础不仅是技术,其中渗融着文化,还有艺术。在古代,造房子打好基础是第一要着,打基础要"看"所谓风水,择一黄道吉日破土动工,出于迷信思想,一般古人认为破土筑基是不能随意的,必先祭地祇,当土神的迷信观念形成之后,就祭"土地公公",似乎要征得那位"管理"土地的"老爷子"的同意。不仅破土动工,而且立柱、上梁前,都是要择"黄道吉日"的。古人有联云:"立柱正逢黄道日,上梁恰遇紫微星。"此之谓也。打基础的地方,就是房屋营造起来的地方,打基础之前,要请风水先生用罗盘"点穴",穴位之所在,就是地基中心之所在。点穴也就是"择吉壤"的意思。吉壤一旦择定,房主人的一颗心似乎就定了。

须弥座:台基的"革命"

两汉之际印度佛教东渐之后,中国台基文化曾经经历了一场文化观念上的"革命",它将佛座这一佛教文化观念与中国自古而来的灵台文化观念糅合,结果是印度佛教包括佛教中的须弥座文化被中国化了,成为一种新的台基文化。

须弥座,原是印度佛教文化观念中的一种佛座。印度佛教有关于"世界"的观念,世界大而无比,所谓三千大千世界,大到无法想象。须弥座,据佛家所言,是处于世界中心之山顶上的佛座。此山名须弥山。《注维摩经》卷一云:"须弥山,天帝释所住金刚山也,秦(指中国)言妙高,处大海之中。"

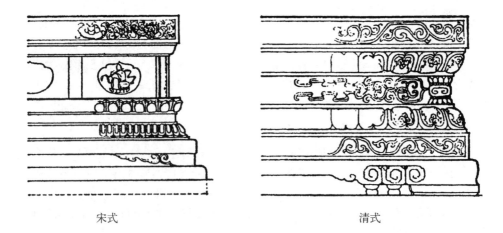

宋式　　　　　　　　　　　　　　　　清式

这便是佛教所幻想、想象的佛国本相，即"世界"景观。

中国建筑台基：
须弥座

从这一描述中我们可以看到，须弥山以及须弥座具有三大文化特性：须弥座处于"世界"中心；坚固不坏，所谓"其性坚利，百炼不销"；此山此座，入水很深，出水很高，妙高无比。

三大文化特性，虽然是"舶来品"，却非常对中国人的文化口味。

其一，中国人一向相信"中国"处于天下之中心，与佛教须弥山居世界之"中"的观念相合。

其二，中国建筑历来以土木为基本材料，土与木作为建筑材料，易遭自然力的破坏，比方说，土质材料怕遭水害，而木质材料又怕火灾，须弥座却是"金刚不坏"的，恰好补土木之缺。

其三，中国建筑由于在哲学观念上的亲地情结，由于受土木材料实际的性能所限，不可能建造十分高巨的建筑个体（只有一些以土木为材的中国佛塔比较高大，然大凡佛塔，都是其内部空间很小甚至是不具有内部空间的建筑，一旦内部空间扩大，技术、材料性能上就不允许将建筑物建造得过于高大）。但是，不能建造出过于高大的建筑，不等于说这个民族在文化观念上不向往建筑空间意象的无限高巨，也就是说，这种向往无限高巨的文化情结，即使在现实中不可能实现，也要在观念、情感中得以实现。于是，尤为钟情于其高无比的佛教须弥山。

中国建筑具有强烈的居中、尚中空间意识。《吕氏春秋·慎势》云：“古之王者，择天下之中而立国，择国之中而立宫，择宫之中而立庙。”这种居中意识，与须弥座的世界“中心”观是相通的。

中国建筑在观念上愿其“立于万世”。实际上由于以土木为材，未能长存，但其要求建筑物“永存不朽”的观念与愿望必须得到满足。于是“一拍即合”，须弥座登上中国建筑舞台，正好满足了中国人通过营造以“立万世之基业”的文化心理。

中国建筑一般由于其强烈的亲地倾向，向四处铺开，作群体组合，而一般不甚高峻，但这种材料与结构所带来的缺陷，必须得到弥补。如何弥补呢？通过营造，取一个从佛教文化中移植而来的佳名，叫“须弥座”，岂不是弥补了吗？

于是，中国台基文化就迅速引入了佛教须弥座文化，它同时满足了中国人要求建筑象征处于世界之“中”、永固不坏和其高无比的文化心理，佛教须弥座由此变成了中国建筑须弥座文化，一种特别的台基文化。

在中国传统社会后期，尤其是明清的宫殿、坛庙、陵寝与寺塔等建筑中，所谓须弥座“语汇”是常见的。坐落于北京北海琼华岛之巅的白塔，清顺治八年（1651）始建。后两度重修，其台基是一个须弥座形制，砌为砖石结构折角式。北京西黄寺清净化城塔，为清西藏班禅六世衣冠灵塔，印度佛陀迦耶式主塔居中，基座为八角形，又是一个须弥座。

须弥座出现在佛塔之上不足为奇。有趣的是，天安门（原名承天门）、太庙、皇史宬（表章库）和九龙壁，甚至在1959年所建北京人民英雄纪念碑上，也都有一个甚至两个须弥座台基，这再一次印证了中国人对须弥座的热衷。

台基形制

可分一般性的普通台基与前文所说的须弥座两类。普通建筑总设普通台基，最简朴的就是夯土层，河南偃师二里头早商宫殿遗址已有台基夯土层出土。从东汉画像砖所表现的形象分析，至少在东汉，台基已以砖石外包内存夯土为形式，且有压阑石，这是从夯土台基向砖砌或石制台基的转化。此后台基上渐见装饰，自魏晋南北朝始，以错采条砖铺砌于台基四侧。从敦煌石窟壁画所绘制的形象看，北魏台基表面已贴砌各式纹样的饰面砖。

须弥座是高品位建筑如佛殿、佛塔、宫殿、陵寝与坛庙等的基座。考古发现，北魏石窟的一些雕凿与图绘上，有须弥座遗制。年代愈早，造型愈朴素，一般特征是几道直线叠涩，束腰较高。北魏云冈石窟浮雕塔基或为素方，或为须弥座。在第6窟里的须弥座形象,上下枋与枭组线,显得古朴无华,有的佛塔塔顶上刹有须弥座四角饰以山花焦叶,不过总的倾向是以朴素为主调。建于北魏孝明帝正光元年(520)的河南登封嵩岳寺塔,塔身下方亦设高耸的须弥座,也是叠涩出檐,平素无饰。

后来,随着须弥座观念深入人心,须弥台基越做越漂亮与考究,纹样以莲花、卷草与火焰之类为多见,还有佛教之力神以及角柱、间柱、壶门等造型。昆明唐代慧光寺塔即西寺塔有台基三层,饰以间柱及壶门牙子。河南登封唐代净藏禅师塔砖造台基也是一个须弥座;塔身之上又饰一须弥座,八角砌为山花焦叶之形;塔顶再饰一须弥座,平面圆形,仰莲形;最上还有一个须弥座,为石制仰覆莲座及火焰宝珠。该塔有"须弥"者四,除了最下一层为台基外,其上三者皆已变为纯粹装饰,但其文化观念依然是属于台基的。

须弥座文化发展到明清已渐趋简化,北京紫禁城太和殿台基虽高耸而为汉白玉形制,其装饰还是比较大方而简洁的。

台基露出地面部分称为台明。整座建筑建造于台基之上,因而台基的物理功能与艺术造型,对建筑物的稳定性与空间形象大有影响。重要建筑物的台明高阔、雄伟,观感上使得整座建筑物重心在下,有岿然如磐的稳定感。台基各部分尺寸受到建筑形体大小、平面与立面的屋檐出挑深度及檐柱径的制约,构成一定比例尺度。宋《营造法式》与清式建筑理论对此有论说,有规制。总的原则,整座台基的长宽与高度,是根据木构架、屋顶尺寸设计出来的。

石窟中所表现的组合基座与台基装饰

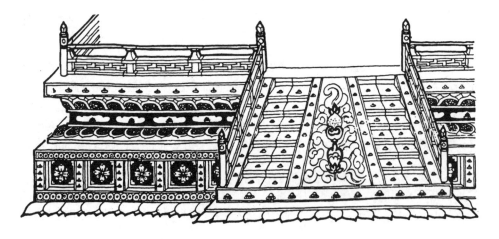

铺地修饰

中国建筑学称为铺地的,指我们通常所说的建筑的地坪。

人们对铺地也许不像对屋顶、屋身、斗栱甚至台基那样印象深刻,这是因为铺地处于建筑下部的缘故。

这不等于说铺地的有无无关紧要,它是中国建筑及其文化的有机构成。对于一座建筑物以及建筑环境而言,铺地的设置,人工地完善了空间的第六个面。无论在室内、室外,作为人们生活活动于其上的建筑与园林平面,铺地都具有其独特的文化魅力。

最后一个"句号"

铺地是一种人工地坪,它是附着、铺展于地面之上的一种建造方式。铺地的特点,一般是平展于地面,毫不掩藏。它的"开朗"性格,在整个中国建筑文化系列中是别具一格的。它是对建筑第六个面的一种文化"修饰"。当一座建筑即将竣工之时,铺地以及怎样建造铺地,成为"最后一幕"。

人们为什么要去进行这样的修饰呢?

这种修饰始于无意。当人类最原始的一座茅屋建造起来以后,人在室内的居住活动,势必会把室内的地面踩得严实、光滑起来,大概这给了原始先民一个灵感,即一个坚实、平整的地坪不仅是实用的,而且是悦目的。这里,隐藏着铺地文化起源的历史性契机。

远古之时,中华初民就曾对全穴居或半穴居的穴底用火烧烤,以使其坚硬,开始也许是无意识的,不过是用炊煮食的结果。继而人们渐渐领悟到,经火烧烤的室内地面不仅土质变硬,而且不易渗水,不易泛潮,这对改善居住条件是有利的。这种烧烤地面之法,可以看作中国远古铺地文化的缘起,它无疑起于实用。

一旦由穴居、半穴居进化为地面建筑时，这种最原始的烧烤铺地法就被初民有意识地采用了。与此相关的，使室内外地面变得坚硬平滑，起初出于初民无意识地对地面的践踏，进而便是有意地踩踏甚至夯实。与构筑台基同时进行的对室内地坪的夯实，便成为原始的一种铺地法。

人与自然的关系总是处于既对立又统一的矛盾状态之中。人总愿意将他的一切文化方式带到自然的每一个角落，企望在一切领域打上人的文化烙印，实现全面的梳理与占有。建筑作为人占有、改造自然的一种文化方式，同样要求全面实现人对自然的把握，从而在实现之中观照人自身。因此，铺地作为建筑物或建筑环境之建造的最后一道工序，是人通过建造方式改造自然所画上的最后一个完美的"句号"。于是，人居住在一个由自己所创造的建筑六合"宇宙"之中，全面地感到生理意义上的安全舒适与心理意义上的赏心悦目。

类型与品格

中国建筑的铺地样式丰富多彩。

以材料分，最常见的是石灰三合土铺地与砖铺地。前者做法简单，无非以石灰、沙子与鹅卵石三种材料搅拌铺放夯实。砖铺地以各种规格、素质与品格的砖为材料，在建筑环境的地面上铺出各种图案与纹样，也称砖铺墁。其做法是，在地面上先铺灰土一层，不同建筑物品类运用等级不同的砖块，铺出不同品位的砖铺地。各种砖如长砖、方砖与金砖等施用于不同建筑环境的地面，造成不同文化级差的铺地形象。如清代一般住宅以长方形砖即长砖为铺地的材料，方砖的施用要比长砖更"高档"一些，厅堂的地面可以铺以方砖。金砖的身价更高，一般施用于皇家建筑，它是烧制精致的砖。金砖的施工讲究，每块砖往往经刨磨、铺墁以后，再加一道工序，叫作烫蜡见光。

从场合与环境分，可分室内铺地与室外铺地。

室内铺地是一种将自然地面用砖等材料全部遮盖起来以建造居住平面的一种建造方式，多以方砖或长砖平铺，侧放者极少见，因为侧放费工费料，并且由于地面抬高而降低了室内空间的层高，在隔潮上也无必要。这种铺地，称为地砖式。据考古发现，其出现于晚周时期。陕西扶风建筑遗址所出土的铺地砖约为50厘米见方，背面四个角上烧制出鸡蛋般大小的砖突，以增加地砖对地面的附着力，使其不易移动。这种工艺上的进步，与周初仅以泥、沙、石、灰所构相比，无疑是一个历史的飞跃。

春秋战国时期，地砖工艺又有发展，主要是背面四边起突棱，正面有纹样美化，常见的为米字纹、绳纹与回纹之类。米字纹样线条均衡，实际上是将地砖平面均衡地分为八个部分，是《周易》八卦方位观念的表现。绳纹显然受到了陶器绳纹的影响。中国原始制陶的古法之一，是将湿陶土搓成长条绳形，自底部中心起始，盘旋而上以成陶器土坯，略干后放于窑中炼烧，造型有绳形等。制陶术发展，绳纹成为陶器的纯粹装饰，后来就辐射到铺地地砖上。回纹是云纹、涡卷之水纹的抽象简化纹样，表达的是中国古人对自然的眷恋与理解。

在历史短暂的秦代，地砖工艺再度发展，出现了截面有锯齿平行的齿纹砖，长边约50厘米，宽边35厘米，厚度5厘米，长边上有所谓子母唇。有大型的略呈楔形的铺地长砖从陕西皇陵陶俑坑内出土。东汉出现磨砖对缝式。在唐代，高品位的建筑地砖侧面磨出斜面，铺设于地，砖与砖之间十分吻合，几乎难辨接缝。宋代加以石灰铺砌地砖，更显牢固。

这种地砖式铺地用于宫殿与庙宇正殿者，就是前文所谓金砖。金砖是一种规格较高、经淋浆焙烧而成的铺地方砖。一般铺地纹样有十字缝、拐子锦、人字缝、褥子面、套八方、席纹以及丹墀（俗称柳叶斜栽）等，统称为"砖墁地"，有细墁与糙墁二法。

所谓细墁，从材料看，须将用砖事先进行磨砍，用材讲究，做工细致。具体铺法，先将室内地面的素土或灰土层夯实，按设计之标高将地面抄平而微有坡度，即里高外低，非绝对水平，称为"泛水"之法。使中间一趟地砖铺设于室内正中，使砖缝与房屋轴线平行，铺砖趟数应为奇数，用砖块数为偶数，如不得已必须"破活"时，半砖之制必须铺设于里端或两端，门口与正中必须使用整砖，这一切地砖的铺设制度，在古人的风水与审美上都认为是很重要的，有的已成为一种建筑文化的禁忌。

在细墁法中最讲究工艺质量的，自然是"金砖墁地"。除了遵循一切细墁规矩，金砖墁地还有附加要求，不再赘述。

所谓糙墁，是所用砖材未经瓦工砍磨，操作方法与一般细墁法略同。

室外铺地，其实是室内铺地的延伸，但工艺要求等与室内有所不同。

室外铺地按位置、方式之不同，可分散水、甬铺与海墁三法。

所谓散水，位置在屋檐（前后檐）、山墙、台基的下方、旁侧。墁砖的实用目的是保护地基不受雨水侵蚀。铺地宽度根据出檐远近决定。这里的铺地是接受檐水的"器具"，里高外低，但外口不应低于室外地坪，以免积水。有些散水以石为材，这是砖铺地的变形。

　　所谓甬铺，又称甬路。指建筑庭院的主要交通线往往方砖铺墁，甬路砖趟力求奇数，建筑品位高低、庭院大小，决定甬铺的砖趟，逐次递增，为一、三、五、七、九趟。甬路平面为中部略高，两侧稍低，走向是由庭院交通方式与排水方向所决定的。

　　甬路的艺术化、园艺化，即成为雕花甬路，指其两旁的散水墁使用雕饰方砖，或镶以瓦片所构图饰，有的或以杂色砾石构铺各种图式，以求美观、气派。

　　所谓海墁，即一定建筑环境中除铺甬路外，其余地方都以砖墁。所用一般为长砖，方式一般为糙墁。从风水观念分析，一个建筑环境的"水口"应在东南，故水流方向以由西向东、由北向南流淌为顺，所以海墁应考虑环境内雨天排水流向，所墁之长砖应东西向顺放。北京天坛有一条天下著名的甬路，长359米，宽29.4米，高3.35米，称"丹陛桥"，又称"海墁大道"，路面中央铺一条石御路，并以长砖海墁全路，两侧包砌砖壁。它是天坛平面的中轴，连接南部的圜丘与北部的祈年殿。

　　最后略谈园林环境中的铺地。

　　江南园林的铺地文化丰富多姿，以苏州古典文人园林为代表。一般园内厅堂、楼馆多铺方砖，走廊偶铺方砖，常以侧砖铺构多种几何形图案。室外铺地样式更见丰富，在道路、庭院、山坡蹬道、踏

江南文人园林中的一种铺地

步与屋檐、山墙之下以及河岸之侧等，随处可见。所用材料除方砖、条砖外，还有条石、不规则的湖石、石板之类。由于铺地总是最后一道工序，所以所用材料有时便是建筑废材、废料的利用，一些碎砖、碎瓦、废旧陶瓷片以及卵石等，都可铺作地纹，其纹样形式不胜枚举，色彩偏于素朴。有以砖瓦为材的人字纹、八字纹、斗纹与间方；有以砖瓦为图案界限，镶嵌以各色卵石及破瓷片，构成美丽的八角、六角、套六角、套八方、套六方等图式；有以砖瓦、石片、卵石混合砌成的海棠纹、冰裂纹、十字灯景纹等；还有以卵石与瓦混铺的图式等。

铺地是一种具有实用性功能的对建筑与园林地面的装修，一般是以铺墁方式进行的，是对地坪自然优美的"刺绣术"，人将情感观念编织于铺地之中，令人回味无穷。

园林的铺地样式与美学追求早在明代就已发育成熟。明代造园家计成在其撰写的《园冶》一书中，已有比较系统的总结。比方说，以残缺旧废的瓦片铺砌的铺地，呈为"波纹式"；以砖铺成六方、八方或其变形，当中嵌铺大小不同的鹅卵石图案，称"六方诸式"；或以规整的瓦片铺成球文形状，当中嵌铺鹅卵石，称为"球文式"，也便是北宋李诫《营造法式》所说的"簇六重球文"图案。

园林铺地往往构成美丽的景观。我们游赏园林之美时，无论在皇家园林，还是江南文人园林（私家园林）中，在兴致盎然地欣赏园林建筑之美的同时，不要忘记注视自己的脚下，这里是铺地的"世界"，有一片别具神韵的美的景观。

室的"美容"

　　一座建筑物建造起来之后，还仅仅是一个毛坯，不能直接用于人的居住，在视觉感受上，也不是悦目的。因此，在一座房子真正可以投入使用之前，必须根据房屋的实际用途、精神品格、意义以及主人的生活情趣、嗜好与审美追求，对房舍进行必要的装修。在中国建筑文化史上，装修是一个颇为古老的字眼，作为建筑工艺也由来已久。当代人所说的建筑装潢，其意与装修差不多。建筑装修与建筑装饰，在意义与域限上，也有相通之处，但不完全重合，比如对屋顶的装饰，就不属于装修的范围。建筑的装修，首先是服从于实用这一基本要求的，其次才是对建筑的美化。就审美意义而言，建筑装修是一种室的"美容"术。

营构你自己的家园

　　装修是一个不易谈论的话题，因为它太嫌复杂，似乎也过于琐碎，它与有关建筑装饰往往是重合的，不易分清界限。本书前文所谈到的建筑个体形象中，有不少是与建筑装修有关的。比方说立柱、墙体、门窗、天花与地坪等本身是建筑个体的诸多构件，但它们各自都有一个装修的问题。

　　就装修的功能而言，它是因实用而诞生的。如果某一室内或室外装修不适于实用，或是有损于实用的，则会在历史的发展与陶冶中被淘汰，或者说终于会被排斥。某一装修一旦削弱立柱，或是横梁的负重能力，那一定是不可取的。在古罗马建筑中有一种人像柱，其造型是一种人体雕塑，有直立形的人的头部、颈部、躯体造型，因为头颈部分过于细弱、影响立柱的负重能力，终于为历史所淘汰。中国建筑中一般没有西方古代那样的人像柱，假如为求装修的"美"，而在一根木质大梁上进行雕镂，那是得不偿失的。大梁的美的装修，一定是以不损害其负重能力为准则。

　　中国建筑历来以木构架为负重构件，为了房屋的坚固，大凡装修，都应以保护、维持

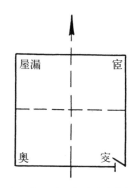

室内空间划分与对称性中轴

木构架的承重功能为限,所谓不能"伤筋动骨"。这一点,即使在今天也是如此,当进行建筑装修时,有一个原则,便是房子无论怎样装修,怎样折腾自己,就是不能改变房子的承重结构。有的房屋主人为了某种个人的需要与喜好,要求在一堵承重墙上开设一个门洞,这种做法实际是对建筑、对装修的无知,是非常危险的,它必然损害这座建筑的坚固程度,所以为有关法规所不许。

中国建筑的装修是在满足建筑基本的实用功能的前提下开始的,是与实用相联系或者是为了实用的。建筑内外部空间的装修,具有梳理、分割、安排合适的空间区域的意义。围护、隔断、连续……装修使建筑的内外空间真正"醒"过来、"活"过来,成为真正属人的空间。一座建筑物初步建造起来之后,其空间的大致安排或曰宏观的、总体的安排已是既定的了,有必要进一步对这空间进行有限而审美的组织。这种组织的手段、过程与成果就是装修。

琳琅满目

就中国建筑的室内装修而言,它是由室内空间有序、有利、有美的平面立面组织与室内陈设所构成的。

室内的组织安排包括三部分。

一是墙体之类的装修。作为隔断的不可移动的屏障,或是板墙,或是屏壁,通过粉刷,在墙上绘描或是悬挂饰物、工艺品与字画等进行装修,其中屏壁使室内两个空间既有所隔断,又相交通。有的室内墙面有意不经粉刷,依业主的喜好使墙的砖砌面貌裸露在外,犹如清水墙,可能别具一种情调。分隔室内空间的构件,有槅扇门、碧纱橱等。还有一种室内的围隔,实际是透空的隔架,其中主要的是所谓博古架。

二是顶隔的装修。所谓顶隔,就是一室上方的室顶。它分为暴露在外的木质横梁与椽子等所组成的露明和天花两种主要形式。所谓露明,实际指暴露木构架的室内顶部形象。因为暴露在外,梁、椽等木构架的加工比较精细,一般民居的露明,往往对梁、椽之类以桐油多次涂抹，一方面为了防蛀，另一方面涂为栗色有光泽，为的是增添美感。如果将这种露明加以遮掩，便是天花了。

天花是遮盖室内空间木构架的一种手段与方式。由于中国建筑的屋顶是人字形两坡顶，所以一旦在室内做了天花，可以使室内空间变得较为方正，但显然降低了室内空间的高度。梁思成《清式营造则例》一书写道："天花在《工程做法》里归在大木作之内，但是他（引者按：即它）于建筑全部的结构上没有根本的关系，功用与装修相同，所以应当归在装修项下。"这说明，起码宋人与今人在天花归属问题上的看法是有区别的。北宋《营造法式》把天花归于"大木作"（木构架）之内，显然有所不妥。因为从结构看，木构架这种大木作形制，是整座建筑的承重结构，而天花是不承重的，这便是梁思成所说的天花"于建筑全部的结构上没有根本的关系"的意思。

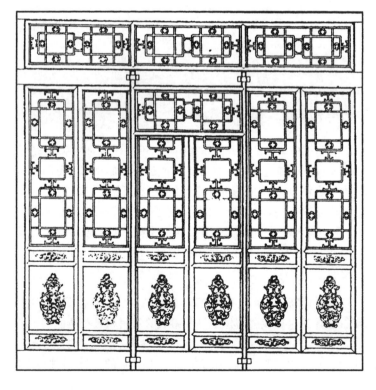

北京故宫碧纱橱图

藻井,兼具风水文化
意义与审美意义。

在中国建筑学上,天花属于小木作范畴。所谓小木作,不具有整座建筑承重结构的意义,它只是起空间隔断与组织空间的作用。中国建筑的门、窗、天花与室内种种分隔构件,都归属于小木作。

天花的造型有多种方式。侯幼彬《中国建筑美学》把它分为软天花、硬天花与藻井三类。所谓软天花,包括纸糊的顶棚与海墁天花两种;所谓硬天花,指井口;所谓藻井,包括圆井、八角井与六角井等造型。

藻井这种装修工艺的发明与施用,源自古人的风水迷信观念。藻者,水藻也;井者,水井也,都与"水"有关。中国建筑基本以土、木为材,室内的种种装修构件与摆设,也基本以木为材,最怕火焚。历史上经常出现的建筑毁于一旦的悲剧,大都来自天然或人为的火灾。因此,将这种室内顶部的装修称为藻井,在迷信的风水观念中,具有"灭火""压邪"的意义。尽管这意义是虚拟的,但是古人相信这一点,并且陈陈相因,传统的力量真是太顽强。

藻井在审美上往往很美观,其上常常有各种彩绘,风格一言

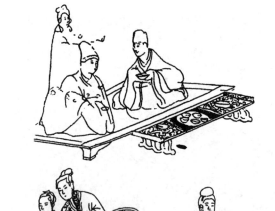

上图：从东汉洛阳墓室壁画《夫妇宴饮图》可以看到，东汉时人坐在矮足的榻上饮酒，前部安放的案也是矮足式的。

下二图：宋画《蕉荫击球图》中的长桌、交椅造型与禹县白沙宋墓的桌、椅造型，都是高足家具。

难尽。而就大致的审美风格来说，大约不出于辉煌与灿烂两大类。当然，藻井的取名也与其造型有关。有些藻井的造型是方格井字形，称为藻井也在情理之中。

　　三是室内地面的装修，这主要便是本书前文所说的铺地的室内部分（当然室外地面也可以有铺地这一装修方式），此不赘。

　　说到室内陈设，也是室内装修的重要构成，主要分为家具摆设，帷幕、帷帘布置，灯具与器玩之类的安放，字画的悬挂，绿化、盆景等的景观创造。这些同时与室内空间的光线强弱、光影变幻等因素有关。要营构一种氛围，除了各类合宜的装修，光线与光影是活跃的因素。

　　尤其值得注意的，是室内空间作为人居住、活动的环境，人的因素是装修是否美、美到什么程度以及创构何种风格的美的关键。装修的美是人创造的，为人欣赏，为人服务的，所以在装修风格、氛围和人的衣饰、气质与活动方式之间，必须达到和谐统一。一个私密性程度很高的小姐闺房，与一座用于议政的宫殿或是帝王的卧室，不可同日而语，二者的装修风格有天壤之别。《水浒传》里为林冲所误入的军机要地白虎节堂的森严冷峻,自然不同于《西厢记》里崔莺莺那种"待月西厢下"的温婉情调。装修之美一方面为人所创造,为人服务;另一方面,人与人的生命、生活本身,也是参与装修之美创造与营构的主体因素。

室内陈设种种,大都为求实用。家具是具有实用意义的室内陈设的基本内容。床、桌、凳、椅、柜、架、屏之类,都首先是为了实用而陈设在室内的,同时追求其审美。

从一般趋势看,中国家具的造型是从低矮向高足方向发展。大约在五代以前,中国人在室内习惯于席地而坐。这种室内生活、活动方式,使得室内家具偏低矮,有一种"匍匐在地"的生活品格。这种文化方式与传统,在接受中国起居文化影响的日本、朝鲜与韩国那里,至今还多少保持着。

在中国本土,早在五代前后,中国人在室内的坐式,就已从席地而坐基本转变为垂足而坐。于是相应的,高足型家具代替了矮足型家具。

五代顾闳中《韩熙载夜宴图》(宋摹本,局部)所表现的高足、靠背家具

当然,由于地域、气候的不同,情况也有些区别。南方地区的家具从矮向高的转变比较彻底。人坐在高足的凳、椅之上,身体姿态比较舒展而自然,床的足高一些,正如椅子、凳子与桌子等的足高些那样,使得人在室内的活动重心可以离较为潮湿的地面远些。是否可以这样说,历史上南方中国人之所以比较彻底地废除席地而坐的习俗,改为使用高足家具,与南方的建筑室内地面比较潮湿有关。相比之下,北方在很长的历史时期内是高、矮型家具并用的。北方气候偏于寒冷而比较干燥,在冬季采用火炕取暖。这种土炕,实际是一种高足家具。土炕作为一般民居室内的主要家具,承担了许多生活内容,如休眠、用餐、作针线活甚至会客聊天之类,都在炕上进行。于是又衍生出一套炕上家具,便是小型、轻便而又矮小的炕桌、炕几之类,而人在炕上,依然是"席地而坐"的。

附录　中西建筑比较

　　这里，我想就中国建筑与西方建筑，作些简略的比较。由于中、西建筑文化本身的丰富性、民族性与历史性，充满了"意外"与特殊，由于所掌握的资料也嫌不足，所以这种比较是初步而大致的，在某种意义上，也是相当困难的。这里先说明一下，所谓中西比较的"西"，实际指以古希腊为传统的欧洲建筑。在欧洲建筑中，有古希腊、古罗马以及此后的意大利、法兰西、西班牙、德意志、英格兰与俄罗斯等建筑的区别。并且，不同历史时期，欧洲各民族的建筑文化，在文脉发展中也往往各具时代特点，情况是丰富多彩、非常复杂的。

　　虽然如此，就宏观而言，毕竟整个欧洲建筑具有共通的文化特征与文化内涵，其建筑个体，也体现了这一特征与内涵，它与中国建筑的文化反差是强烈的。

以土木为材与以石为材

　　材料是建筑及其文化的基本质素。大凡各民族、各时代建筑的种种文化反差，是从不同材料起步的。

　　概括来说，中国建筑主要以土木为材，西方建筑主要以石为材。

　　中国建筑以土木为材这一点，全书已有论述，这里从略。

　　我们来简略谈谈西方的"以石为材"。西方把建筑称为"石头的史书"，形象贴切地道出了西方建筑基本的材料特性。

　　这种以石为材的建筑文化传统有一个历史发展过程。在人类建筑的原始草创时期，建筑以什么为材料，遵循着一个"因地制宜"的文化原则，即什么地域有什么材料可供利用，便一般地决定着建筑以什么为材。当然，这里还有一个社会生产力问题，尤其社会生产力的主角即人已能掌握什么生产工具来开采、加工某一材料，也是具有决定意义的。

比方说在古埃及时代，尼罗河两岸一向缺少质地优良的建筑木材，因而古埃及人的原始房屋，开始时一般是由棕榈木、芦苇、纸草和黏土建造起来的。虽然那里有自然的花岗石材可供利用，但是因为当时的古埃及人还没有历史地、自觉地"凝视"过这种建筑材料，并且社会生产力还没有进步到能提供有效的生产工具，足以把沉重、坚硬的花岗石开采出来。直到公元前3000年的埃及古王国，出于文化的"觉悟"与社会生产力的提高，采石才成为现实。于是这种石材进入人们的文化视野。这种石材具有坚硬的质地、无比的沉重感、不易被自然力与人力损蚀的特点，加上人对石材的神秘想象，使得它在技术上、文化上成为建造大型、坚固、神圣、静穆的金字塔所必需的理想材料。

在欧洲远古时期，情况也大致类似。公元前8世纪初，在巴尔干半岛、小亚细亚西岸和爱琴海诸岛上出现了诸多小型的奴隶制国家，由于古代的移民运动，又在意大利亚平宁半岛、西西里和黑海沿岸建立许多国家，在历史、文化上被历史学家称为古希腊。

古希腊的早期建筑，也曾经是以土木为材的。这种历史选择，也遵循因地制宜的原则，这是这里自古并不缺乏泥土与木材的缘故。早期希腊庙宇（神庙）与其他建筑尤其是原始民居，是以土木为材的。古希腊人也曾经热衷于或者说不得不去建造木构架（当然，这种木构架在结构上不同于中国的木构架）建筑，远古希腊的制陶业也发展很早，公元前7世纪，已经发明了制陶术，并在建筑物上使用了陶瓦之类。并且烧制陶片，在建筑的柱廊额枋以上的檐部用陶片贴面，目的是保护木构架免遭火灾与水腐。

但是古希腊不久就弃木构而为石构建筑。其文化成因，不是希腊本土一下子找不到土木材料，或是突然涌现了大批石材的缘故，也就是说，建筑材料的自然条件、背景并没有根本变化，促使古希腊人弃木而就石的原因有二：一是生产工具的发展，使采石成为可能；二是其根本的文化之因，是宗教观念的发展，促进古希腊一下子历史地领悟到石材所隐喻的宗教神秘感与神圣、伟大的美感。

早在新石器时代后期，在非洲、亚洲的印度以及欧洲，曾经由于原始宗教与巫术文化观念的刺激，出现过一种"巨石建筑"，造型多样，大致可分为六类：（1）三石：树立二石于地，以一石覆其顶部；（2）桌石：以三石为桌腿，其上覆以一巨石；（3）石坟：基本样式由"三石"而演变为种种复杂型，为公共墓地建筑；（4）立石：单独竖一巨石在原野上，类似后代的图腾柱；（5）列石：诸多巨石排列成行，长度可延绵1000多米；（6）环石：排列许多石头成圆形或椭圆形平面构图。

这种原始巨石建筑，不同程度出现在今天欧洲的丹麦、挪威、瑞典、法国、德国北部、荷兰、葡萄牙、西班牙、英国等。在上古欧洲,这种巨石建筑不是普遍的建筑现象,但有两点是值得注意的,即一是以石为材;二是其建造观念的预设,是相信巨石的神性与巫性。巨石建筑,其实是上古欧洲巨石崇拜的一种大地文化方式。通过巨石的建造,尤其是列石、环石的建造,体现一种原始神话与巫术观念,即企求在天地间划出一个令人感到"安全"的空间。

可见在欧洲原始文化中,有一种根深蒂固的原始图腾、原始神话与巫术意义上的"恋石情结"。当时生产力十分低下,采石十分艰难,但是狂热的原始宗教情感与意志,促使先民作出超常的努力来建造巨石建筑,体现出欧洲古人在原始意识培育中对于石的嗜好与追求,成为一种原始的、少见的却是执着的石材建筑的历史"预演"。由此不难理解,欧洲石材建筑的传统源远而流长。

石材建筑自古希腊到西方现代主义建筑崛起的20世纪初期,在这二千多年间,成为欧洲建筑的文化主流。古希腊的大量神庙,是石造的;古罗马的大量神庙以及斗兽场、广场与浴场等世俗类建筑,是石造的(当然,古罗马时已发明了原始意义上的"混凝

古希腊帕提侬神庙
东立面的石柱造型

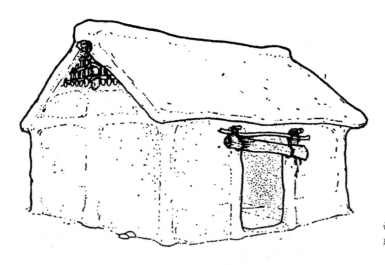

西安半坡遗址土木
建筑想象图

土"，其主要成分是火山灰、石灰与碎石的混合，称为天然混凝土，
大约于公元前2世纪成为独立的建造材料）；中世纪的欧洲宗教类
建筑（主要是教堂），是石造的；一直到文艺复兴时期建筑，17世
纪古典主义建筑，18世纪的宫殿、宗教与官方建筑，其主要形制，
都是石结构的，区别仅仅在各个历史时期结构与用材的规矩不同
罢了。

　　在审美上，以土木为材的中国建筑质地熟软而自然，可塑性
强，在质感上显得偏于朴素、自然而优美；以石为材的欧洲古典建
筑质地坚硬、沉重而可塑性弱，在质感上比较刚烈而显得阳刚气十
足。木材是植物，泥土也与植物攸关，植物是有生命的，因此仅从
材料角度看，以土木为材的中国建筑，可能比欧洲的石材建筑更具
有可人的生命情调。由于石材在材料本质上而不是在文化隐喻上
的无机性，石材与人的关系，要相对地紧张一些。也就是说，石材
本身的质地与自然形状，决定了它具有一种对人的自然推拒力，而
不是木材那样对人的亲近感，石材的文化意义上的冷调子与崇高
感，首先是由石材的自然属性衍生出来的。在审美上，如果说中国
的木构建筑一般富于阴柔之美的话，那么，欧洲的石构建筑，则一
般地富于阳刚之美，它的力量感、力度与刚度感，以及由此而衍生
的崇高感甚至是威慑感，有一部分或者说在一定意义上，是由石构
建筑的石材本身的造型与质地所决定的。

结构美与雕塑美

在某种意义上,材料的性质决定了建筑的结构方法与逻辑。中西建筑材料强烈的文化反差,造成了中西建筑结构上的区别。

概括来说,中国建筑个体的基本结构始于原始巢居与原始穴居。杨鸿勋《中国早期建筑的发展》一文曾揭示了“巢居发展序列”与“穴居发展序列”,并且精彩地指出沼泽地带源于巢居的建筑发展,是穿斗结构的主要渊源,而黄土地带源于穴居的建筑发展,是土木混合结构的主要渊源。这一见解,把中国建筑的穿斗式结构与土木混合结构的“来龙”与“去脉”清楚地揭示出来了。

中国建筑的个体的结构“语汇”与“文法”有多种。比较常见的,是木构架之一的叠梁式。其结构特点,是立柱之上架梁,横梁上再构筑短柱,短柱之上再架以横梁,一直到最上层构以主脊瓜柱,用以承构脊檩,构成一个层叠式的木构架。逻辑清晰,结构严密,用材较费,却由于横梁跨度较大,使得室内空间比较开敞。横梁跨度较大,势必在跨度与荷载之间形成矛盾。因此,一些开间较大的重要建筑木构架上,承载出挑的斗栱是不能不用的。

另一种木构架结构方式是穿斗式。这种结构方式,以山面的密柱(柱径较细)落地、落地柱与短柱直接承檩为基本特点,立柱之间用穿枋相构而不是架以横梁,并由出挑的枋木来承接出檐。还有一种基本结构,是土木混合结构。它是土与木的结合与“对话”。在原始穴居时代,这种建筑基本以土为材。一旦结束穴居时代,从穴居走向半穴居再发展到地面营构时,便变成以木构为主要承重构件,所谓木骨泥墙与木椽泥顶之类,已经在土木混合结构中加大了木的分量。而所谓土木混合结构,实际在承重上还是以木构为主。

无论中国建筑的叠梁式、穿斗式还是土木混合式,作为建筑个体,都是由屋顶、屋身与屋基(台基)三部分有机地构成的。这便是北宋名匠喻皓《木经》所说的“凡屋有三分,自梁以上为上分,地以上为中分,阶为下分”。梁以上是屋顶,地面以上梁以下是屋身,而屋身以下,包括阶、台基等,是屋基。

中国建筑的这种三分制,在逻辑上是很清晰的。其中汉族建筑的人字形两坡屋顶,是中国建筑空间造型之最显著的结构美特征。尤其是由屋顶木架结构所决定的反宇飞檐的空间造型,被日本学人伊东忠太《中国建筑史》一书,誉为世界建筑中属于中国的“盖世无比的奇异现象”。梁思成《清式营造则例》第一章“绪论”谈到中国建筑屋顶之美时说（该文由林徽因撰写于1934年）：

> 历来被视为极特异极神秘之中国屋顶曲线，其实只是结构上直率自然的结果，并没有甚么超出力学原则以外和矫揉造作之处，同时在实用及美观上皆异常的成功。这种屋顶全部的曲线及轮廓，上部巍然高耸，檐部如翼轻展，使本来极无趣，极笨拙的实际部分，成为整个建筑物美丽的冠冕，是别系建筑所没有的特征。

中国建筑的屋顶非常多样，是中国建筑空间造型之最精彩的一笔。大凡汉族建筑的屋顶都是有坡度的，当然，有的坡度平缓些，有的陡峻些。唐代建筑的屋顶坡度就很平缓，檐部出挑深远，无论在日照还是月辉之下，都在地面投下一大片美丽的阴影，让人深感其美。清代建筑的屋顶坡度峻急，有耸峙之态，给人以严肃的感觉。而反宇飞檐的曲线之美，美在本是沉重的、由土木所营构的屋顶重载，在观感中一下子失去了沉重感，它的轻盈的美感，渗融着欢愉的情调。还有的中国建筑屋顶的檐口，呈为一条微微反翘的弧线（关于这一点，在历史上深受中国建筑文化影响的韩国古典

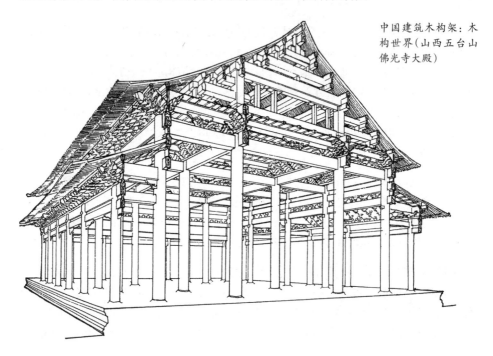

中国建筑木构架：木构世界（山西五台山佛光寺大殿）

建筑的屋顶檐口造型中也能见到），实在可以说是"柔情万种"，美不胜收。

中国建筑的美，表现在各方面，但首先是结构的美。请欣赏一下山西五台山佛光寺大殿的木构之美吧，试问，你的感受究竟如何呢？屋顶、屋身与屋基的美是统一而多样的，逻辑联系是通顺而严密的。正因如此，一旦一座中国土木结构的建筑损坏了一柱一墙，或是倾塌了一个屋角，也会使人觉得残损不全。同时，中国建筑对建筑个体固然是重视的，而更注重的，是由个体所构成的群体组合，这也是一种结构美。

这种群体组合最讲究的，是一种展现在大地之上的逻辑与结构。主题建筑，副题建筑，中轴对称，一重或数重进深，或是大型群体组合与主轴相平行的副轴序列的组织与安排，那么多建筑个体被组织在一个群体中，显得主次分明，轴线森列，在多重进深的序列中，安排一个又一个庭院（院落），其建筑结构的"蒙太奇"，无不"理性"得很。好比一篇好文章，写得层次清晰、主题突出、层层递进而结构完整，"说"得头头是道。中国建筑，反映了结构的条理性，可以说毫不含糊。在中国建筑中，那种迷宫式的建筑群体组合是十分罕见的，它体现了一种根深蒂固的人间秩序与清醒的世俗理性精神。

这种建筑结构，是社会结构的大地文化方式。

中国社会，自古以血亲关系为基本结构"细胞"。王国维《明堂庙寝通考》说得好：

> 我国家族之制古矣。一家之中，有父子，有兄弟，而父子、兄弟又各有其匹偶焉。即就一男子言，而其贵者有一妻焉，有若干妾焉。一家之人，断非一室所能容，而堂与房，又非可居之地也。……其既为宫室也，必使一家之人所居之室相距至近，而后情足以相亲焉，功足以相助焉。然欲诸室相接，非四阿之屋不可。四阿者，四栋也。为四栋之屋，使其堂各向东西南北，于外则四堂，后之四室，亦自向东西南北而凑于中庭矣。此置室最近之法，最利于用，亦足以为观美。明堂、辟雍、宗庙、大小寝之制，皆不外由此而扩大之、缘饰之者也。

中国自古的"家族之制"对中国建筑群体组合有深刻影响；建筑的群体组合，又反过来体现"家族之制"的礼。家族结构与建筑结构，在文化意义层次上是同一的。这种礼的结构、结构的礼，不仅体现于一家一户，体现于"明堂、辟雍、宗庙、大小寝之制"，而且也体现于历代帝王宫殿如明清北京紫禁城中。

比较而言，西方建筑尤其欧洲建筑，并不执着于结构之美，而是追崇一种雕塑般的建筑美。

欧洲的石构建筑自然是有结构的，大凡建筑，都具有一定的结构，无结构的建筑是不存在的。就连现代的所谓解构主义建筑，虽然在观念上标榜"解构"，好像是反对"结

古希腊雅典卫城帕提侬
神庙立柱（部分）

构"的，但实际上也是自有它的结构的。不过这种结构、逻辑，故意
被弄得不"通顺"，带有非理性因素罢了。

大名鼎鼎的古希腊帕提侬神庙，在立面、平面与剖面，在地坪、
立柱与山花，在内外部空间之间，都具有一定而合宜的数的比例，
这种"数的结构"是非常美的。

从古希腊到古罗马的文化传统里，雕塑艺术是一股重要的文
化力量。一方面是在建筑环境里，欧洲的人体雕塑艺术历来顽强
地成为建筑文化的美的装饰；另一方面，雕塑艺术的美的观念与方
法，对建筑的结构与建造，具有巨大而潜移默化的影响。尤其欧洲
建筑经过巴洛克文化（主要盛行于文艺复兴后的意大利）与洛可可
文化（主要盛行于17世纪古典主义建筑兴起后的法国）的伟大洗
礼，以营造的手段使建筑具有雕塑般的美。

举例来说，欧洲建筑尤其是神庙以及其他重要建筑物的立面
上，往往设以柱廊，或为陶立克式，或为爱奥尼式等。这种柱式的
出现，主要功能不是为了承重，因此，它在建筑结构上的意义是极
有限的。相反，欧洲建筑柱廊与柱式的设立，是为了抽象地表现人
体的雕塑美，是一种抽象的"石质人体"。

　　欧洲建筑一般都很注重建筑立面的"塑造"而不是"结构"。尽管这种塑造也是有结构的,然而欧洲建筑的结构是通过塑造来实现美的创造的,或者说,是结构在内,塑造在外。因此从外表看,欧洲石构建筑的雕塑感尤为强烈。

　　建筑师们带着强烈的追崇雕塑美的创作冲动与情绪,来处理建筑的结构问题。也就是说,他们更多地以雕塑艺术的眼光来审视与解决结构问题。他们仔细推敲建筑物的外立面形象的雕塑感,建筑的空间造型、轮廓、体量与尺度,以及立面的各种比例、虚实、明暗、凹凸与起伏,这些是注目的中心。以营造手段,千方百计表现建筑尤其是建筑个体的体积、重量与力度感。如果去巴黎"读"雄狮凯旋门,那种雕塑感是震撼人心的。

　　雕塑感是欧洲古典建筑的巨大美感,是一种顽强的美感。关于这一点,即使是勒·柯布西埃的现代主义建筑杰构朗香教堂,也一定会让我们印象深刻。我们看到,朗香教堂这样的非"古典"作品,其雕塑感也非常强烈,可以看作欧洲古典时期建筑的雕塑传统与文脉在新世纪的延承与发展。正因如此,当西方现代主义建筑一方面延承建筑的雕塑传统,另一方面企图改变这一文化传统的时候,在人们的文化心灵上就激起了轩然大波。这方面最典型的例子,是法国巴黎蓬皮杜文化中心建成之初,人们怎么也不习惯这座现代主义建筑把"结构"暴露在外(俗话称"翻肠挂肚")的"美"(因为它缺乏传统意义上的雕塑美),这可以看作西方人对建筑雕塑美的一种历史性的留恋。

　　在欧洲建筑的石质、石构立面上,也往往有诸多雕塑艺术作品出现,在建筑空间环境中,作为装饰,也到处是雕塑作品的陈设与

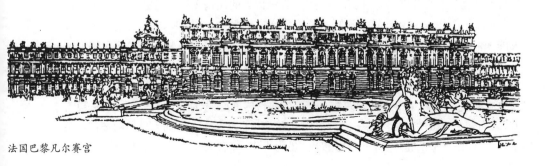

法国巴黎凡尔赛宫

布置，其原因，与欧洲人心目中往往要求建筑的空间意象具有雕塑之美相关。

在古代欧洲，伟大的建筑师，往往也是伟大的雕塑家或是雕塑艺术的推崇者、欣赏者。这里，只要想起文艺复兴时期的文化巨人米开朗琪罗就可以了。这位伟大的雕塑大师，也是伟大的建筑师。他曾经主持设计过圣彼得大教堂。米开朗琪罗进行建筑设计时，总是不肯严格地遵守建筑的结构逻辑与规矩。陈志华《外国建筑史》指出："米开朗琪罗倾向于把建筑当雕刻看待。爱用深深的壁龛、凸出很多的线脚和小山花，贴墙作四分之三圆柱或半圆柱。喜好雄伟的巨柱式，多用圆雕作装饰。强调的是体积感。"此言甚是。

由此也便不难理解，为什么罗马建筑理论家维特罗威的《建筑十书》总是谈论建筑的"塑造"问题，而中国建筑的两大"文法课本"（梁思成语）即《营造法式》与清工部《工程做法则例》，要那般不厌其烦地叙说建筑的各种结构与模数问题。

中国建筑的结构美，主要表现为建筑个体各部分之间的和谐与逻辑严密、条理清晰，由于以木为构，就发展了一种中国自古所独有的榫卯技术。这种技术，早在约七千年前的浙江余姚河姆渡干阑式建筑文化中，就已有较为成熟的表现。木构架的榫卯技术的普遍运用，使得木构架结构紧密，构件与构件之间的拉力强。有的建筑的木构架，整个儿施以榫卯结构，从上到下不用一颗钉。建于辽代的山西应县木塔，就是这样一个建筑杰构，它是中国现存年代最久、造型最高大的地面木构建筑，真可谓"鬼斧神工"。

中国建筑的结构美，还表现在建筑个体与人之间所构成的群体组合。在这组合中，体现出社会结构、伦理结构的思想观念与价值，这是正文已经谈到过的。关于这一点，无论从《周礼·考工记》所规定的"营国"制度，还是在宫殿建筑群、坛庙、陵寝与民居的建筑群上，都有鲜明的体现。

中国建筑的结构美，还体现在建筑个体、群体与环境之间的文脉联系上。这种环境指自然环境与人文环境，以及两者的关系。在中国人的建筑文化意识里，出于"天人合一"的哲学意识，一向把建筑看作自然环境系统的有机构成，也追求建筑与有关人文环境的和谐统一。就建筑与自然环境来说，这是一个天人合一的"大结构"，表现出人通过营造方式所能达到，或渴望达到的人与自然的亲和关系。这就等于说，中国建筑不仅在人文系统中具有内在的血缘，以及建立在血缘关系基础上的人文结构，而且当建筑必须面对自然的时候，它并不把建筑物自身看作向自然进击，从而征服自然的一种手段与方式，而是努力融渗在自然之中，安静地、亲和地与自然"对话"，拥入自然的怀抱。关于这一点，最典型的是中国的园林建筑。"虽由人作，宛自天开"，是建筑与自然进行亲和"对话"最根本的一条美学原则。

相比之下，欧洲建筑的石结构自有其文化特色。不是说欧洲建筑无结构，而是其结构的"语汇"与内涵不同于中华传统。就建筑个体来说，其空间造型一是努力突出个性特征，二是努力建造得尽可能高大。

欧洲建筑个体的美，如仅就从古希腊到中世纪来说，大致经历了三次重大变化：古希腊建筑普遍使用石材，其形制基本为平顶式，以石柱撑持下向压力，以柱式作为建筑立面的基本特征与特殊符号；古罗马采用天然混凝土，一般取圆顶式，筑天然混凝土厚墙支持下向压力，当然，这个历史时期的建筑，仍同时普遍使用石材以及石结构；中世纪呢，仍以石结构为建筑的基本旋律，取尖顶式，变罗马重拙大的风格为高秀，墙上多嵌染色玻璃窗，窗格有时做成蔷薇纹，墙薄而屋高，不能撑持上层的旁向压力，于是在墙外竖斜扶柱，犹如中国破旧房屋的撑木，有的教堂便是如此。这三种建筑各有主要的线条，希腊用横直线、罗马用弧线（半圆形，即所谓桥拱）、高惕式（指中世纪教堂的一种样式、风格）用向上斜交线（即所谓尖顶）。

中国建筑有追崇博大的文化传统。这种博大，主要体现为群体组合，向地面四处铺开。就建筑个体而言，也是努力建造得高大，中国古代的灵台、佛塔以及宫殿主殿等，都是很高大的。然而，由于受材料（土木）与由材料性能所决定的技术的限制，大凡建筑个体，不可能建造得十分高大。因此中国建筑的"大"，主要通过群体组合来体现，北京紫禁城就是代表之作。

欧洲建筑就不同了。欧洲建筑也追崇高大，但主要体现于建筑个体。古罗马城里的一个大角斗场（斗兽场）作为建筑个体，其平面呈椭圆形，长轴188米，短轴156米；中央角斗区域的长轴86米，短轴54米。这个斗兽场的四周筑起一圈观众席，其立面高48.5米，分为四层，能容纳八万人观看斗兽竞技，可谓大矣。古罗马的万神庙也是一座巨大的建筑，其

古罗马万神庙

穹顶直径达到43.3米，顶端高度也是43.3米，以天然混凝土营造的墙厚6.2米，实在也是庞然大物。至于中世纪的哥特式（即前文提到的高惕式）教堂，作为建筑个体，由于技术的进步，就造得更为高大了。德国科隆主教堂中厅的高度为48米；建于12世纪的夏特尔主教堂的南塔高达107米；法国斯特拉斯堡主教堂（建于12世纪末）屹立在莱茵河畔，其高度为142米；至于建造于1337年、毁于16世纪的德国乌尔姆市主教堂的高度，竟达到161米。

凡此可以说明，欧洲建筑具有个体崇高的美学特征，在文化上，可以看作张扬个性、崇尚个体形象的表现。欧洲建筑也不是没有任何群体组合，一座城市的建筑都是由一个一个的群体所构成的，然而这种群体的文化内涵，一般不具有"礼"的特性，不重视血亲与家族的维系，这一点也是需要注意的。

庭院与广场

李允鉌《华夏意匠》称中国建筑是"门的艺术"。这话自然不错。中国建筑追求群体组合的空间造型、生活情调与美学效果，由于是群体组合，故一个群体中的建筑个体之间的人流交往与空间联系，实际是由一道一道的"门"来实现的。到处是门，是中国建筑群体组合的鲜明特色。

从建筑群体看，中国建筑不仅是"门的艺术"，其实也是"庭院的艺术"。因为是群体，这个群体中营构了一个又一个庭院。比方说去北京故宫参观，转来转去所看到的建筑物之间的空间，其实就是许多庭院。现在的天安门广场以及太和殿前的广场等，是扩大了的中国建筑庭院文化在宫殿建筑群中的体现。在民居群体组合中，庭院是与民居同在的。在孔府可以见到诸多庭院，在歙县的民居建筑群里也到处有庭院。就连几重进深的寺院或道观，也是具有多个庭院的。庭院是中国建筑的一个标识。

在这空间序列中，设置了许多门，还有一个接一个的庭院，这庭院不是西方意义上的广场。

庭院有多种布局与形制。小型的建筑群体组合，是以独立的院落为中心来构成的；大型的建筑群体，则意味着由数个院落组合起来。

中国最常见的庭院是四合院、三合院、二合院。总的特点是，由数座建筑个体与墙、廊等围合而成，一个院落接一个院落，构成进深的序列。另一种基本的庭院模式是所谓廊院式。侯幼彬《中国建筑美学》说：

廊院是以回廊围合成院，沿纵轴线在院子中间偏后位置或北廊设主体殿堂。殿堂或一栋，或前后重置二三栋。最初只在前廊中部设门屋或门楼，后来常在回廊两侧、四角插入侧门，角楼等建筑。廊院式是早期大型庭院的主要布局形式。

这种廊院式，早在河南偃师二里头早商（晚夏）宫殿复原图中已可见到，这是为建筑考古所证明了的。在汉代，廊院式仍是官邸与民居的一种基本布局方式，直到隋唐的寺院，依然可见廊院制度的建筑个案。唐之后，廊院式逐渐向廊庑式转变，到宋元的时候，廊庑式大盛，发展到明清之间，又为合院制即四合院、三合院与二合院所代替。

从历史看，中国建筑的庭院形制、平面布局可以变化，但庭院文化本身却是文脉所系、一脉相承的。中国人有一种"庭院情结"，所谓无庭不成居，此之谓也。庭院是中国建筑的一口"气"。庭院不在其大小，在于这一口气，有气则灵，灵不灵就凭这一口气。

相比之下，欧洲建筑由于不重视根源于血亲、家族观念的群体组合，故没有庭院的崇高地位。中国庭院式那种围合、封闭的文化模式，也不契合西方人的文化口味。在西方，庭院一般不受青睐，是理所当然的。对西方人来说，所谓"庭院深深深几许""侯门深如海"之类的建筑意境，是难于体会的。

欧洲建筑不走庭院这一条路，却很早走进了"广场"。

在西方，广场的出现很早。早在古罗马时代，广场作为一种建筑形制，就已进入了市民的生活。广场是与城市一起成长、成熟的，它是城市政治、经济与文化交往的区域。古罗马共和时期的罗曼努姆广场，以及此后所营造的恺撒广场与奥古斯都广场、图拉真广场，是罗马城最精彩的建筑乐章之一。广场提供了一个人们交往的公共场所，以其没有屋顶、空敞与开放的态势，成为一座城市涵虚的存在。这里可以是人群集结之处；可以听到政治家滔滔的雄辩或陈词滥调的宣传；也可以是城市交通的要道、城市雕塑与其他文化活动的"炫耀"之地……

不管怎样，广场是欧洲城市建筑的一个标志，它体现了西方人袒露、开放的文化心态。它不像中国古代建筑是由围墙所围合的一个一个建筑单元，在这围合的空间里，住着一个个血亲家族，或者虽然实际上并无什么血亲联系，却在文化观念上把它看作有血亲关系的。中国城市很早就发展了一种称为里坊的制度。里坊是由四周围墙所围合的（当然，里坊围墙设大门以供出入），在这里坊内，是一个院落接一个院落。古代中国人不习惯城市广场的坦率与喧闹。

在欧洲，广场往往是城市的中心，在广场四周，建造政府大厦、神庙、教堂、剧场、商场甚至作坊与居民区，广场是一种富于民族个性的建筑文化。意大利文艺复兴时期的

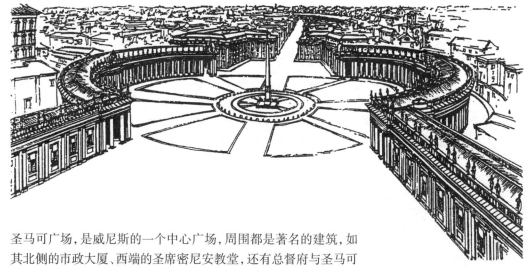

圣马可广场，是威尼斯的一个中心广场，周围都是著名的建筑，如其北侧的市政大厦、西端的圣席密尼安教堂，还有总督府与圣马可图书馆等，奏出美妙的建筑的"音乐"。这个广场并不用于提供城市交通的方便，它只是休闲、集会的场所。广场在平日只供游览与散步，人们可以从城市的四面八方、从通向广场的曲折的小街陋巷走出来，来到广场与亲朋好友聊天、交往，广场被称为"露天的客厅"。广场的文化氛围很浓郁，诗人、画家、歌手与广场鸽一道，成为广场葱郁的风景。广场好比是一个由许多溪流入注的湖泊，许多鱼从一条条城市的"小溪"（街巷）中游过来，游进广场，在这湖泊里自由地嬉水。

意大利罗马圣彼得广场

广场是欧人社交的中心。这不同于中国的庭院，庭院是一家一户的私密空间，有一种"外人莫入"的排他性。庭院自然是没有屋顶的空间，这一点与广场无甚区别，但庭院对外人而言，是"非请莫入"的。广场则不然，它具有全民性质而不具有排他性。所以，如果说庭院是宁静而封闭的，那么广场则是流动而敞开的。庭院的内敛性，是中国人自古内敛、沉静、含蓄之个性的体现，是田园风光在建筑文化中的一种折射；广场的开放性，是欧洲人活跃、好动个性的体现，在中国古人还没有感到建造广场的必要性的时候，欧洲人已把广场像模像样地建造起来了，为的是给公众提供一个生理休憩与心理悦乐、精神寄托的空间。这并不是说中国的庭院与欧洲的广场在文化品位上有什么高下，而是说二者在文化品格与个性上有不同。无论庭院还是广场，都是各具文化魅力的。

人的营构与神的营构

大凡建筑，无论中西，都是人工的营造，归根到底都是为了人的目的而建构起来的。然而从建筑样式、类型来说，还有世俗性建筑与宗教性建筑的区别。

在中西之间，有一个建筑文化现象是十分显明的，即中国古代的宫殿类等建筑的繁荣与西方古代宗教类等建筑的繁荣有着强烈的反差。

这里可以从中西比较的角度，谈谈欧洲建筑的所谓神性。

意大利著名建筑理论家布鲁诺·赛维在《建筑空间论》中讨论欧洲建筑文化精神关于人与神的冲突时指出，在建筑史上，这一建筑的文化主题是不断转换的：

> 埃及式＝敬畏的时代，那时的人致力于保存尸体，不然就不能求得复活；希腊式＝优美的时代，象征热情激荡中的沉思安息；罗马式＝武力与豪华的时代；早期基督教式＝虔诚与爱的时代；哥特式＝渴慕的时代；文艺复兴＝雅致的时代；各种复兴式＝回忆的时代。

从精神层次看，建筑与其他人类文化一样，也是以人与神的冲突、调和作为其永恒的文化主题的。

在古希腊之前，有所谓建筑的埃及时代。埃及建筑的古老文明，自然不属于欧洲建筑文化范畴。但古埃及的文化包括建筑文化，正如其在历史上影响印度那样，也多少影响过古代欧洲，所以赛维把欧洲建筑文化的历史起点与"埃及式"相联系，是有道理的。

古埃及建筑的典型之作当推金字塔。在一个社会生产力十分低下的时代里，人无力对抗自然，便容易产生对自然力的盲目崇拜。同时崇拜世俗生活中帝王（法老）的无上权威。这两种崇拜在文化精神上是相通的，既相信大漠、长河、高山是神圣、神秘的，又把人间帝王看作神在人间的杰出代表。金字塔的建筑构思，体现了人对自然神兼人间帝王的顶礼。相对于大漠空寂，在尺度上，金字塔不可动摇。金字塔本是人工的杰构，体现了古埃及人无比的创造智慧与力量，然而金字塔一旦建造起来，却异化了人的本质，反而使人显得渺小。金字塔使人的残骸与灵魂同时得到安息与超度，这是为了讨好神灵。

古希腊的神话传说十分发达。住在奥林匹斯山上的，有整整一个神圣家族。古希腊神话中的神是人性化了的，神性的人与人性的神，是意义上的同构。这使得那么繁荣的希腊神庙的文化意蕴，在神的灵光与阴影里，显露出人性的理性闪光。古希腊建筑尤其是神庙，具有神的灵魂与人的心灵。它的美在柱式文化中体现得尤为充分。陶立克柱式与爱奥尼柱式，分别象征男性与女性人体的美。这种美在世俗层次上基于肉欲，却向心灵超拔，而且不是一般的心灵超拔，因为这里蕴含着神性。我们惊叹古希腊建筑那种"高贵的单纯，静穆的伟大"，这种阳刚气十足的美，一旦离开了神性的熔铸，便是无法建构的。

古希腊建筑被赛维称为"优美"，这是与古埃及金字塔的拙大与"敬畏"相比较而言的。与金字塔这样的建筑美相比，古希腊帕提侬神庙及其柱式那般的美，大约只能称为优美，因为在尺度上，在质感与品格上，都无法与古埃及金字塔的真正伟大、沉雄与刚性的美相比拟。但是将神庙的美与中国民居或是园林建筑这样真正的优美相比较，则显然又是阳刚的美，它体现了人与神的一种"对话"方式。

欧洲中世纪，一个"神"统治的时代，古希腊建筑的"热情激荡中的沉思安息"，以及古罗马建筑所体现的"武力与豪华"之中所绽露的人性的晨曦，在此时几乎被抹去，代之以虚幻的神的光辉笼罩世界，却迎来了建筑文化新的时代精神。哥特式教堂集中建造，千百年屹立在欧洲的原野上，以其鲜明的个性、石结构与冷色调，指向苍穹的尖顶与高旷的内部空间，渲染神秘而崇高的宗教气氛。

正如黑格尔《美学》所说，教堂的尖顶自由地腾空直上，使得它的目的性虽然存在，却等于又消失掉，给人一种独立自足的印象，它具有而且显示出一种确定的目的，但是在它的雄伟与崇高的静穆之中，它把自己提高到越出单纯的目的而显示它本身的无限。尖顶是中世纪建筑的宗教性标志，它最后把信徒的理想引向天国，方柱变成细瘦苗条，高到一眼不能看遍，眼睛就势必向上转动，左右巡视，一直等到两股拱相交，形成微微倾斜的拱顶，直至尖顶冲天才安息下来。就像心灵在虔诚的修持中，起先动荡不宁，然后超脱有限世界的纷纭扰攘，把自己提升到神那里，才得到安息。

中世纪教堂关于人与神的冲突，基本是以神的灵光压倒人性为特征的，却并不等于说人性彻底泯灭了。实际是教堂在神性的炫耀中，依然不能脱去人性的底色。神是由人创造出来的。在神那里，人一方面变得渺小与软弱，但另一方面，神的理想里往往寄寓着人的理想。歌德说："十全十美是神的尺度，而要达到十全十美是人的尺度。"人不能绝对地到达"十全十美"的彼岸，却总是向往。因而在神的尺度里，已经体现了人之追崇理想的诉求。从这一意义看，中世纪的教堂是曲折地、夸大地在神那里体现人的精神向往，以及人对完美的"渴慕"。神是多么了不起的一件人工杰作，它在彼岸、在天上，是颠倒了的人的伟大形象。人在教堂里向神跪倒，实际是人在向另一个被夸大、美化了的"人"自己的顶礼膜拜。

中世纪之后的文艺复兴、古典主义以及此后的欧洲古典建筑时期，人与神的冲突与调和的文化主题，一直体现在各个历史时期的宗教建筑上。即使是一些世俗类建筑，也可能在空间造型上留下宗教类建筑的特有"语汇"与符号。

无疑，由于欧洲自古以来宗教的发达，宗教建筑一直是建筑这一"大地上的音乐"的"第一提琴手"。关于这一点，与中国建筑很不同。

中国不是没有宗教建筑，佛教建筑、道教建筑以及伊斯兰教建筑等，在某些历史阶段还曾经是非常热门的建筑类型。然而即使是宗教建筑，也是中国式的。在儒、道、释冲突与调和的文化中，由于以儒为代表的中国传统文化的强大与顽强，由于中国自古是一个"淡于宗教"（梁漱溟语）的民族，中国的宗教建筑尽可能地收敛神的灵光，而舒展人性的身姿。

在中国寺院建筑上，就有许多"渎神"的做法与文化符号。比如，平面的中轴对称布局，其文化本色是儒家所推崇的"礼"。礼文化本来不是印度佛教所关怀的对象。佛教入渐中土之初，中国的文人学子就曾攻击印度佛教"无君无父"。印度原始佛学推重诸行无常、诸法无我、涅槃寂静、四大皆空的教义。既然一切都是空幻，所谓儒家所推崇的忠君、敬父的礼，自当不在佛教的文化视野之内。与此相关，在宫殿、民居与陵墓上体现的中轴、对称意识与观念，本不该为中国的佛教建筑所"耿耿于怀"。可是，你去看看中国佛教寺院吧，只要地理环境允许，几乎没有哪一座是不讲中轴对称的平面布局的，这是以儒为代表的礼文化对佛教建筑的一种文化消解。

又如装饰，莲花、火焰纹与各种佛教装饰符号出现在中国佛教建筑上，这本身很正常；然而在不少佛教寺、塔上，还同时出现了为儒家所一贯推崇的龙纹，不能说这是不伦不类，实在是佛教世俗化的表现。

中国佛塔无数，佛塔是佛的象征，但是佛塔这种建筑一旦由印度传入中土，也在一定程度上被世俗化了。其趋向是佛性的逐渐被消解，以及人性主题的加强。佛塔本是崇高之物，信徒只配对其虔诚膜拜，可是在中国，许多佛塔可供登临。而一旦人登临于塔，则意味着人性凌驾于佛性之上。而且，还有一种塔在文化属性上其实已不是本来意义上的佛塔了，比如福建有一座姑嫂塔，其文化意义是重礼而不重佛的。

某年，笔者应邀出席一个学术会议，其间应主人邀请，去参观当地的一座寺庙。只见这座庙里，不同的殿宇供着不同的神像，有释迦佛像、太上老君像、关公像、李时珍像，还有当时民间信仰的一种土神像。参观快结束时，陪同参观的一位先生问我有什么感想，我说了一句话："加得愈多，减得愈多。"在此，可以将本书开头所引的那句话倒过来：More is less。那么多的神，作为崇拜对象"济济一堂"，这像是做了加法，但在文化意义上，却是消解了神与神性。拜神本来是很专一、很执着的事情，好比专一的爱情，是尤需要执着的，一旦"移情别恋"，搞"普遍的爱"，则等于无爱。这不能说中国人对神是三心二意的，但自古在文化本性上，中国人不太能够为神所倾倒，却也是事实。孔夫子说"祭神如神在"，对神采取"敬鬼神而远之"的态度，是很典型的中国人"淡于宗教"的文化态度。因而，中国宗教建筑的世俗化，是一点也不令人奇怪的。

作为佛塔，原本是神的营构，但中国佛塔一般都具有优美甚至欢愉的人间情调，中国人把神的营构变成了人的营构。

如果说欧洲建筑的主角是宗教建筑的话，那么在中国，情况就完全不同了。

中国建筑舞台上，唱红成了主角的，不是佛教与道教之类建筑，而是与儒家政治、伦理文化关系尤为紧密的宫殿。秦阿房宫、汉未央宫、建章宫、唐大明宫（麟德殿），以及留存至今的明清北京紫禁城（故宫），都是中国建筑的伟构杰筑。中国文化的"官本位"与"帝王独尊"的文化属性，决定了中国宫殿的主角地位，体现出精神意义上的"人学"本色，是"人本"而非"神本"。

虽然中国宫殿之类（与此相关的，还有坛庙与帝陵等）是世俗的建筑，但这种世俗大不同于一般民居，一般民居是不具有什么神性意味的，它是彻底的世俗。宫殿之类的美感之所以是崇高而神圣的，那是它一定在世俗的文化氛围中渗融着某种神性的缘故，它是将帝王的威权神化了的建筑现象。它是世俗建筑的宗教化与神性化，与前述中国佛教建筑的世俗化与人性化，呈为互补的文化态势，构成了人与神永恒主题的中国建筑的"二重奏"，却始终偏重于世俗的人性与人格。

主要参考文献

专著

《周礼注疏》,《十三经注疏》本,中华书局,1980

〔北魏〕杨衒之著,范祥雍校注:《洛阳伽蓝记校注》,古典文学出版社,1958

陈直校证:《三辅黄图校证》,陕西人民出版社,1980

〔宋〕李诫:《营造法式》,商务印书馆,1933

〔宋〕宋敏求著,〔清〕毕沅校正:《长安志》,成文出版社有限公司,1970

〔明〕计成著,陈植注释:《园冶注释》,中国建筑工业出版社,1981

〔明〕文震亨著,陈植校注:《长物志校注》,江苏科学技术出版社,1984

〔明〕刘侗、于奕正:《帝京景物略》,北京出版社,1963

〔清〕顾炎武:《历代宅京记》,中华书局,1984

〔清〕李渔:《一家言居室器玩部》,上海科学技术出版社,1984

姚承祖著,张至刚增编,刘敦桢校阅:《营造法原》,建筑工程出版社,1959

《王国维遗书》第一册,上海古籍书店,1983

梁思成:《清式营造则例》,中国建筑工业出版社,1981

《梁思成文集》(一)(三),中国建筑工业出版社,1982,1985

梁思成英文原著,费慰梅编,梁从诫译:《图像中国建筑史》,百花文艺出版社,2001

刘敦桢:《苏州古典园林》,中国建筑工业出版社,1979

刘敦桢主编:《中国古代建筑史》,中国建筑工业出版社,1980

《刘敦桢文集》(一),中国建筑工业出版社,1982

《中国建筑史》编写组:《中国建筑史》,中国建筑工业出版社,1982

陈植、张公弛选注:《中国历代名园记选注》,安徽科学技术出版社,1983

杨鸿勋:《建筑考古学论文集》,文物出版社,1987

刘致平:《中国建筑类型及结构》,建筑工程出版社,1957

中国古都学会编:《中国古都研究》,浙江人民出版社,1985

李国豪主编:《建苑拾英——中国古代土木建筑科技史料选编》,同济大学出版社,1990

陈从周:《园林谈丛》,上海文化出版社,1980

陈从周:《说园》,书目文献出版社,1984

罗哲文:《中国古塔》,中国青年出版社,1985

罗哲文主编:《中国古代建筑》,上海古籍出版社,1990

罗哲文、王振复主编,杨敏芝副主编:《中国建筑文化大观》,北京大学出版社,2001

陈全方:《周原与周文化》,上海人民出版社,1988

贺业钜:《考工记营国制度研究》,中国建筑工业出版社,1985

萧默:《敦煌建筑研究》,文物出版社,1989

杨宽:《中国古代陵寝制度史研究》,上海古籍出版社,1985

侯幼彬:《中国建筑美学》,黑龙江科学技术出版社,1997

李允鉌:《华夏意匠》,广角镜出版社有限公司,1984

杨力民编著:《中国古代瓦当艺术》,上海人民美术出版社,1986

张驭寰:《中国城池史》,百花文艺出版社,2003

林黎明、孙忠家编著:《中国历代陵寝纪略》,黑龙江人民出版社,1984

王其钧编绘:《中国民居》,上海人民美术出版社,1991

〔日本〕伊东忠太著,廖伊庄译:《中国建筑史》,上海书店出版社,1984

〔意大利〕布鲁诺·赛维著,张似赞译:《建筑空间论——如何品评建筑》,中国建筑工业出版社,1985

〔德国〕黑格尔著,朱光潜译:《美学》第三卷上册,商务印书馆,1981

王振复:《建筑美学》,云南人民出版社,1987

王振复:《中华古代文化中的建筑美》,学林出版社,1989

王振复:《中国建筑的文化历程》,上海人民出版社,2000

王振复:《中国建筑艺术论》,山西教育出版社,2001

王振复导读、今译:《风水圣经:宅经·葬书》,恩楷股份有限公司,2003

王振复:《建筑美学笔记》,百花文艺出版社,2005

王振复:《中华建筑的文化历程——东方独特的大地文化》,上海人民出版社,2006

论文

梁思成、林徽因:《平郊建筑杂录》,《中国营造学刊汇刊》第3卷第4期,1932

杨鸿勋:《中国早期建筑的发展》,《建筑历史与理论》第一辑,江苏人民出版社,1981

汪国瑜:《徽州民居建筑风格初探》,《建筑师》第9期,中国建筑工业出版社,1981

成诚、何干新:《四川"天井"民居》,《建筑学报》1983年第1期

黄汉民:《福建圆楼考》,《建筑学报》1988年第9期

俞绳方:《论苏州民居》,《建筑学报》1990年第1期

唐葆亨:《义乌传统民居建筑文化初议》,《建筑学报》1990年第5期

单德启:《冲突与转化：文化变迁·文化圈与徽州传统民居试析》,《建筑学报》1991年
第1期

后　记

　　我学习、研究中国建筑文化有些年头了。1983年，偶然觅得我国著名建筑学家刘敦桢主编的《中国古代建筑史》，初读之时，便觉得很有意思。书中有关中国建筑的一系列技术术语，因没有建筑专业老师的传授与指点，有不少一时难以弄懂，但建筑与文学相比所具有的强烈反差，令我倍觉新鲜，它冲击了我对文学之类"纯艺术"的偏于狭隘的看法。后来便一发而不可收，数年间先是反复读了《梁思成文集》《刘敦桢文集》与《中国建筑史》编写组所编写的《中国建筑史》、同济大学等四院校编写的《外国近现代建筑史》和陈志华撰写的《外国建筑史（19世纪末叶以前）》等多部具有一定代表性的著作。再读园林类著作，如陈从周《园林谈丛》的文笔之上乘，令我欣喜。进而钻研诸如《周礼·考工记》《洛阳伽蓝记》《三辅黄图》《寺塔记》《长安志》《营造法式》《园冶》《长物志》《历代宅京记》《一家言居室器玩部》《工程做法则例》《营造法原》与《清式营造则例》等一系列建筑类书籍。还有如《宅经》《葬书》之类风水内容的著作，也看过几本，对上述二著作导读并白话翻译，于中国台湾出版。翻阅《古今图书集成》，惊喜于其中竟然汇集了如此丰富的有关中国古代土木建筑与园林的资料。从《老子》"当其无，有室之用"这一句话，领悟到老子以室为比，阐述"万物生于有，有生于无"之体用不二的哲学思辨，细细体味中国建筑空间意象的美学意蕴。研读《易经》的时候，这部中国重要经典，主要是其中大壮卦、震卦与大过卦等卦象及其文辞所表达的易理与中国建筑文化的关系问题，使我思之再三。从《淮南子》及高诱注，领悟到"建筑即宇宙，宇宙即建筑"之如此美丽的"宇宙"观。当我从屈原《天问》中再次领会"建筑即宇宙"的深蕴及其诗性追问时，真是欣喜不已。《尚书》与《诗经》有关古代风水观念的记述与咏唱，加深了我对中国风水术的批判与理解，知道了所谓风水迷信是一种与建筑相关的古代朴素环境学的实践与观念。从诸多甲骨文字与许慎的《说文解字》探寻中国建筑之源，又是多么有趣。日本学者所撰写的中国建筑著述，还意外地启发我提出关于中国建筑之"暧昧空间"与"模糊之美"的见解。

　　没有什么强烈的功利目的"催逼"我走上研究中国建筑文化之路。无非是在易学、文学、美学本行之外"放放野眼"，作一次生命的自由放飞而已。

建筑是如此令我难以割舍。比方说读《滕王阁序》《岳阳楼记》《醉翁亭记》和《红楼梦》中有关大观园的文字描写，以及汉赋、唐诗、宋词、元曲中诸多关于建筑、园林的描述，便以为仿佛遇见了知音，心灵尤为熨帖。我想说，与文学之类"纯艺术"相比，建筑的美一点也不逊色。如果说，文学之类是以文字语言营构的"蒙太奇"这一虚性符号系统所传达的空灵之美的话，那么，建筑空间意象则是以实际存在的时空建构、由物质实在所升华的空灵之美。伟大的建筑与伟大的文学作品，在哲学与美学境界上，其实并无二致，不过一是建构在大地之上，一是写在纸上而已。中国建筑，是一种东方古代独特的大地哲学、大地文化。如果从诗的"贵族"角度看建筑，那么建筑当然不是诗那样的艺术。但杰出的建筑，其实并不缺乏美的素质与品格。建筑的"诗"性因素，恰恰与建筑的技术、结构、实用性功能与大地环境结伴而存。建筑的了不起，就因为它在受到建筑技术、结构、实用与环境的制约与羁绊之时，依然有葱郁或是辉煌的美之高扬与沉潜。

梁思成和林徽因曾在《平郊建筑杂录》一文中深情地写道，有一种"建筑意"使土木营构充满生命感，"在建筑审美者的眼里，都能引起特异的感觉"。并说："顽石会不会点头，我们不敢有所争辩，那问题怕要牵涉到物理学家，但经过大匠之手泽，年代之磋磨，有一些石头的确是会蕴含生气的。天然的材料经人的聪明建造，再受时间的洗礼，成美术与历史地理之和。"所谓顽石点头，是佛教所说的神话，它是否"牵涉到物理学"，这一点我不懂。但梁、林二氏，称建筑经"大匠之手泽"与"年代之磋磨"，"成美术与历史地理之和"，从而具有生命灵气的"建筑意"，实在是对建筑及其意境之美极深的观照与领悟。"建筑意"这一重要概念、范畴为梁、林二位提出，至今已过去近九十年，可惜一直未被重视。建筑学界的不少人士，依然将建筑误解为如诗歌、绘画与音乐一样的"艺术"。

而观照与领悟，是以智慧洞见事理之谓。观照本为佛教名词，这里，指对中国古代建筑文化及其时空意象的审美与体悟。这种审美观照，应是精神高蹈、神采飞扬，又是脚踏实地的。因此，本书的一系列话题，须从谈论具体的建筑门类和个体构件开始。

本书首先把中国建筑主要分为城邑、城堞、民居、宫殿、坛庙、陵寝、寺院、佛塔、石窟、道观、厅堂、楼阁、长廊、亭子、阙表、牌坊、高台与桥梁等多种，开启一次有趣而有意义的探访。

继而，本书对中国建筑个体的大屋顶、屋架、木柱、斗栱、墙壁、门户、窗牖、砖艺、瓦作、栏杆、台基、铺地与装修等，作了有序的阐述与描绘，期望读者诸君愉快地"阅读"中国建筑美的世界。

全书部分建筑图照,选自《中国建筑大系》《中国美术全集》《中国古代建筑史》《中国古代建筑》《梁思成文集》《刘敦桢文集》《中国城池史》《建筑考古学论文集》《长城》《敦煌建筑研究》《中国建筑美学》与《中国建筑文化大观》等著作,在此深致谢忱。

本书得以出版,尤当衷心感谢中华书局黄飞立先生。飞立兄学问好,有才气。这次合作,感佩于他作为责任编辑的严谨治学、不吝心力和敬业精神。本书从组稿到书名、封面的最终敲定,是一个不断打磨、"精益求精"的过程,其间的辛劳与快乐,难以一言蔽之。本书如有些可取,也是飞立先生及其书局同事辛勤劳动的结果。

复旦大学中文系　王振复
2021 年 3 月